全国土木工程类实用创新型规划教材

流体力学

主　审　胡兴福

主　编　李　超

副主编　张　岩　吕东梅　董　丽　王飞腾

　　　　王新文　刘　敏　姚洪文

编　者　杨国丽　岳建军

　　　　郝彩侠　李建凤

哈尔滨工业大学出版社

内 容 简 介

本教材是全国土木工程类实用创新型规划教材之一,是土木工程专业流体力学课程(40～50 学时)教材。

全书共分九个模块,主要内容有:绪论、流体静力学、液体运动学、流体动力学、量纲分析和相似理论、恒定平面势流、流动阻力和水头损失、有压管流、明渠流。本书针对土木工程专业的课程特点,注意加强理论基础和对学生思维的启发,论述简明严谨,引入国外先进的流体理论,便于教学。

本书可作为市政、环境、水利、机械各专业流体力学(水力学)课程教学用书和辅导材料,也可作为全国各种执业资格(注册结构师、注册设备师、注册电气工程师等)考试流体力学部分的参考书。

图书在版编目(CIP)数据

流体力学/李超主编.—哈尔滨:哈尔滨
工业大学出版社,2014.6
ISBN 978-7-5603-4680-9

Ⅰ.①流… Ⅱ.①李… Ⅲ.①流体力学-高等学校-
教材 Ⅳ.①O35

中国版本图书馆 CIP 数据核字(2014)第 086982 号

责任编辑 李广鑫
出版发行 哈尔滨工业大学出版社
社　　址 哈尔滨市南岗区复华四道街 10 号 邮编 150006
传　　真 0451 - 86414749
网　　址 http://hitpress.hit.edu.cn
印　　刷 天津市蓟县宏图印务有限公司
开　　本 850mm×1168mm 1/16 印张 12.5 字数 377 千字
版　　次 2014 年 6 月第 1 版 2014 年 6 月第 1 次印刷
书　　号 ISBN 978-7-5603-4680-9
定　　价 27.00 元

(如因印装质量问题影响阅读,我社负责调换)

本书是全国土木工程类实用创新型规划系列教材之一，是土木工程专业及流体力学课程教材，也可作为市政、环境、水利、机械等专业流体力学（水力学）教学用书或辅导材料，以及全国各类职业资格考试（注册结构师、注册设备师、注册电气工程师等）流体力学内容的辅导资料。本书内容适应当代科学技术发展的需要，注重加强学生理论基础和实践能力的培养，力求贯彻理论联系实际，知识与能力辩证统一的原则。

本书内容主要包括：绪论、流体静力学、流动运动学、流体动力学、量纲分析和相似理论、恒定平面势流、流动阻力和水头损失、有压管流、明渠流等。本书针对土木工程专业的特点，注意加强理论基础，注重对学生思维的启发，论述简明严谨，引入国外先进的流体力学教学理念和方法，开阔学生视野，提高教学效果。

全书尽可能贯穿介绍流体力学处理问题的基本方法和常用方法，如理论分析方法中的有限元法、有限体积法和实验方法中的量纲分析与相似理论。

在介绍基本概念时，力求严格、确切、形象、清晰；在介绍基本原理时，既着重物理观点的阐述，又对必要的数学处理给予扼要的推导过程，并指出适用条件；在介绍基本理论应用时，提出关键、要点和带规律性的应用方法、步骤；同时，本书中所选的例题、练习题与生活中的流体现象结合十分紧密。使学生在了解水力现象的同时，更明确其机理过程。

Preface

前 言

本课程整体课时分配如下：

模块	内 容	建议课时
模块 1	绪论	6～8 课时
模块 2	流体静力学	8～12 课时
模块 3	液体运动学	6～10 课时
模块 4	流体动力学	8～10 课时
模块 5	量纲分析和相似原理	6～8 课时
模块 6	恒定平面势流	4～6 课时
模块 7	流动阻力和水头损失	8～12 课时
模块 8	有压管流	8～10 课时
模块 9	明渠流	6～8 课时

在编写过程中，得到校内外有关同仁和专家的热情鼓励和支持，吸收了他们许多宝贵的经验、意见和建议。在此一并致以衷心的感谢！

限于编者水平，同时编写时间也比较仓促，因而恳请广大读者对教材中的疏漏和不足给予谅解和指正。

编 者

编审委员会

主　任：胡兴福

副主任：李宏魁　　符里刚

委　员：（排名不分先后）

胡　勇	赵国忱	游普元
宋智河	程玉兰	史增录
张连忠	罗向荣	刘尊明
胡　可	余　斌	李仙兰
唐丽萍	曹林同	刘吉新
武鲜花	曹孝柏	郑　睿
常　青	王　斌	白　蓉
张贵良	关　瑞	田树涛
吕宗斌	付春松	蒙绍国
莫荣锋	赵建军	易　斌
程　波	王右军	谭翠萍
边喜龙		

本书学习导航

模块概述
　　简要介绍本模块与整个工程项目的联系，在工程项目中的意义，或者与工程建设之间的关系等。

学习目标
　　包括知识目标和技能目标，列出了学生应了解与掌握的知识点。

课时建议
　　建议课时，供教师参考。

工程导入
　　各模块开篇前导入实际工程，简要介绍工程项目中与本模块有关的知识和它与整个工程项目的联系及在工程项目中的意义，或者课程内容与工程需求的关系等。

技术提示
　　言简易赅地总结实际工作中容易犯的错误或者难点、要点等。

重点串联
　　用结构图将整个模块的重点内容贯穿起来，给学生完整的模块概念和思路，便于复习总结。

拓展与实训
　　包括职业能力训练、工程模拟训练和链接执考三部分，从不同角度考核学生对知识的掌握程度。

目录 Contents

▶ 模块9　明渠流

模块 **1**

绪 论

【模块概述】

在气象、水利的研究，船舶、飞行器、叶轮机械和核电站的设计及其运行，可燃气体或炸药的爆炸，汽车制造（联众集群），以及天体物理的若干问题中，都广泛地用到流体力学知识。许多现代科学技术所涉及的问题都与流体力学息息相关，同时，也促进了流体力学的不断发展。

本模块以基本概念为主，主要介绍流体的物理性质、牛顿内摩擦定律及作用在流体上的力，其中粘滞性在后续很多内容中都有所应用，还论述了流体力学的研究方法以更好地指导工程中流体力学的研究和应用。

【知识目标】

1. 流体力学的概念和发展简史及其在工程中的应用。
2. 流体连续介质概念。
3. 流体主要物理性质的概念和计算，牛顿内摩擦定律。
4. 作用在流体上的力分析。
5. 流体力学的主要研究方法。

【技能目标】

1. 清楚流体力学的发展简史。
2. 熟悉流体的主要物理量。
3. 掌握流体的牛顿内摩擦定律。
4. 掌握作用在流体上的力。
5. 了解流体力学的研究方法。

【学习重点】

流体主要的物理性质、牛顿内摩擦定律。

【课时建议】

6～8 课时

1.1　流体力学的任务及发展简史

1.1.1　流体力学概念

流体力学是力学的一个独立分支，主要研究流体本身的静止状态和运动状态，以及流体和固体界壁间有相对运动时的相互作用和流动的规律。

在一定的外界条件下，根据组成物质的分子间距离和相互作用力强弱的不同，将物质划分为固体、液体和气体，而根据物质的受力和运动特性的不同，物质又可划分为固体和流体。流体包括液体和气体。固体既能承受法向力（包括压力和拉力），又能承受切向力，在弹性范围内作用力使固体产生有限的变形，作用力消失，变形消失，固体恢复到原来的形状；流体只能承受压力，不能承受拉力，在静止流体中只要有切向力的作用，不管它多么小，在足够长的时间内流体将产生连续不断的变形。这种变形就是我们所说的流动。因此，也称能流动的物质为流体。水、空气、酒精、润滑油等是常见的流体。

流体力学是力学的一个分支，属于宏观力学。它的主要任务是研究流体所遵循的宏观运动规律以及流体和周围物体之间的相互作用。有些物质具有流体和固体的双重特性。例如，我们熟知的沥青，块状沥青表现为固体，而经长时间载荷作用下的沥青又具有流体的特性。又如面团也有固体和流体的双重特性，我们把这类物体统称为粘弹性流体。流体力学不讨论这种具有双重性的物质，只讨论像水、空气这样的"纯粹流体"。液体和气体虽同为流体，具有共性，但又各有特性。液体虽无一定的形状，但具有一定的体积，不易被压缩，在与气体的交界面上存在自由表面；气体既没有一定的形状，也没有一定的体积，易于被压缩，不存在自由表面。液体和气体的特性决定了各自需要研究的特殊问题。以液体为主要研究对象的力学称为水动力学（Hydrodynamics），以空气为主要研究对象的力学称为气动力学（Aerodynamics），两者结合起来统称为流体力学（Fluid Mechanics）。例如，由于液体存在自由表面，舰船在水面上航行时会引起船波，需要研究波浪问题而不计压缩性，如果舰船在汹涌起伏的水面上（波浪中）航行，还会发生摇摆和击水等现象；由于气体的易压缩性，飞机、导弹等在空中高速航行时要考虑压缩性和冲击波等问题。但是，如果研究距水面较远的深水问题，水面的影响可不予考虑，而研究低速流动的空气时，也可以不考虑压缩性，这时，水和空气遵循大致相同的运动规律。例如，空气中的气球和深水下的水雷，空气中的飞船和水下的水滴形潜艇等的受力情况是类似的。

研究对象：主要是空气和水。

研究内容：流体静力学和流体动力学。

（1）流体静力学：关于流体平衡的规律，研究流体处于静止（或相对平衡）状态时，作用于流体上的各种力之间的关系。

（2）流体动力学：关于流体运动的规律，研究流体在运动状态时，作用于流体上的力与运动要素之间的关系，以及流体的运动特征与能量转换等。

研究所需的知识基础：主要是牛顿运动定律和质量守恒定律，常常还要用到热力学知识，有时还用到宏观电动力学的基本定律、本构方程（反映物质宏观性质的数学模型）和物理学、化学的基础知识。

1.1.2　流体力学的发展历史

流体力学是在人类同自然界作斗争和在生产实践中逐步发展起来的。古代中国有大禹治水疏通江河的传说；秦朝李冰父子带领劳动人民修建的都江堰，至今还在发挥着作用；大约与此同时，古罗马人建成了大规模的供水管道系统等。

1. 流体力学的萌芽

距今约 2 200 年前,希腊学者阿基米德写的《论浮体》一文,对静止时的液体力学性质作了第一次科学的总结。建立了包括物理浮力定律和浮体稳定性在内的液体平衡理论,奠定了流体静力学的基础。此后的千余年间,流体力学没有重大发展。

15 世纪,意大利达·芬奇的著作中才谈到水波、管流、水力机械、鸟的飞翔原理等问题;17世纪,帕斯卡阐明了静止流体中压力的概念。但流体力学尤其是流体动力学作为一门严密的科学,却是随着经典力学建立了速度、加速度、力、流场等概念,以及质量、动量、能量三个守恒定律的奠定之后才逐步形成的。

2. 流体力学的主要发展

17 世纪,力学奠基人牛顿在名著《自然哲学的数学原理》(1687 年)中讨论了在流体中运动的物体所受到的阻力,得到阻力与流体密度、物体迎流截面积以及运动速度的平方成正比的关系。他针对粘性流体运动时的内摩擦力也提出了牛顿内摩擦定律。使流体力学开始成为力学中的一个独立分支。但是,牛顿还没有建立起流体动力学的理论基础,他提出的许多力学模型和结论同实际情形还有较大的差别。

之后,皮托发明了测量流速的皮托管;达朗贝尔对运动中船只的阻力进行了许多实验工作,证实了阻力同物体运动速度之间的平方关系;欧拉采用了连续介质的概念,把静力学中压力的概念推广到运动流体中,建立了欧拉方程,正确地用微分方程组描述了无粘流体的运动;伯努利从经典力学的能量守恒出发,研究供水管道中水的流动,精心地安排了实验并加以分析,得到了流体定常运动下的流速、压力、管道高程之间的关系——伯努利方程。

欧拉方程和伯努利方程的建立,是流体动力学作为一个分支学科建立的标志,从此开始了用微分方程和实验测量进行流体运动定量研究的阶段。从 18 世纪起,位势流理论有了很大进展,在水波、潮汐、涡旋运动、声学等方面都阐明了很多规律。拉格朗日对于无旋运动,德国赫尔姆霍兹对于涡旋运动做了不少研究。在上述研究中,流体的粘性并不起重要作用,即所考虑的是无粘性流体。这种理论当然阐明不了流体中粘性的效应。

19 世纪,工程师们为了解决许多工程问题,尤其是要解决带有粘性影响的问题,他们部分地运用流体力学,部分地采用归纳实验结果的半经验公式进行研究,这就形成了水力学,至今它仍与流体力学并行地发展。1822 年,纳维建立了粘性流体的基本运动方程;1845 年,斯托克斯又以更合理的基础导出了这个方程,并将其所涉及的宏观力学基本概念论证得令人信服。这组方程就是沿用至今的纳维-斯托克斯方程(简称 N-S 方程),它是流体动力学的理论基础。上面说到的欧拉方程正是 N-S 方程在粘度为零时的特例。

普朗克学派从 1904~1921 年逐步将 N-S 方程作了简化,从推理、数学论证和实验测量等各个角度,建立了边界层理论,能实际计算简单情形下,边界层内流动状态和流体同固体间的粘性力。同时普朗克又提出了许多新概念,并广泛地应用到飞机和汽轮机的设计中去。这一理论既明确了理想流体的适用范围,又能计算物体运动时遇到的摩擦阻力。使上述两种情况得到了统一。

20 世纪初,飞机的出现极大地促进了空气动力学的发展。航空事业的发展,期望能够揭示飞行器周围的压力分布、飞行器的受力状况和阻力等问题,这就促进了流体力学在实验和理论分析方面的发展。20 世纪初,以儒科夫斯基、恰普雷金、普朗克等为代表的科学家,开创了以无粘不可压缩流体位势流理论为基础的机翼理论,阐明了机翼怎样会受到举力,从而空气能把很重的飞机托上天空。机翼理论的正确性,使人们重新认识无粘流体的理论,肯定了它指导工程设计的重大意义。

机翼理论和边界层理论的建立和发展是流体力学的一次重大进展,它使无粘流体理论同粘性流体的边界层理论很好地结合起来。随着汽轮机的完善和飞机飞行速度提高到 50 m/s 以上,又迅速扩展了从 19 世纪就开始的，对空气密度变化效应的实验和理论研究，为高速飞行提供了理论指导。20 世纪 40 年代以后，由于喷气推进和火箭技术的应用，飞行器速度超过声速，进而实现了航天飞行，使气体高速流动的研究进展迅速，形成了气体动力学、物理－化学流体动力学等分支学科。

以这些理论为基础，20 世纪 40 年代，关于炸药或天然气等介质中发生的爆轰波又形成了新的理论，为研究原子弹、炸药等起爆后，激波在空气或水中的传播，发展了爆炸波理论。此后，流体力学又发展了许多分支，如高超声速空气动力学、超声速空气动力学、稀薄空气动力学、电磁流体力学、计算流体力学、两相（气液或气固）流等。

这些巨大进展是和采用各种数学分析方法和建立大型、精密的实验设备和仪器等研究手段分不开的。从 20 世纪 50 年代起，电子计算机不断完善，使原来用分析方法难以进行研究的课题，可以用数值计算方法来进行，出现了计算流体力学这一新的分支学科。与此同时，由于民用和军用生产的需要，液体动力学等学科也有了很大的进展。

20 世纪 60 年代，根据结构力学和固体力学的需要，出现了计算弹性力学问题的有限元法。经过十多年的发展，有限元分析这项新的计算方法又开始在流体力学中应用，尤其是在低速流和流体边界形状甚为复杂的问题中，优越性更加显著。近年来又开始了用有限元法研究高速流的问题，也出现了有限元法和差分法的互相渗透和融合。

从 20 世纪 60 年代起，流体力学开始了与其他学科的互相交叉渗透，形成新的交叉学科或边缘学科，如物理－化学流体动力学、磁流体力学等；原来基本上只是定性地描述的问题，逐步得到定量的研究。

在我国，水利事业的历史十分悠久：4 000 多年前的"大禹治水"的故事——顺水之性，治水须引导和疏通；秦朝在公元前 256 至公元前 210 年修建了我国历史上的三大水利工程都江堰、郑国渠、灵渠——明渠水流、堰流；古代的计时工具"铜壶滴漏"——孔口出流；清朝雍正年间，何梦瑶在《算迪》一书中提出流量等于过水断面面积乘以断面平均流速的计算方法；隋朝（587—610年）完成的南北大运河；隋朝工匠李春在冀中洨河修建（605—617 年）的赵州石拱桥——拱背的 4个小拱，既减压主拱的负载，又可宣泄洪水。

1.1.3 流体力学的应用

1. 课程的性质与目的

性质：流体力学是研究流体机械运动规律及其应用的学科，是一门必修的专业基础课程。研究对象以水为主体，涉及气体与可压缩流体。

研究内容：机械运动规律和工程应用。

通过各教学环节，使学生掌握流体运动的基本概念、基本理论、基本计算方法与实验技能，培养分析问题的能力和创新能力，为学习专业课程，并为将来从事专业技术工作打下基础。为水污染控制工程、大气污染控制工程、环境工程设计等多门专业课程阐释所涉及的流体力学原理，以达到以下目的：

a. 素质教育——"力学文化""水文化"的学习；

b. 研究生入学考试：工程流体力学（水力学）往往成为研究生入学考试中的专业基础课之一。

2. 流体力学的应用

流体是人类生活和生产中经常遇到的物质形式，因此许多科学技术部门都和流体力学有关。例如水利工程、土木建筑、交通运输、机械制造、石油开采、化学工业、生物工程等都有大量的流体问题需要应用流体力学的知识来解决，事实上，目前很难找到与流体力学无关的专业和学科。

（1）流体力学已广泛用于土木工程的各个领域，如基坑排水、路基排水、地下水渗透、地基坑渗稳定处理、围堰修建、海洋平台在水中的浮性和抵抗外界扰动的稳定性等。

（2）在市政工程中的应用。如桥涵孔径设计、给水排水、管网计算、泵站和水塔的设计、隧洞通风等，特别是给水排水工程中，无论取水、水处理、输配水都是在水流动过程中实现的。流体力学理论是给水排水系统设计和运行控制的理论基础。

（3）城市防洪工程中的应用。如堤、坝的作用力与渗流问题、防洪闸坝的过流能力等。

（4）在建筑环境与设备工程中的应用。如供热、通风与空调设计以及设备的选用等。

3. 学习本课程的基本要求

通过本课程学习应达到的基本要求是：

（1）具有较为完整的理论基础，包括：

①掌握流体力学的基本概念。

②熟练掌握分析流体力学的总流分析方法。

③掌握流体运动能量转化和水头损失的规律。

（2）具有对一般流动问题的分析和讨论能力，包括：

①水力荷载的计算。

②管道、渠道和堰过流能力的计算，井的渗流计算。

③水头损失的分析和计算。

（3）掌握测量水位、压强、流速、流量的常规方法。

（4）重点掌握：基础流体力学的基本概念、基本方程、基本应用。

4. 学习的难点与对策

（1）新概念多、抽象、不易理解。对策——主要概念汇总表，多媒体资料辅助教学。

（2）推演繁难。对策——分析各种推导要领，掌握通用的推导方法，理解思路，不要求对各个过程死记硬背。

（3）偏微分方程（组）名目繁多。对策——仅要求部分掌握。重在理解物理意义、适用范围、条件及主要求解方法。

1.2 流体的连续介质模型

1.2.1 流体的特征

物质的三态：地球上物质存在的主要形式——固体、液体和气体。

流体和固体的区别：从力学分析的意义上看，在于它们对外力抵抗的能力不同。

固体：既能承受压力，也能承受拉力与抵抗拉伸变形。

流体：只能承受压力，一般不能承受拉力与抵抗拉伸变形。流体易变形，没有固定形状。

液体和气体的区别：

（1）气体易于压缩，而液体难于压缩。

（2）液体有一定的体积，存在一个自由液面；气体能充满任意形状的容器，无一定的体积，不存在自由液面。

液体和气体的共同点：两者均具有易流动性，即在任何微小切应力作用下都会发生变形或流动，故二者统称为流体。

气体与蒸汽的区别：蒸汽易凝结成液体，气体较难。

1.2.2 连续介质的概念

从微观角度看，流体是由大量做无规则运动的分子组成的，分子之间存在空隙。从宏观角度看，考虑宏观特性，在流动空间和时间上所采用的一切特征尺度和特征时间都比分子距离和分子碰撞时间大得多。连续介质是指质点连续地充满所占空间的流体。而连续介质模型是把流体视为没有间隙地充满它所占据的整个空间的一种连续介质，且其所有的物理量都是空间坐标和时间的连续函数的一种假设模型。

为了深入了解连续介质的概念，现讨论某点处流体的平均密度。

如图 1.1 (a) 所示，在流体中任取包含 $A(x, y, z)$ 的微元体积 ΔV，设其质量为 Δm，则平均密度为 $\frac{\Delta m}{\Delta V}$。图 1.1 (b) 为平均密度 $\frac{\Delta m}{\Delta V}$ 随体积 ΔV 变化的实测结果示意图。

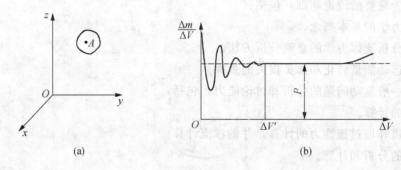

图 1.1 连续介质

如图 1.1 所示，在体积 ΔV 由大到小变化的过程中，平均密度逐渐趋于某一确定值 ρ，直到体积缩小趋于一确定的极限值，这是因为 ΔV 越小，越说明体积 ΔV 内包含足够多的分子数，部分分子的进出不影响密度值的稳定性。当体积 ΔV 继续向 $\Delta V'$ 收缩时，平均密度表现出随机振荡现象，且随着 ΔV 趋于 0，密度值波动越来越大，表明这时 ΔV 内的分子数已不能保持平均密度值的稳定，部分分子的进出对密度值产生影响。在 $\Delta V = 0$ 的极限情况，平均密度或为 0（恰好位于分子的间隙）或趋于无穷大（恰好与某一分子重合）。可见 $\Delta V'$ 是能给出稳定平均值的最小单位。我们将 $\Delta V'$ 内所有流体分子组成的流体团称为流体点。它是宏观研究流体的最小单位。所谓连续介质假设，物理上讲就是不考虑流体的分子结构，把流体看成是一种在一定范围内均匀、密实而连续分布的介质，或说流体是由连续分布的流体质点所组成的，数学上讲就是将 $\Delta V'$ 看成一个无限小的几何点。在连续介质假设下，所谓空间任意一"点"，实际是指一块微小的流体团，由此，这一点的密度定义为

$$\rho = \lim_{\Delta V \to \Delta V'} \frac{\Delta m}{\Delta V} \tag{1.1}$$

在宏观上 $\Delta V'$ 可以视为 0，则上式表示为

$$\rho = \lim_{\Delta V \to 0} \frac{\Delta m}{\Delta V} = \frac{\mathrm{d}m}{\mathrm{d}V} \tag{1.2}$$

在任意时刻，空间任意点流体质点的密度都具有确定数值，一般可写为

$$u = u(x, y, z, t)$$

即密度是空间坐标点 $A(x, y, z)$ 和时间 t 的函数。流体的其他宏观物理量也可以类似地分析和表述。

通常情况下连续介质假设都能得到满足，因为连续介质模型排除了分子运动的复杂性。使物理量作为时空连续函数，可以利用连续函数这一数学工具来研究问题。但个别情况例外。如航天器在外层空间中运动时，那里的气体十分稀薄，分子运动的平均自由行程高达几米以上，与航天器的尺度为同量级，这时航天器周围气体的运动就不满足连续介质假设。

1.3 流体的主要物理性质

流体运动的规律，除与外部因素（如边界的几何条件及动力条件等）有关外，更重要的是取决于流体本身的物理性质。因此，在研究流体平衡与运动之前，首先讨论流体的主要物理性质。

1.3.1 密度和容重

流体和固体一样，也具有质量 m（kg）和重量 W（N）$=mg$。

流体的密度：单位体积流体所具有的质量，以 ρ 表示，量纲为 $[ML^{-3}]$，国际制单位为 $\dfrac{kg}{m^3}$。密度也称体积质量。

$$\rho = \frac{m}{V} \tag{1.3}$$

容重（或称重度、体积重量）：单位体积均质流体所具有的重量。以 γ 表示，量纲为 $[ML^{-2}T^{-2}]$，国际制单位为 $\dfrac{N}{m^3}$。由于重度与重力加速度 g 有关，所以随地球上的位置而变化。在流体力学计算中一般采用 $g = 9.80 \ m/s^2$。

$$\gamma = \frac{mg}{V} = \rho g \tag{1.4}$$

1.3.2 粘性

1. 粘性

粘性（粘滞性）是指流体在运动的状态下，产生内摩擦力以抵抗流体变形的性质。

现用牛顿平板实验来说明流体的粘性。

如图 1.2 所示，液体沿一个固体平面做平行的直线运动，设液体质点是有规律地一层一层向前运动而互不掺混（层流运动）的。由于液体具有粘性，因而各液层的流速不相等，最底层的液体分子由于粘性作用而粘在固体边界上不动，以后各层的质点离开固体边界越远，受固体边壁的约束力越小，因而流速越大，但在液体的表面，液体质点与空气接触，空气阻力的作用使得液面层质点的流速略微减少，因而，如图 1.2（a）所示在垂直固体边壁边界方向上，液体的流速分布是不均匀的。设距固体边界为 y 处流速为 u，在相邻的 $y+dy$ 处的流速为 $u+du$，由于两相邻液层的流速不同，在两液层之间将成对出现切向阻力，如图 1.2（b）所示。（为便于清楚标清切向阻力的作用面，将图中相邻两液层拉开距离画出。）可以看出，两块固体沿接触面滑动时，它们之间有阻碍相对滑动的摩擦力。类似地，当两层流体之间有相对运动（即变形）时，其间也会产生阻碍相对运动的力。运动快的流层对运动慢的流层施加拉力，运动慢的流层对运动快的流层施加阻力，这一对内力称为粘滞力或流体的粘性内摩擦力，流体的这种抵抗相对运动的属性称为流体的粘性。

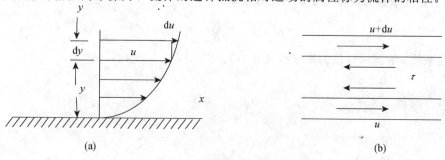

图 1.2 速度梯度与剪切力

粘滞力（或内摩擦力）是由于流体变形（或不同层的相对运动）而引起的流体内质点间的反向作用力。粘滞力 τ 的大小与液层之间的速度 du 成正比，与两液层之间的距离 dy 成反比，可表示为

$$T=\mu A\frac{du}{dy} \quad \tau=\frac{T}{A} \tag{1.5}$$

式中　T——两液层之间的粘滞力（内摩擦力）；

　　　τ—— 单位面积上的内摩擦力，N/m^2，Pa；

　　　μ——动力粘滞系数，其值随流体种类及温度、压强的不同而异；

　　　$\dfrac{du}{dy}$——速度梯度，是两液层流速差与距离的比值。

（1）流速梯度的物理意义、牛顿内摩擦定律。在层流中取出一高度为 dy 的矩形微元体来研究。如图 1.3 所示，设在瞬时 t，矩形微元体位于 $ABCD$ 处，经过 dt 时段，运动到新的位置 $A'B'C'D'$，由于该液层的上、下两面表面存在着流速差 du，微元体在新位置由原来的矩形变为平行四边形，即产生了剪切变形（或角变形），AC 边及 BD 边都转动到了 $d\theta$，以 dt 除 $d\theta$，可得剪切变形速度为 $\dfrac{d\theta}{dt}$。在 dt 时段内，点 C 较点 A 多移动了距离 $dudt$。

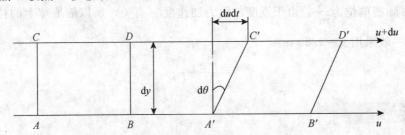

图 1.3　流体微团的剪切变形

因为 dt 为微分时段，角变位 $d\theta$ 亦为微量，故

$$d\theta\approx\tan(d\theta)=\frac{dudt}{dy}$$

由此得
$$\frac{du}{dy}=\frac{d\theta}{dt} \tag{1.6}$$

即流速梯度的大小反映了角变形速率，因为是在切应力作用下发生的，于是式（1.5）又可写为

$$\tau=\mu\frac{du}{dy}=\mu\frac{d\theta}{dt} \tag{1.7}$$

式（1.5）及式（1.7）均称为牛顿内摩擦定律表达式，它表明液体做层流运动时，内摩擦切应力的大小与剪切变形速率成正比。

（2）动力粘性系数 μ。动力粘性系数 μ 又称为粘性系数或动力粘度，是反映流体粘滞性大小的系数。μ 的国际单位为牛·秒/米²（$N·s/m^2$）或帕·秒（$Pa·s$）。

（3）运动粘性系数 ν。运动粘性系数 ν 又称相对粘度、运动粘度，综合反映液体的粘性和惯性性质，ν 是动力粘性系数和液体密度 ρ 的比值，即

$$\nu=\frac{\mu}{\rho} \tag{1.8}$$

运动粘性系数 ν 的国际单位为米²/秒（m^2/s）。

【知识拓展】

物理单位：厘米²/秒（cm²/s），斯；习惯上把 1 cm²/s 称为 1 斯托克斯。

其换算关系为：1 斯托克斯＝0.000 1 m²/s＝1 cm²/s

注意各单位间的换算关系。

2. 温度对液体、气体粘性的影响

（1）水的运动粘度 ν 通常可用经验公式计算

$$\nu/(\text{cm}^2 \cdot \text{s}^{-1}) = \frac{0.017\ 75}{1+0.033\ 7+0.000\ 221\ t^2} \tag{1.9}$$

式中 t——水温，℃。

（2）气体的动力粘度

$$\mu = \mu_0 \frac{1+\dfrac{C}{273}}{1+\dfrac{C}{T}}\sqrt{\frac{T}{273}} \tag{1.10}$$

式中 μ_0——气体 0 ℃时的动力粘度；

T——气体的绝对温度，K；

C——常数。

3. 粘度的影响因素

流体粘度的数值随流体种类不同而不同，并随压强、温度变化而变化。

（1）流体种类。一般地，相同条件下，液体的粘度大于气体的粘度。

（2）压强。对常见的流体，如水、气体等，粘性随压强的变化不大，一般可忽略不计。

（3）温度。温度是影响粘度的主要因素。当温度升高时，液体的粘度减小，气体的粘度增加。

液体：内聚力是产生粘度的主要因素，当温度升高时，分子间距离增大，吸引力减小，因而使剪切变形速度所产生的切应力减小，所以粘性减小。

气体：气体分子间距离大，内聚力很小，所以粘度主要是由气体分子运动动量交换的结果所引起的。温度升高，分子运动加快，动量交换频繁，所以粘性增加。

无粘性流体不考虑流体的粘性。流体处于平衡状态时可应用无粘性流体的平衡规律（粘性不显现）。

1.3.3 压缩性和不可压缩液体模型

流体受力作用而使其体积减小的性质如下。

1. 液体的压缩性

体积压缩率系数 β：当温度一定时，压强升高一个单位值时，所引起的体积相对变化量。

$$\beta_p = -\frac{\dfrac{\text{d}V}{V}}{\text{d}p} = -\frac{1}{V}\frac{\text{d}V}{\text{d}p} \tag{1.11}$$

右端有一负号表示压强增加体积减小始终保证 β 为正值。β 的单位为 m²/N。

压强的变化影响体积的改变，进而引起密度的变化。因此，体积 V 的变化可用密度 ρ 的变化代换：

$$\beta_p = \frac{1}{\rho}\frac{\text{d}\rho}{\text{d}p} \tag{1.12}$$

弹性模量 E：体积压缩系数的倒数 β_p，E 的单位为 N/m²，即

$$E=\frac{1}{\beta_p} \tag{1.13}$$

E、β 与流体温度、压强有关。

水的弹性模量 $E=2\times10^3 \text{ N/m}^2$，受温度及压强的影响甚微，所以水（及其他液体）在工程上，一般视为不可压缩流体，这种忽略其压缩性的液体，是一种简化分析模型，称为不可压缩液体模型。

膨胀性 β_p：液体体积随温度升高而增大的性质，体积膨胀系数为

$$\beta_p=\frac{\dfrac{dV}{V}}{dt}=\frac{1}{V}\frac{dV}{dt} \tag{1.14}$$

液体 β_p 很小，每增加 1 ℃水温，体积相对膨胀率小于 0.000 1，因此工程上可认为液体密度不随温度的变化而变化。

2. 气体的压缩性

完全气体状态方程为

$$p=\rho RT \tag{1.15}$$

式中　p——气体的绝对压强，N/m^2；

　　　ρ——气体的密度，kg/m^3；

　　　R——气体常数，标准状态下 $R=8.314\ [\text{J/ (mol·K)}]$，mol 为气体相对分子质量，空气为

　　　$R=287\ \dfrac{\text{J}}{\text{kg·K}}$；

　　　T——气体的绝对温度，K。

气体密度随压强的增大而加大，随温度的升高而减少为可压缩流体。工程上，当压强与温度的变化不大时可视为不可压缩流体。

根据流体受压体积缩小的性质，流体可分为流体密度随压强变化不能忽略的可压缩流体，以及流体密度随压强变化很小、流体的密度可视为常数的不可压缩流体。

【知识拓展】

(1) 严格地说，不存在完全不可压缩的流体。

(2) 一般情况下的液体都可视为不可压缩流体（发生水击时除外）。

(3) 对于气体，当所受压强变化相对较小时，可视为不可压缩流体。

(4) 管路中压降较大时，应作为可压缩流体。

1.3.4 表面张力

液体内部分子作用于分界面处的分子，由于分子引力大于斥力而使液面具有收缩趋势的拉力（向内拉力），称为表面张力。作用在单位长度上的力，用表面张力系数 σ 来度量，国际制单位为 N/m。

毛细现象是液体与固体壁接触时，液体沿壁上升或下降的现象。

液体分子间凝聚力小于与管壁间附着力时液体上升。

液体分子间凝聚力大于与管壁间附着力时液体下降。

1.4 作用于流体上的力

作用在流体上的力按其物理成因可分为惯性力、重力、粘性力、压力和电磁力等,而从力的作用方式上可分为质量力、表面力和表面张力。表面张力的概念前面已经讲述,下面介绍质量力和表面力。

在流体中任取一分离体,设其体积为 V,边界面为 S,如图 1.4 所示。外界作用在分离体内均布质量质心上的力称为质量力,或说外界作用在分离体内流体质点上的力称为质量力,也称体积力。如重力、惯性力等均为质量力。周围流体或物体作用在分离体边界面上的力称为表面力。压力就是一种表面力。下面给出这两种力的数学表示并讨论有关性质。

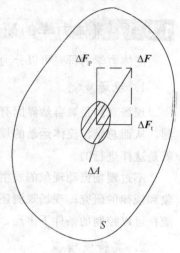

图 1.4 表面力

1.4.1 表面力

表面力是指作用于液体表面上,并与受作用的液体表面积成比例的力。表面力通常用应力来表示。如图 1.4 所示,在边界面 S 上的任意一点,在这点邻域内取一微元面积 ΔA,n 为 ΔA 的单位外法向量,即

$$p_n = \lim_{\Delta A \to 0} \frac{\Delta F}{\Delta A} \tag{1.16}$$

ΔA 收缩至点的极限 $\mathrm{d}A$,$\Delta A \to 0$ 的含义为面元趋于面元上的某定点,所以应力是定义在流体面上一点处的。因为同一点处的应力还与作用面的方位有关,所以须将作用面的法向用脚标指明。应力 p_n 是矢量,ΔF 可向作用面的法向或切向投影,分解成法向力 ΔF_p 和切向力 ΔF_τ,则法向应力和切向应力分别为

$$p = \lim_{\Delta A \to 0} \frac{\Delta F_p}{\Delta A} \tag{1.17}$$

$$\Delta \tau = \lim_{\Delta A \to 0} \frac{\Delta F_\tau}{\Delta A} \tag{1.18}$$

因此质量常用质量流体的质量力——单位质量力来表示。

顺便指出,在静止液体中,液体之间没有相对运动,即流速梯度 $\frac{\mathrm{d}u}{\mathrm{d}y} = 0$,或者在理想液体中,动力粘性系数 $\mu = 0$,这种情况都有 $\tau = 0$,则作用在 ΔA 上的只是法应力 ΔF_p。又因流体只能承受压力,不能承受拉力,因此理想流体的表面力只有法向压应力,即这个法向压应力就是压强。在流体力学中,习惯上将压强称为压力。

1.4.2 质量力

质量力是指作用于液体的每个质点上,并与受作用的液体的质量成正比的力。例如,重力、惯性力、磁力。流体是连续分布的,研究的区域可能为无穷大,因此质量力常用单位质量力来度量,单位质量流体所受的质量力称单位质量力。如图 1.4 所示,设体积为 ΔV 的流体团,其质量为 Δm,所受质量力为 ΔF,则

$$f = \lim_{\Delta V \to 0} \frac{\Delta F}{\Delta m} \tag{1.19}$$

若 ΔV 收缩到点的极限 $\mathrm{d}V$,$\mathrm{d}V \to 0$ 的含义,按连续介质假设,即为流体团趋于流体质点。所以质量力是定义在流体质点上的。作用于分离体 V 上的质量力为

$$f = f_x \boldsymbol{i} + f_y \boldsymbol{j} + f_z \boldsymbol{k} \tag{1.20}$$

式中 i, j, f——单位矢量；

f_x, f_y, f_z——单位质量力的投影值。

1.5 流体力学的研究方法与展望

1.5.1 流体力学的研究方法

流体力学的研究可以分为现场观测、实验室模拟、理论分析、数值计算四个方面。

1. 现场观测

现场观测是对自然界固有的流动现象或已有工程的全尺寸流动现象，利用各种仪器进行系统观测，从而总结出流体运动的规律，并借以预测流动现象的演变。过去对天气的观测和预报，基本上就是这样进行的。

不过现场流动现象的发生往往不能控制，发生条件几乎不可能完全重复出现，影响到对流动现象和规律的研究；现场观测还要花费大量物力、财力和人力。因此，人们建立实验室，使这些现象能在可以控制的条件下出现，以便于观察和研究。

2. 实验室模拟

同物理学、化学等学科一样，流体力学离不开实验，尤其是对新的流体运动现象的研究。实验能显示运动特点及其主要趋势，有助于形成概念，检验理论的正确性。200 年来流体力学发展史中每一项重大进展都离不开实验。

模型实验在流体力学中占有重要地位。模型即是指根据理论指导，把研究对象的尺度改变（放大或缩小）以便能安排实验。有些流动现象难以靠理论计算解决，有的则不可能做原型实验（成本太高或规模太大）。这时，根据模型实验所得的数据可以用像换算单位制那样的简单算法求出原型的数据。

现场观测常常是对已有事物、已有工程的观测，而实验室模拟却可以对还没有出现的事物、没有发生的现象（如待设计的工程、机械等）进行观察，使之得到改进。因此，实验室模拟是研究流体力学的重要方法。

3. 理论分析

理论分析是根据流体运动的普遍规律如质量守恒、动量守恒、能量守恒等，利用数学分析的手段，研究流体的运动，解释已知的现象，预测可能发生的结果。理论分析的步骤大致如下：

首先是建立"力学模型"，即针对实际流体的力学问题，分析其中的各种矛盾并抓住主要方面，对问题进行简化而建立反映问题本质的"力学模型"。流体力学中最常用的基本模型有：连续介质、牛顿流体、不可压缩流体、理想流体、平面流动等。

其次是针对流体运动的特点，用数学语言将质量守恒、动量守恒、能量守恒等定律表达出来，从而得到连续性方程、动量方程和能量方程。此外，还要加上某些联系流动参量的关系式（例如状态方程），或者其他方程。这些方程合在一起称为流体力学基本方程组。

求出方程组的解后，结合具体流动，解释这些解的物理含义和流动机理。通常还要将这些理论结果同实验结果进行比较，以确定所得解的准确程度和力学模型的适用范围。

从基本概念到基本方程的一系列定量研究，都涉及很深的数学问题，所以流体力学的发展是以数学的发展为前提的。反过来，那些经过了实验和工程实践考验过的流体力学理论，又检验和丰富了数学理论，它所提出的一些未解决的难题，也是进行数学研究、发展数学理论的好课题。按目前数学发展的水平看，有不少题目将是在今后几十年以内难以从纯数学角度完善解决的。

在流体力学理论中，用简化流体物理性质的方法建立特定的流体的理论模型，用减少自变量和减少未知函数等方法来简化数学问题，在一定的范围内是成功的，并解决了许多实际问题。

对于一个特定领域，考虑具体的物理性质和运动的具体环境后，抓住主要因素忽略次要因素进行抽象化也同时是简化，建立特定的力学理论模型，便可以克服数学上的困难，进一步深入地研究流体的平衡和运动性质。

20世纪50年代开始，在设计携带人造卫星上天的火箭发动机时，配合实验所做的理论研究，正是依靠一维定常流的引入和简化，才能及时得到指导设计的流体力学结论。

每种合理的简化都有其力学成果，但也总有其局限性。例如，忽略了密度的变化就不能讨论声音的传播；忽略了粘性就不能讨论与它有关的阻力和某些其他效应。掌握合理的简化方法，正确解释简化后得出的规律或结论，全面并充分认识简化模型的适用范围，正确估计它带来的同实际的偏离，正是流体力学理论工作和实验工作的精华。

4. 数值计算

流体力学的基本方程组非常复杂，在考虑粘性作用时更是如此，如果不靠计算机，就只能对比较简单的情形或简化后的欧拉方程或 N－S 方程进行计算。20世纪三四十年代，对于复杂而又特别重要的流体力学问题，曾组织过人力用几个月甚至几年的时间做数值计算，比如圆锥做超声速飞行时周围的无粘流场就从 1943 年一直算到 1947 年。

数值方法是在计算机应用的基础上，采用各种离散化方法（有限差分法、有限元法等），建立各种数值模型，通过计算机进行数值计算和数值实验，得到在时间和空间上许多数字组成的集合体，最终获得定量描述流场的数值解。数学的发展，计算机的不断进步，以及流体力学各种计算方法的发明，使许多原来无法用理论分析求解的复杂流体力学问题有了求得数值解的可能性，这又促进了流体力学计算方法的发展。近二三十年来，这一方法得到了很大发展，已形成专门学科——计算流体力学。

从20世纪60年代起，在飞行器和其他涉及流体运动的课题中，经常采用电子计算机做数值模拟，这可以和物理实验相辅相成。数值模拟和实验模拟相互配合，使科学技术的研究和工程设计的速度加快，并节省开支。数值计算方法最近发展很快，其重要性与日俱增。

解决流体力学问题时，现场观测、实验室模拟、理论分析和数值计算几方面是相辅相成的。实验需要理论指导，才能从分散的、表面上无联系的现象和实验数据中得出规律性的结论。反之，理论分析和数值计算也要依靠现场观测和实验室模拟给出物理图案或数据，以建立流动的力学模型和数学模式；最后，还须依靠实验来检验这些模型和模式的完善程度。此外，实际流动往往异常复杂（例如，湍流），理论分析和数值计算会遇到巨大的数学和计算方面的困难，得不到具体结果，只能通过现场观测和实验室模拟进行研究。

1.5.2　流体力学的展望

从阿基米德到现在的两千多年，特别是从20世纪以来，流体力学已发展成为基础科学体系的一部分，同时又在工业、农业、交通运输、天文学、地学、生物学、医学等方面得到广泛应用。

今后，人们一方面将根据工程技术方面的需要进行流体力学应用性的研究，另一方面将更深入地开展基础研究以探求流体的复杂流动规律和机理。后一方面主要包括：通过湍流的理论和实验研究，了解其结构并建立计算模式；多相流动；流体和结构物的相互作用；边界层流动和分离；生物地学和环境流体流动等问题；有关各种实验设备和仪器等。

【重点串联】

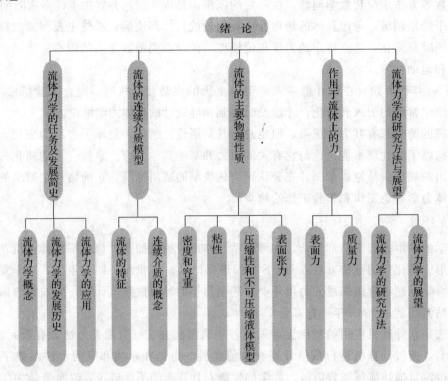

绪　论

- 流体力学的任务及发展简史
  - 流体力学概念
  - 流体力学的发展历史
  - 流体力学的应用
- 流体的连续介质模型
  - 流体的特征
  - 连续介质的概念
- 流体的主要物理性质
  - 密度和容重
  - 粘性
  - 压缩性和不可压缩液体模型
  - 表面张力
- 作用于流体上的力
  - 表面力
  - 质量力
- 流体力学的研究方法与展望
  - 流体力学的研究方法
  - 流体力学的展望

拓展与实训

职业能力训练

1. 液体的切应力与什么有关？固体的切应力与什么有关？

2. 流体的粘度与哪些因素有关？它们随温度如何变化？

3. 为什么荷叶上的露珠总是呈球形？

4. 一块毛巾，一头搭在脸盆内的水中，一头在脸盆外，过了一段时间后，脸盆外的台子上湿了一大块，为什么？

5. 为什么测压管的管径通常不能小于1 cm？

6. 在高原上煮鸡蛋为什么要给锅加盖？

7. 连续介质假设的条件是什么？

8. 设稀薄气体的分子自由行程是几米的数量级，问下列两种情况连续介质假设是否成立？①人造卫星在飞离大气层进入稀薄气体层时；②假想地球在这样的稀薄气体中运动时。

9. 粘性流体在静止时有没有切应力？理想流体在运动时有没有切应力？静止流体中没有粘性吗？

工程模拟训练

1. 在水池和风洞中进行船模试验时需要测定由下式定义的无因次数（雷诺数）$Re = \dfrac{vL}{\nu}$，其中 v 为试验速度，L 为船模长度，ν 为流体的运动粘性系数。如果 $v = 20\ \dfrac{m}{s}$，$L = 4\ m$，温度由 10 ℃增到 40 ℃时，分别计算在水池和风洞中试验时的 Re 数。（10 ℃时水和空气的运动粘性系数（$10^{-6}\ m^2/s$）为 1.310、14.7，40 ℃时水和空气的运动粘性系数（$10^{-6}\ m^2/s$）为 0.659、17.6。）

2. 底面积为 5.1 m^2 的薄板在静水表面以速度 $v = 16\ m/s$ 做水平运动，已知流体层厚度为 $h = 4\ mm$，设流体的速度为线性分布，求移动平板需多大的力？

3. 有一旋转粘度计如图 1.5 所示。同心轴和筒中间注入牛顿流体，筒与轴的间隙 δ 很小，筒以 ω 等角速度转动。设间隙中的流体速度沿矢径方向且为线性分布，l 很长，底部影响不计。如测得轴的扭矩为 M，求流体的粘性系数。

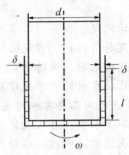

图1.5　模拟训练题3图

链接执考

1. 理想流体与实际流体的主要区别在于（　　）。(2004 年)

    A. 是否考虑粘滞性　　　　　　　　　　B. 是否考虑易流动性

    C. 是否考虑重力特性　　　　　　　　　　C. 是否考虑惯性

2. 与牛顿内摩擦定律直接有关的因素是（　　）。(2011 年)

    A. 压强　　　　　　B. 剪切变形　　　　　　C. 切应力　　　　　　D. 流速

3. 动力粘性系数 μ 与运动粘性系数 ν 的关系为 $\mu =$（　　）。(2012 年)

    A. $\rho\nu$　　　　　　B. ν/ρ　　　　　　C. ν/p　　　　　　D. $p\nu$

4. 按连续介质的概念，流体质点是指（　　）。(2010 年)

    A. 流体的分子

    B. 流体内的固体颗粒

    C. 几何的点

    D. 几何尺寸同流动空间相比是极小量，又含有大量分子的微元体

模块 2

流体静力学

【模块概述】

在工程实际中会遇到很多流体静力学问题。例如，许多水工建筑物（如水池、坝、闸门等）的表面都直接与液体接触，要进行这些建筑物的设计，首先必须计算作用于这些边界上的水压力。因此，水静力学是解决工程中水力荷载问题的基础，同时也是学习水动力学的基础。

水静力学的任务是研究液体处于静止状态时的力学规律及其在实际工程中的应用。这里所谓的"静止"是一个相对的概念，是指液体质点之间不存在相对运动，而处于相对静止或相对平衡状态，即作用在每个液体质点上的全部外力之和等于零。静止液体质点之间的相互作用，以及它们与固体壁面之间的作用，是通过压强的形式来表现的。因此，水静力学的研究以压强为中心，阐述静水压强的特性、分布规律，以及静止液体对物体表面的总压力。

在某些特定条件下，流动水流的动水压强分布也遵循静水压强的分布规律。

【知识目标】

1. 静水压强的两个特性及基本概念。
2. 重力作用下静水压强基本公式的物理意义和应用。
3. 压强量度与量测。
4. 静水压强分布图和平面上的静水总压力的计算。
5. 压力体的构成和绘制以及曲面上静水总压力的计算。

【技能目标】

1. 正确理解静水压强的两个重要的特性和等压面的性质。
2. 掌握静水压强基本公式和物理意义，会用基本公式进行静水压强计算。
3. 掌握静水压强的单位和三种表示方法；理解位置水头、压强水头和测管水头的物理意义和几何意义；掌握静水压强的测量方法和计算。
4. 会绘制静水压强分布图，并能熟练应用图解法和解析法计算作用在平面上的静水总压力。
5. 正确绘制压力体，掌握曲面上静水总压力的计算。

【学习重点】

静水压强的特性和等压面的性质，静水压强基本公式的物理意义和应用，静水压强的测量和计算，作用在平面和曲面上的静水总压力的计算。

【课时建议】

8～12 课时

工程导入

山东省烟台市某水库设有两个泄洪隧洞，在隧洞进口处分别设置了手控式矩形平板闸门和自动开启式矩形翻板闸门。其中平板闸门的倾角为45°，门宽为5 m，门长为6 m，门顶在水面以下的淹没深度为3 m，闸门自重200 kN，闸门与门槽间的摩擦系数为0.25；翻板闸门的宽度为6 m，门长8 m，闸门自重300 kN，上游水位超过6 m时，闸门即绕轴向顺时针方向打开（倾倒）。

通过上面例子你知道应该如何计算平板闸门承受的静水总压力及其作用点的位置吗？沿斜面拖动平板闸门所需要的拉力是多少？如何确定翻板闸门转轴的位置？

2.1 静水压强的概念

2.1.1 静水压强的定义

在静止的液体中，围绕某点取一微小作用面，设其面积为 ΔA，作用在该面积上的压力为 ΔP，则当 ΔA 无限缩小到一点时，平均压强 $\Delta P/\Delta A$ 便趋近于某一极限值，此极限值便定义为该点的静水压强（Hydrostatic Pressure），通常用符号 p 表示，即

$$p = \lim_{\Delta A \to 0} \frac{\Delta P}{\Delta A} = \frac{\mathrm{d}P}{\mathrm{d}A} \tag{2.1}$$

在 SI 制中，静水压力 P 的单位为 N 或 kN，以大写英文字母 P 来表示；静水压强的单位为 N/m²（Pa），以小写英文字母 p 来表示。

2.1.2 静水压强的特性

静水压强具有两个重要的特性：

（1）静水压强方向与作用面的内法线方向重合，即其方向与受压面垂直并指向受压面。

静水压强的这个特征是显而易见的。静止液体不能承受任何切应力，因为液体一旦受到切应力的作用就会发生连续不断的变形运动；静止液体也不能承受拉应力，否则它就会发生膨胀运动。也就是将平衡破坏了，与静止液体的前提不符。所以，静水压强唯一可能的方向就是和作用面的内法线方向一致，如图 2.1 所示。

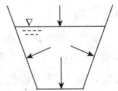

图 2.1 静水压强方向示意图

（2）静水压强的大小与其作用面的方位无关，亦即任何一点处各方向上的静水压强大小相等。

对特性（2）证明如下：

在静止的液体中，以点 O 为顶点，取一微分四面体，如图 2.2 所示。

为方便起见，它的三个正交面与坐标平面方向一致，棱长分别为 $\mathrm{d}x$、$\mathrm{d}y$、$\mathrm{d}z$。任意方向的倾斜面积为 $\mathrm{d}A_n$，四面体所受的力包括表面力和质量力，以下分别讨论：

① 作用于四个面上的表面力。

在静止液体中，表面力只有 4 个面上的压力 P_x、P_y、P_z 和 P_n，设各面上的平均压强分别为 p_x、p_y、p_z、p_n，则

$$P_x = \frac{1}{2}p_x \mathrm{d}y\mathrm{d}z$$

$$P_y = \frac{1}{2}p_y \mathrm{d}z\mathrm{d}x$$

$$P_z = \frac{1}{2}p_z \mathrm{d}x\mathrm{d}y$$

$$P_n = \frac{1}{2}p_n \mathrm{d}A_n$$

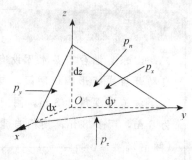

图 2.2 四面体受力示意图

②作用于四面体的质量力。

静止液体的质量力为重力，四面体的体积是 $\frac{1}{6}\mathrm{d}x\mathrm{d}y\mathrm{d}z$，质量是 $\frac{1}{6}\rho\mathrm{d}x\mathrm{d}y\mathrm{d}z$，设单位质量力在坐标轴方向的分量分别为 X、Y、Z，则质量力 F 在坐标轴方向的分量是

$$F_x = \frac{1}{6}\rho\mathrm{d}x\mathrm{d}y\mathrm{d}z X$$

$$F_y = \frac{1}{6}\rho\mathrm{d}x\mathrm{d}y\mathrm{d}z Y$$

$$F_z = \frac{1}{6}\rho\mathrm{d}x\mathrm{d}y\mathrm{d}z Z$$

根据力系平衡条件，可分别写出作用在四面体上各力在各坐标轴投影的平衡方程，以 x 方向为例

$$P_x - P_n\cos(n, x) + F_x = 0$$

将上面各式代入后得

$$\frac{1}{2}p_x\mathrm{d}y\mathrm{d}z - \frac{1}{2}p_n\mathrm{d}y\mathrm{d}z + \frac{1}{6}\rho\mathrm{d}x\mathrm{d}y\mathrm{d}z X = 0$$

当 $\mathrm{d}x$、$\mathrm{d}y$、$\mathrm{d}z$ 趋近于零，也就是四面体缩小到点 O 时，上式中左边最后一项质量力和前两项表面力相比为高阶微量，可以忽略不计，因而可得出

$$p_x = p_n$$

同理可得

$$p_y = p_n, \quad p_z = p_n$$

因斜面的方向是任意选取的，所以当四面体无限缩小至一点时，各个方向的静压强都相等，即

> **技术提示**
> 材料力学中拉应力冠以正号，压应力则冠以负号。而静止状态的液体只会出现压应力不会出现拉应力，所以水静力学中压强不冠以负号，至于正号，也可以省略不写。

$$p_x = p_y = p_z = p_n \qquad (2.2)$$

因此，可以把各个方向的压强均写成 p。这个特性表明，作为连续介质的平衡液体内，任一点的静止液体压强仅是空间坐标的连续函数，而与受压面的方向无关，所以

$$p = p(x, y, z) \qquad (2.3)$$

2.2 液体的平衡微分方程与等压面

2.2.1 液体的平衡微分方程

液体的平衡微分方程用来表征液体处于平衡状态时作用于液体上各种力之间的关系。

在静止液体中任取一边长为 $\mathrm{d}x$、$\mathrm{d}y$、$\mathrm{d}z$ 的微小正六面体作为微元体；各边分别与坐标轴平行，

如图 2.3 所示，作用在微元体上的力有质量力以及 6 个表面上的压力，这些压力是周围的静止液体通过微元体的 6 个表面传递过来的。

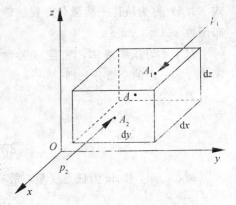

首先，我们分析作用在这个微元六面体内流体上的力在 x 方向上的分量。微元体以外的流体作用于其上的表面力均与作用面相垂直。因此，只有与 x 方向相垂直的前后两个面上的总压力在 x 轴上的分量不为零。设六面体中心点 A 处的静压力为 p (x, y, z)，则作用在 A_1 和 A_2 点的压力可以表示为

$$p_1 = p - \frac{\partial p}{\partial x} \frac{\mathrm{d}x}{2}, \quad p_2 = p + \frac{\partial p}{\partial x} \frac{\mathrm{d}x}{2}$$

图 2.3　六面体受压示意图

所以作用在点 A_1 和 A_2 所在面上的总压力分别为 $\left(p - \frac{\partial p}{\partial x} \cdot \frac{\mathrm{d}x}{2}\right)\mathrm{d}y\mathrm{d}z$、$\left(p + \frac{\partial p}{\partial x} \cdot \frac{\mathrm{d}x}{2}\right)\mathrm{d}y\mathrm{d}z$。

微元体内流体所受质量力在 x 方向的分力为 $X\rho\mathrm{d}x\mathrm{d}y\mathrm{d}z$，由于流体处于平衡状态，则

$$\left(p - \frac{\partial p}{\partial x} \cdot \frac{\mathrm{d}x}{2}\right)\mathrm{d}y\mathrm{d}z - \left(p + \frac{\partial p}{\partial x} \cdot \frac{\mathrm{d}x}{2}\right)\mathrm{d}y\mathrm{d}z + X\rho\mathrm{d}x\mathrm{d}y\mathrm{d}z = 0$$

用 $\rho\mathrm{d}x\mathrm{d}y\mathrm{d}z$ 除上式，简化后得

$$X - \frac{1}{\rho}\frac{\partial p}{\partial x} = 0$$

同理，对 y、z 轴方向可推出类似的结果，从而得到微分方程组：

$$\begin{aligned} X - \frac{1}{\rho}\frac{\partial p}{\partial x} &= 0 \\ Y - \frac{1}{\rho}\frac{\partial p}{\partial y} &= 0 \\ Z - \frac{1}{\rho}\frac{\partial p}{\partial z} &= 0 \end{aligned} \tag{2.4}$$

式（2.4）就是液体平衡的微分方程，该式的物理意义是：平衡液体中，单位质量的液体所受到的表面力（压力）与质量力彼此相等。该式是瑞士学者欧拉在 1775 年提出的，故又称为欧拉平衡方程。

技术提示

三维分析的坐标系有"左旋"和"右旋"两种取法。"左旋"是指 xOy 平面的 x 轴和 y 轴取自 x 轴顺时针旋转 $90°$ 到 y 轴，可以以左手除拇指外的四个手指模拟旋转方向，大拇指铅垂向上表示 z 轴的方向；"右旋"是指 xOy 平面的 x 轴和 y 轴取自 x 轴逆时针旋转 $90°$ 到 y 轴，可以以右手除拇指外的四个手指模拟旋转方向，大拇指铅垂向上仍表示 z 轴的方向。本节采用"右旋"坐标系。

2.2.2　液体平衡微分方程的积分

为了求得平衡液体中任意一点的静水压强 p，需将欧拉平衡方程进行积分。为此，将式（2.4）中 3 个方程的等号两端分别乘以 $\mathrm{d}x$、$\mathrm{d}y$ 和 $\mathrm{d}z$，然后 3 式相加得

$$\frac{\partial p}{\partial x}\mathrm{d}x + \frac{\partial p}{\partial y}\mathrm{d}y + \frac{\partial p}{\partial z}\mathrm{d}z = \rho\ (X\mathrm{d}x + Y\mathrm{d}y + Z\mathrm{d}z) \tag{2.5}$$

上式左边是连续函数 $p(x, y, z)$ 的全微分 $\mathrm{d}p$，于是有

$$\mathrm{d}p = \rho\ (X\mathrm{d}x + Y\mathrm{d}y + Z\mathrm{d}z) \tag{2.6}$$

式 (2.6) 称为液体平衡微分方程的综合式。当液体所受的质量力已知时，可求出液体内的压强分布函数 $p(x, y, z)$。

对于不可压缩液体，密度 ρ 为常量，式（2.6）右边括号内的 3 项总和也应该是某一函数 $W(x, y, z)$ 的全微分，即

$$dW = X dx + Y dy + Z dz \qquad (2.7)$$

又

$$dW = \frac{\partial W}{\partial x} dx + \frac{\partial W}{\partial y} dy + \frac{\partial W}{\partial z} dz$$

而 dx、dy 和 dz 为任意变量，故有

$$X = \frac{\partial W}{\partial x}, \quad Y = \frac{\partial W}{\partial y}, \quad Z = \frac{\partial W}{\partial z} \qquad (2.8)$$

从理论力学可知，满足式（2.8）的函数 $W(x, y, z)$ 称为力势函数，具有力势函数的质量力称为有势力。有势力所做的功与路径无关，而只与起点及终点的坐标有关。例如，重力、惯性力都是有势力。可见，不可压缩液体要维持平衡，只有在有势的质量力作用下才有可能。

将式（2.6）代入式（2.7），得

$$dp = \rho dW \qquad (2.9)$$

积分得

$$p = \rho W + C \qquad (2.10)$$

式中 C 为积分常数，由已知的边界条件确定。当液体中某一点的 p_0 和势函数 W_0 已知时，由式（2.10）得积分常数

$$C = p_0 - \rho W_0$$

代入式（2.10）得

$$p = p_0 + \rho (W - W_0) \qquad (2.11)$$

这就是在具有力势函数 $W(x, y, z)$ 的某一质量力系作用下，静止或相对平衡的不可压缩液体内任一点压强 p 的表达式。

需要指出，在实际问题中，力势函数 $W(x, y, z)$ 的表达式一般不直接给出，因而在实际计算静止液体压强分布规律时，采用综合式（2.6）进行计算较式（2.11）更为方便。

2.2.3 帕斯卡定律

在式（2.11）中，$\rho(W - W_0)$ 是由液体密度和质量力的势函数决定的，与 p_0 的大小无关。因此，当 p_0 增减 Δp 时，只要液体保持原有的平衡状态，则 p 也必然随着等值增减 Δp，即

$$p \pm \Delta p = p_0 \pm \Delta p + \rho (W - W_0)$$

由此可得：在平衡液体中，任何一点压强的增减都将等值地传递给液体内所有各点，这就是著名的帕斯卡定律或称静压传递原理。这个定律在生产技术中有很重要的应用，液压机就是帕斯卡原理的实例，它具有多种用途，如液压制动、水压机、水力起重机、液压传动装置等。

【知识拓展】

帕斯卡相关介绍

帕斯卡（1623—1662）是法国物理学家，数学家。他没有受过正规的学校教育，是在受过高等教育的父亲和姐姐的培养下长大的。他聪明好学，对数学、物理尤其有兴趣，12 岁就学完了欧几里得几何，16 岁那年随父亲一起参加巴黎数学家和物理学家的学术聚会，在一位数学家的指导下，当年就发表了一篇有关圆锥曲线的出色论文，从此他正式踏进了法国学术界的大门，潜心研究，一发而不可收。他在物理方面的主要贡献是重复了托里拆利的实验，发现了大气压强随着高度变化的规

律；建立了流体的帕斯卡定律，为流体静力学的建立奠定了基础。

后来，帕斯卡又做了一系列研究液体压强规律的实验，其中最著名的一个实验是：他用一个木酒桶，在顶端开一个小口，小口上接一根很长的铁管，接口密封。实验时，酒桶先灌满水，然后用杯子慢慢地往管子里倒水。当管子中的水柱达到几米高时，只见木酒桶突然破裂，水流满地。帕斯卡总结了这些实验，于 1654 年写成一篇《论液体的平衡》的论文，指出压强能够在密封流体内部大小不变地传向各个方向。这一重要的结论被后人称为帕斯卡定律。帕斯卡利用自己发现的这一定律，发明了注射器，改进了托里拆利水银气压计，还制成了科学史上第一台水压机。

帕斯卡由于学习和工作过于劳累，从 18 岁起就病魔缠身，35 岁以后健康迅速恶化，只活到 39 岁就英年早逝。人们为了纪念他，用他的名字命名压强的国际单位制单位，简称"帕"，国际符号为 Pa。

2.2.4 等压面

在相连通的液体中，由压强相等的各点所组成的面（平面或曲面）称为等压面。例如液体与气体的交界面（即自由表面），以及处于平衡状态下的两种不相混合的液体的交界面都是等压面。

等压面具有如下两个性质：

1. 在平衡液体中等压面即是等势面

在等压面上 p 为常数，由式（2.9）知，$\mathrm{d}p = \rho\mathrm{d}W = 0$；而 ρ 亦视为常量，故 $\mathrm{d}W = 0$，即 W 为常数。可见，等压面即是等势面。

2. 等压面恒与质量力正交

在等压面上有

$$\mathrm{d}p = \rho(X\mathrm{d}x + Y\mathrm{d}y + Z\mathrm{d}z) = 0$$

即

$$X\mathrm{d}x + Y\mathrm{d}y + Z\mathrm{d}z = 0 \tag{2.12}$$

式中 $\mathrm{d}x$、$\mathrm{d}y$、$\mathrm{d}z$——液体质点在等压面上的任意微小位移 $\mathrm{d}s$ 在相应坐标轴上的投影。

因此，式（2.12）表示当液体质点沿等压面移动 $\mathrm{d}s$ 距离时，质量力做的微功为零。而质量力和 $\mathrm{d}s$ 都不为零，所以，必然是等压面与质量力正交。如重力作用下的液体，其等压面处处都是与重力方向相垂直，它近似是一个与地球同心的球面。但在实践中，这个球面的有限部分可以看成是水平面。

常见的等压面有液体的自由表面（因其上作用的压强一般是相等的大气压强），平衡液体中不相混合的两种液体的交界面等。等压面是计算静水压强时常用的一个概念。

2.3 重力作用下静水压强的分布规律

自然界最常见的质量力是重力，因此，在液体平衡一般规律的基础上，研究重力作用下静水压强的分布规律更有实际意义。

2.3.1 重力作用下静水压强的基本公式

在质量力只有重力的静止液体中，将直角坐标系的 z 轴取为铅直向上，如图 2.4 所示。在这种情况下，单位质量力在各坐标轴方向的分量为 $X = 0$，$Y = 0$，$Z = -g$。液体中任意一点的压强，由式（2.6）可得

$$\mathrm{d}p = -\rho g\mathrm{d}z$$

对不可压缩均质流体，ρ 为常数，积分上式得

$$p = -\rho g z + C'$$

或写为

$$z + \frac{p}{\rho g} = C \qquad (2.13)$$

式中，$C = C'/\rho g$ 为积分常数，可由边界条件确定。式 (2.13) 即为质量力只有重力时液体平衡微分方程的积分式，称为静水压强基本方程。对其中的任意两点 1 及 2，上式可写成

$$z_1 + \frac{p_1}{\rho g} = z_2 + \frac{p_2}{\rho g} \qquad (2.14)$$

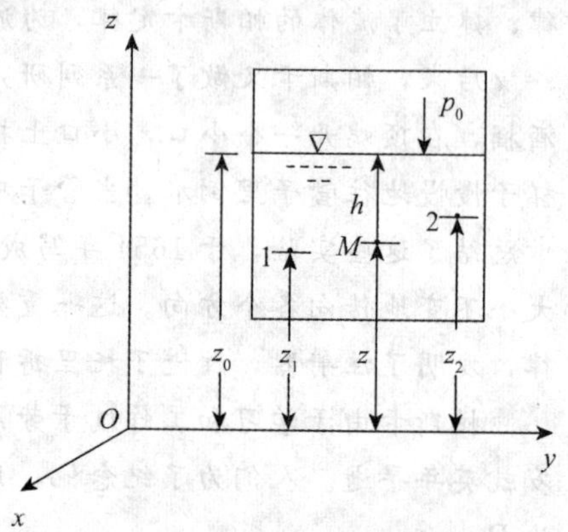

在自由表面上，$z = z_0$，$p = p_0$，则 $C = z_0 + \dfrac{p_0}{\rho g}$。代入式

图 2.4　液体内部静水压强关系图

(2.13) 即可得出重力作用下静止液体中任意点 M 的静水压强计算公式

$$p = p_0 - \rho g z$$

或

$$p = p_0 + \rho g h \qquad (2.15)$$

式中　ρ——液体的密度，kg/m^3；

　　　h——液体质点的水深，m，与坐标的关系为 $h = -z$。

式 (2.15) 为重力作用下静水压强基本方程的常用表达式。此式表明：在静止液体中，任意点的压强 p 是自由液面上的压强 p_0 与该点到自由液面的单位面积上的垂直液柱重量 $\rho g h$ 之和。该式还表明，位于同一淹没深度的各点静水压强值相等，因而重力作用下静止液体中的等压面必为水平面。

2.3.2　压强的度量

度量压强的大小，首先要明确起算的基准，其次要了解计量的单位。

1. 度量压强的基准

(1) 绝对压强（Absolute Pressure）。

以设想的没有气体存在的完全真空作为零点算起的压强称为绝对压强，用符号 p_{ab} 表示。

$$p_{ab} = p_a + \rho g h \qquad (2.16)$$

(2) 相对压强（Relative Pressure）。

以当地大气压强作为零点算起的压强称为相对压强，又称计示压强或表压强，用符号 p_r 表示。在实际工程中，水流表面或建筑物表面多为当地大气压强，并且很多测压仪表测得的压强都是绝对压强和当地大气压强的差值，所以，当地大气压强又常作为计算压强的基准。于是可得相对压强与绝对压强之间的关系为

$$p_r = p_{ab} - p_a \qquad (2.17)$$

当液面上为大气压强 p_a 时，用相对压强表示的静水压强基本方程为

$$p_r = p_{ab} - p_a = (p_a + \rho g h) - p_a$$

所以

$$p_r = \rho g h \qquad (2.18)$$

绝对压强总是正值，而相对压强可正可负。

(3) 真空压强（Vacuum Pressure）或真空度。

当液体中某点的绝对压强小于当地大气压强时，该处相对压强为负值，称为负压，或者说该处存在着真空度。所谓真空压强是指绝对压强小于当地大气压强的数值，用符号 p_v 表示。

$$p_v = p_a - p_{ab} = |p_r| \qquad (2.19)$$

由式（2.19）可知：在理论上，当绝对压强为零时，真空压强达到最大值 $p_v = p_a$，即"完全真空"状态。但实际液体中一般无法达到这种"完全真空"状态，因为如果容器中液体的表面压强降低到该液体的汽化压强（饱和蒸汽压强）p_{vp} 时，液体就会迅速蒸发、汽化，因此，只要液面压强降低到液体的汽化压强时，该处压强便不会再往下降。所以液体的最大真空压强不能超过当地大气压强与该液体汽化压强之差。水的汽化压强随着温度降低而降低。表 2.1 列出了水在不同温度下的汽化压强值。

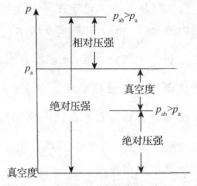

图 2.5　绝对压强、相对压强及真空度示意图

相对压强、绝对压强及真空度三者的关系如图 2.5 所示。

必须注意，不同的地理位置，当地大气压强是不相等的。所以，在一个方程中，只有所涉及问题的地理位置差别不大，各点的大气压强基本相等，才可采用相对压强计算。

表 2.1　水在不同温度下的汽化压强值

温度/℃	0	5	10	15	20	25	30
p_{vp}/kPa	0.61	0.87	1.23	1.70	2.34	3.17	4.24
温度/℃	40	50	60	70	80	90	100
p_{vp}/kPa	7.38	12.33	19.92	31.16	47.34	70.10	101.33

2. 压强的计量单位

（1）用应力表示。

即从压强定义出发，以单位面积上的作用力来表示，单位为牛/米^2（N/m^2）或帕（Pa），1 Pa = 1 N/m^2。

（2）用大气压强的倍数表示

大气压强作为衡量压强大小的尺度。国际单位制规定：一个标准大气压 p_a = 101 325 Pa，它是纬度 45°海平面上，当温度为 0 ℃时的大气压强。工程上为便于计算，常用工程大气压（相当于海拔 200 m 处的正常大气压）来衡量压强。一个工程大气压 p_{at} = 98 kPa。

（3）用液柱高度来表示。常用水柱高度或汞柱高度。将式（2.18）改写成 $h = p/\rho g$，可见，只要知道液体的密度，则一定的高度 h 值对应着一定的压强值。例如，一个工程大气压相应的水柱高度为

$$h = \frac{p_a}{\rho g} = \frac{98\ 000\ \text{N/m}^2}{1\ 000\ \text{kg/m}^3 \times 9.8\ \text{m/s}^2} = 10\ \text{mH}_2\text{O}$$

相应的汞柱高度为

$$h = \frac{p_a}{\rho g} = \frac{98\ 000\ \text{N/m}^2}{13.6 \times 10^3 \times 9.8\ \text{N/m}^3} = 0.736\ \text{mHg} = 736\ \text{mmHg}$$

> **技术提示**
>
> 虽然压强可以用上述三种单位表示，但在同一个运算方程中，必须换算成同一种单位后才能相加、减。因为 p 的量纲是 $[\text{F/L}^2]$，h 的量纲是 $[\text{L}]$，大气压强的倍数是纯数，不同量纲的物理量不能做加、减运算。

3. 水头和单位势能

前面已经导出水静力学的基本方程为 $z + \dfrac{p}{\rho g} = C$。若在一盛有液体的容器的侧壁打一小孔，接上开口玻璃管与大气相通，就形成一根测压管（Piezometer）。如容器中的液体仅受重力的作用，液

面上为大气压，则无论连在哪一点上，测压管内的液面都是与容器内液面齐平的，如图 2.6 所示。测压管液面到基准面的高度由 z 和 $\dfrac{p}{\rho g}$ 两部分组成，z 表示该点到基准面的位置高度，$\dfrac{p}{\rho g}$ 表示该点压强的液柱高度。在水力学中常用"水头"代表高度，所以 z 又称位置水头，$\dfrac{p}{\rho g}$ 又称压强水头，$z+\dfrac{p}{\rho g}$ 则称为测压管水头。故式（2.13）表明：重力作用下的静止液体内，各点测压管水头相等。

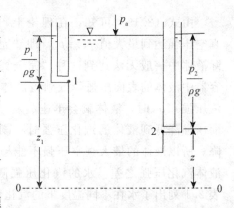

图 2.6　静水压强各水头示意图

下面进一步说明位置水头、压强水头和测压管水头的物理意义。

位置水头 z 表示的是单位重量液体从某一基准面算起所具有的位置势能（简称位能）。众所周知，把重量为 G 的物体从基准面移到高度 z 后，该物体所具有的位能是 G_z，对于单位重量物体来说，位能就是 $G_z/G=z$。它具有长度的量纲。基准面不同，z 值不同。

压强水头 $\dfrac{p}{\rho g}$ 表示的是单位重量液体从压强为大气压算起所具有的压强势能（简称压能），压能是一种潜在的势能。如果液体中某点的压强为 p，在该处安置测压管后，在压力的作用下，液面会上升的高度为 $\dfrac{p}{\rho g}$，也就是把压强势能转变为位置势能。对于重量为 G，压强为 p 的液体，在测压管中上升 $\dfrac{p}{\rho g}$ 后，位置势能的增量 $G\dfrac{p}{\rho g}$ 就是原来液体具有的压强势能。所以对原来单位重量液体来说，压能即 $G\dfrac{p}{\rho g}/G=\dfrac{p}{\rho g}$。

静止液体中的机械能只有位能和压能，合称为势能。$z+\dfrac{p}{\rho g}$ 表示单位质量流体所具有的势能。因此，水静力学基本方程 $z+\dfrac{p}{\rho g}=C$ 表明静止液体内各点单位重量液体所具有的势能相等。

4. 压强的量测和点压强的计算

测量液体的压强在工程上是非常普遍的要求，如水泵、风机和压缩机等均需安装压力表和真空表。测量液体压强的仪器按作用原理来分，主要分为三种类型：液位式、弹簧金属测式和电测式。液位式测压计是以流体静力学的基本原理为基础的，下面介绍几种典型的液位式测压计。

（1）简单测压管。

简单测压管如图 2.7 所示，在测压点处开一测压孔，外接一根透明的细长测压管，测压管的上端与大气相通，测压管内液面的高度为 H，则测压点处的表压为

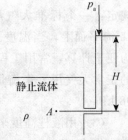

图 2.7　测压管示意图

$$p_A=\rho g H \tag{2.20}$$

显然，简单测压管的优点是结构简单，精度较高，造价低廉。其缺点主要有两方面：一是量程较小，这主要是因为测压管内工作液的密度是一定的，如果压力很大其读数 H 也会很大，测量起来非常不方便；二是也不适于测量气体的压力。

（2）U 形测压管。

如图 2.8 所示的 U 形测压管，克服了简单测压管内工作液密度不可改变，以及不能测量气体压力等弱点。求解 U 形测压管这类问题时

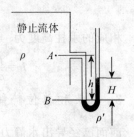

图 2.8　U 型测压管示意图

建议采用等压面法，即取图中通过点 B 的等压面，首先分别找出左右两个分支的压力与点 B 压力的关系，然后列出如下的方程：

$$p_A + \rho g h = p_B = \rho' g H \qquad (2.21)$$

所以点 A 的表压为

$$p_A = \rho' g H - \rho g h$$

如果被测流体为气体，其密度与工作液的密度相比可以忽略不计，则上式变为

$$p_A = \rho' g H$$

【例 2.1】 油罐内装相对密度为 0.8 的油品，装置如图 2.9 所示的 U 形测压管。求油面的高度 H 及液面压力 p_0。

解 点 A 的压力可用自由液面的压力 p_0 及罐内外两个液柱的压力来表示，即

$$p_0 + \rho_0 g H + 0.4 \rho_w g = p_A = p_0 + 1.6 \rho_w g$$

可得

$$H = \frac{1.2 \rho_w}{\rho_0} = 1.5 \text{ m}$$

为了计算液面压力 p_0 取 $B-B$ 为等压面，点 B 的压力可表示为

$$p_0 + (1.6 + 0.3 + 0.5) \rho_w g = p_B = 0.5 \rho_{汞} g$$

所以

$$p_0/\text{Pa} = 0.5 \rho_{汞} g - 2.4 \rho_w g = 43\ 120$$

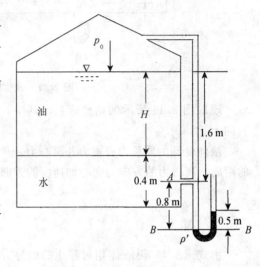

图 2.9 例 2.1 图

（3）U 形压差计

现在用图 2.10 所示的 U 形管测量管道上 A、B 两点的压差，取 $0-0$ 为等压面则有

$$p_A + \rho g (x + H) = p_0 = p_B + \rho g x + \rho' g H$$

整理后可得 A、B 两点的压差为

$$\Delta p = p_A - p_B = (\rho - \rho') g H$$

从上式可以看出，在 U 形管压差计尺寸一定的情况下，被测流体的密度与工作液的密度直接决定了 U 形管压差计的量程和精度，读者不妨进一步思考一下其中的关系以及 A、B 两点不在同一水平面上时的压差计算公式。

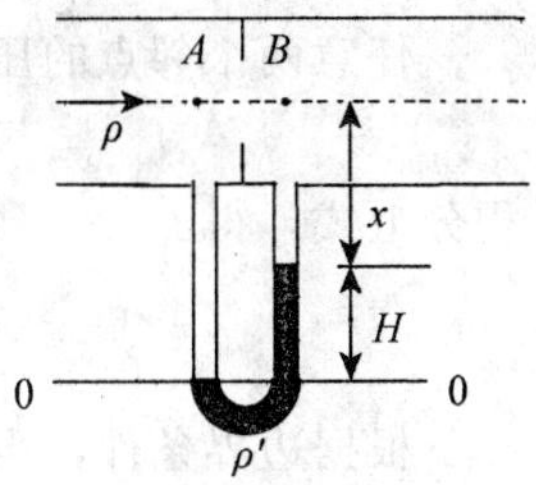

【例 2.2】 假设图 2.10 所示的水管线上孔板流量计两端的压差为 105 Pa，求 U 形水银压差计的读数 H。

图 2.10 例 2.2 图

解 $H/\text{m} = \dfrac{\Delta p}{(\rho' - \rho) g} = \dfrac{100\ 000}{(13.6 - 1) \times 9\ 800} = 0.81$

2.4 重力和惯性力同时作用下的液体平衡

若液体相对于地球虽有运动，但液体本身各质点之间却没有相对运动，这种运动状态称为相对平衡（Relative Equilibrium）。例如，相对于地面做等加速（或等速）直线运动或等角速旋转运动的容器中的液体，便是相对平衡液体的实例。

下面以等角速旋转容器内液体的相对平衡为例，说明这类问题的一般分析方法。如图 2.11（a）所示，盛有液体的圆柱形容器绕其中心轴以匀角速度 ω 旋转。开始时，由于粘滞性作用，筒壁首先带动近壁的液体随之运动。经过一段时间之后，运动达到稳定状态，此时每个液体质点都以角速度 ω 绕容器的中心轴旋转，液体质点之间没有相对运动，液体保持相对静止。

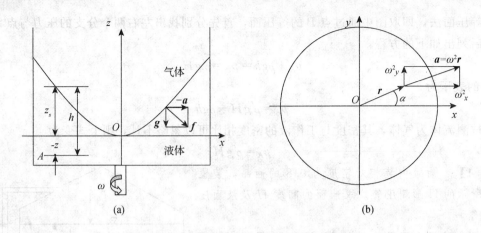

图 2.11　液体受重力和离心力共同作用示意图

现取图 2.11 所示的动坐标系，其中，x 轴和 y 轴在水平面上，z 轴与容器的中心轴线重合，铅直向上。

液体受到的质量力有重力和离心力。单位质量液体受到的离心力的大小为 $\omega^2 r$，r 是质点到中心轴的距离。离心力的方向与向心加速度的方向相反，如图 2.11（b）所示。单位质量力的坐标分量是

$$X = \omega^2 r \cos\theta = \omega^2 x$$
$$Y = \omega^2 r \sin\theta = \omega^2 y$$
$$Z = -g$$

由式（2.4）得液体相对静止的微分方程是

$$\omega^2 x = \frac{1}{\rho}\frac{\partial p}{\partial x}$$
$$\omega^2 y = \frac{1}{\rho}\frac{\partial p}{\partial y}$$
$$-g = \frac{1}{\rho}\frac{\partial p}{\partial z}$$

任意两个邻点的压强差为

$$\mathrm{d}p = \rho(\omega^2 x \mathrm{d}x + \omega^2 y \mathrm{d}y - g \mathrm{d}z)$$

积分上式，得

$$p = \rho\left(\frac{\omega^2 x^2}{2} + \frac{\omega^2 y^2}{2} - gz\right) + c = \rho\left(\frac{\omega^2 r^2}{2} - gz\right) + c$$

根据边界条件，当 $r=0$，$z=0$ 时，$p=p_a$（当地大气压强），可得积分常数 $c=p_a$

$$p = p_a + \rho g\left(\frac{\omega^2 r^2}{2g} - z\right) \tag{2.22}$$

这就是等角速旋转容器中液体静压力分布公式，在同一高度上，液体静压力沿径向按半径二次方增长。

将单位质量力的分力代入等压面微分方程式（2.12），可得等压面方程为

$$\omega^2 x \mathrm{d}x + \omega^2 y \mathrm{d}y - g \mathrm{d}z = 0$$

积分上式可得

$$\frac{\omega^2 x^2}{2} + \frac{\omega^2 y^2}{2} - gz = c, \quad \frac{\omega^2 r^2}{2} - gz = c$$

从上式看出，等压面是一簇绕 z 轴的旋转抛物面。在自由表面上当 $r=0$ 时，$z=0$，可求得积分常数 $c=0$，于是得自由液面方程为

$$\frac{\omega^2 r^2}{2} - g z_s = 0; \quad z_s = \frac{\omega^2 r^2}{2g} \tag{2.23}$$

式中　z_s——自由表面上点的 z 坐标。

【例 2.3】 如图 2.12 所示，有一盛水圆柱形容器，高 $H=$ 1.2 m，直径 $D=0.7$ m，盛水深度恰好为容器高度的一半。试问当容器绕其中心轴旋转的转速 n 为多大时，水开始溢出？

解 因旋转抛物体的体积等于同底同高圆柱体体积的一半，因此，当容器旋转使水上升至容器顶部时，旋转抛物体自由液面的顶点恰好在容器底部。在自由液面上，当 $r=\dfrac{D}{2}$ 时，$z_s=$ H，将其代入式（2.21）得

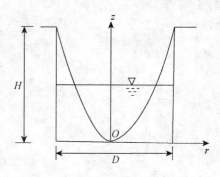

$$\omega/(\text{rad} \cdot \text{s}^{-1}) = \frac{1}{D}\sqrt{8gH} = \frac{1}{0.7}\sqrt{8 \times 9.8 \times 1.2} = 13.86$$

图 2.12 例 2.3 图

故转速

$$n/(\text{r} \cdot \text{min}^{-1}) = \frac{30\omega}{\pi} = \frac{30 \times 13.86}{3.14} = 132.4$$

技术提示

研究处于相对平衡的液体中的压强分布规律，最好的方法是采用理论力学中处理相对运动问题的达朗贝尔原理，即将坐标系置于运动容器上，液体相对于该坐标系是静止的，于是这种运动问题便可作为静力学问题来处理。但须注意：与重力作用下的平衡液体所不同的是，相对平衡液体的质量力除了重力外，还有牵连惯性力。

 ## 2.5 平面上的静水总压力

静止状态下作用在建筑物整个受压面上的水压力，称为静水总压力。静水总压力的大小、方向和作用点的确定，是许多工程技术上必须解决的实际问题（如选择启闭设备、闸门结构设计、校核挡水建筑物稳定性等）。对于液体，计算静水总压力必须考虑压强的分布。计算液体的静水总压力，实质上是求受压面上各点静水压强的合力。对于液体作用在平面上的静水总压力，其计算方法有解析法和图解法两种。下一节讨论曲面上静水总压力的计算。

2.5.1 解析法

1. 总压力的大小与方向

对任意形状的平面，需要用解析法来确定静水总压力的大小和作用点。图 2.13 为一任意形状的平面，其面积为 A，倾斜放置于水中任意位置，与水面相交成 α 角。该平面的左侧承受水压力作用，形心位于 C 处，形心处水深为 h_C，自由表面上的压强为当地大气压强。由于该面积右侧也有大气压强作用，所以在讨论水的作用力时只计算相对压强所引起的静水总压力即可。xOy 平面与水面的交线为 Ox，将受压面所在坐标绕 Oy 轴旋转 $90°$，即可展现受压平面 A。作用于这一平面上的静水总压力的大小可按以下方法确定。

在受压面上任取一微小面积 dA，其中心点在水面以下的深度为 h。作用在 dA 上的压力为

$$dP = pdA = \rho gh dA \tag{2.24}$$

其方向与 dA 正交且为内法线方向。

由于每一微小面积上作用的静水压力方向相同，因此，作用在全部受压面 A 上的总压力为

$$P = \int dP = \int_A \rho gh \, dA = \int_A \rho gy\sin\alpha \, dA = \rho g\sin\alpha \int_A y \, dA \tag{2.25}$$

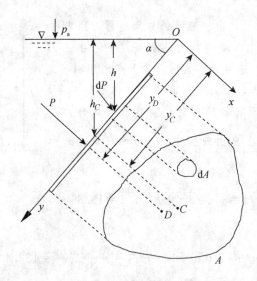

图 2.13 平板受压示意图

式中的积分 $\int_A y \mathrm{d}A$ 是受压面 A 对 Ox 轴的静面矩,其值应等于受压面面积 A 与其形心坐标 y_C 的乘积,如以 p_C 代表形心 C 处的静水压强,则有

$$P = \rho g \sin \alpha \, y_C A = \rho g h_C A = p_C A \tag{2.26}$$

上式表明:任意平面上的静水总压力的大小等于该平面的面积与其形心处静水压强的乘积。因此,形心处的静水压强相当于该平面的平均压强。作用在平面上静水总压力的方向是指向并垂直受压面,即沿着受压面的内法线方向。

2. 总压力的作用点

总压力的作用点又称压力中心,即图 2.13 中的点 D 位置。这一位置可通过合力对任意轴的力矩等于各分力对该轴的力矩和来确定。对 Ox 轴取力矩得

$$P y_D = \int y \mathrm{d}P = \rho g \sin \alpha \int_A y^2 \mathrm{d}A = \rho g \sin \alpha I_X$$

式中 $\int_A y^2 \mathrm{d}A$ 为受压面 A 对 Ox 轴的惯性矩,以 I_X 表示。故得

$$y_D = \frac{\rho g \sin \alpha I_X}{P}$$

将 $P = \rho g \sin \alpha \, y_C A$ 代入上式化简,得

$$y_D = \frac{I_X}{y_C A}$$

由惯性矩的平行移轴定理,$I_X = I_C + y_C^2 A$,代入上式,得

$$y_D = y_C + \frac{I_C}{y_C A} \tag{2.27}$$

式中 I_C——受压面对平行 Ox 轴的形心轴的惯性矩。

在式 (2.27) 中,因 $\dfrac{I_C}{y_C A} > 0$,故 $y_D > y_C$,即除平面水平放置外,总压力作用点总是在作用面形心点之下。随着受压面淹没深度的增加,y_C 增大,$\dfrac{I_C}{y_C A}$ 减少,总压力作用点则靠近受压面形心。几种常见图形的几何惯性量见表 2.2。

表 2.2　常见平面图形的 A、y_C、I_C 值

图　形	A	y_C	I_C
正方形	a^2	$\dfrac{a}{2}$	$\dfrac{a^2}{12}$
矩形	BH	$\dfrac{H}{2}$	$\dfrac{BH^3}{12}$
等腰三角形	$\dfrac{BH}{2}$	$\dfrac{2H}{3}$	$\dfrac{BH^3}{36}$
正梯形	$\dfrac{H}{2}(B+b)$	$\dfrac{H}{3}\dfrac{(b+2B)}{(b+B)}$	$\dfrac{H^3}{36}\dfrac{(B^2+4Bb+b^2)}{(B+b)}$
圆形	$\dfrac{\pi D^2}{4}$	$\dfrac{D}{2}$	$\dfrac{\pi D^4}{64}$
椭圆形	πab	a	$\dfrac{\pi a^3 b}{4}$

实际工程中的被作用平面，一般具有纵向对称轴，则压力中心 D 必落在对称轴上，不必计算 x_D。

【例 2.4】　如图 2.14 所示，矩形闸门两面受到水的压力，左边水深 $H_1=4.5$ m，右边水深 $H_2=2.5$ m，闸门与水平面成 $\alpha=45°$ 倾斜角，闸门宽度 $b=1$ m，试求作用在闸门上的总压力及其作用点。

解　作用在闸门上的总压力为左右两边液体总压力之差，即

$$P = P_1 - P_2$$

因为

$$h_{C_1} = \frac{H_1}{2}, \quad A_1 = bl_1 = b\frac{H_1}{\sin \alpha}$$

$$h_{C_2} = \frac{H_2}{2}, \quad A_2 = bl_2 = b\frac{H_2}{\sin \alpha}$$

所以

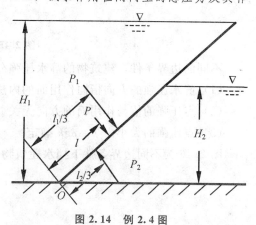

图 2.14　例 2.4 图

$$P/N = \rho g h_{C_1} A_1 - \rho g h_{C_2} A_2 = \rho g \frac{H_1}{2} b \frac{H_1}{\sin\alpha} - \rho g \frac{H_2}{2} b \frac{H_2}{\sin\alpha} = 97\,030$$

对于液面与上边线平齐的矩形平面而言，压力中心坐标为

$$y_D = y_C + \frac{I_C}{y_C A} = \frac{l}{2} + \frac{\dfrac{bl^3}{12}}{\left(\dfrac{l}{2}\right)bl} = \frac{2}{3}l$$

根据合力矩定理，对点 O 取矩可得

$$Pl = P_1 \frac{l_1}{3} - P_2 \frac{l_2}{3} = P_1 \frac{H_1}{3\sin\alpha} - P_2 \frac{H_2}{3\sin\alpha}$$

代入已知数据可解得

$$l = 2.54 \text{ m}$$

这就是作用在闸门上的总压力的作用点距闸门下端的距离。

2.5.2 图解法

求解矩形平面上的静水总压力可以采用图解法，该方法比较简单，但需要先准确绘出压强分布图，然后根据该图计算静水总压力。

1. 压强分布图

压强分布规律可用几何图形表示出来，即以线条长度表示点压强的大小，以线端箭头表示点压强的作用方向，亦即受压面的内法线方向。由于建筑物的四周一般都处在大气中，各个方向的大气压力将互相抵消，故压强分布图只需绘出相对压强值。图 2.15 为一直立矩形平板闸门，一面受水压力作用，其在水下的部分为 ABB_1A_1，深度为 H，宽度为 b。从前面知道，静水压强与淹没深度呈线性关系，故作用在平面上的平面压强分布图必然是按直线分布的，因此，只要直线上两个点的压强为已知，就可确定该压强分布直线。一般绘制的压强分布图都是指这种平面压强分布图，不必画出三维图。通常讲的压强分布图也是指二向的压强分布图。

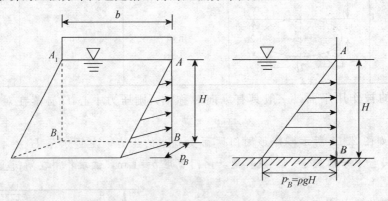

图 2.15 矩形平面压强分布图

不同的边界条件，建筑物的静水压强分布图是不同的，但必须遵循：

（1）静水压强的方向指向作用面的内法线方向。

（2）点压强的值与作用面的方向无关。

（3）点压强的大小由 $p = \rho g h$ 确定。

图 2.16 为不同边界条件下挡水建筑物的压强分布图。

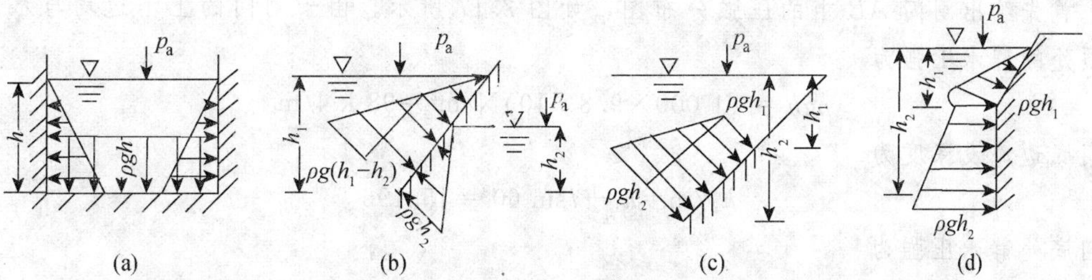

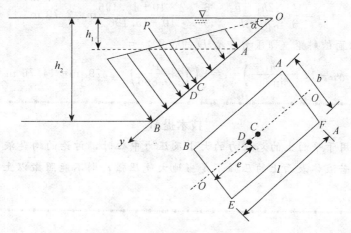

图 2.16 不同受压面压强分布图

3．利用压强分布图求矩形平面上的静水总压力

求矩形平面上的静水总压力实际上就是平行力系求合力的问题。通过绘制压强分布图求一边与水面平行的矩形平面上的静水总压力最为方便。

图 2.17 矩形平面压强分布图

如图 2.17 所示，一任意倾斜放置的矩形平面 $ABEF$，平面长为 l，宽为 b，其顶边在水面以下深度为 h_1，底边在水面以下深度为 h_2。根据静水压强分布规律，考虑相对压强，则液面压强为零，水深 h_1 的点 A 处压强为 $\rho g h_1$，水深 h_2 的点 B 处压强为 $\rho g h_2$，将 A、B 两点压强以直线相连，则可作出该受压平面的压强分布图如图 2.17 所示。

（1）静水总压力的大小。

设压强分布图的面积为 S，即为受压面单位宽度上总压力。作用在矩形平面 $ABEF$ 上的静水总压力的大小等于压强分布图的面积 S 乘以受压面的宽度 b，即

$$P = bS = \frac{\rho g}{2}(h_1 + h_2)bl \tag{2.28}$$

（2）静水总压力的方向。

由静水压强的特性可知，静水压强的方向垂直并指向受压面，所以静水总压力的方向也必然垂直并指向受压面。

（3）静水总压力的作用点。

总压力的作用点应为作用面的纵向对称轴 $O-O$ 上的点 D，该点是压强分布图形心点沿作用面内法线方向在作用面上的投影点，称为压力中心（Pressure Center）。压力中心 D 离底边的距离 e 可由力矩定理求得

$$e = \frac{l}{3}\frac{2h_1 + h_2}{h_1 + h_2} \tag{2.29}$$

【例 2.5】路基涵洞进口有一矩形平面闸门（图 2.17），长边 $l = 6$ m，宽度 $b = 4$ m，倾角 α 为 $60°$，顶边水深 $h_1 = 10$ m，试用图解法求闸门所受静水总压力 P 的大小和压力中心 D 的位置。

解 首先绘出闸门 AB 上的压强分布图，如图 2.17 所示。由于闸门的上下边均与水面平行，所以门顶处的静水压强为

$$\rho g h_1 = (1\,000 \times 9.8 \times 10)\,\text{N/m}^2 = 98\,\text{kN/m}^2$$

闸门底边淹没深度为

$$h_2/\text{m} = h_1 + l\sin 60° = 15.196$$

闸门底处静水压强为

$$\rho g h_2 = (1\,000 \times 9.8 \times 15.196)\,\text{N/m}^2 = 149\,\text{kN/m}^2$$

静水总压力的大小为

$$P = \frac{\rho g}{2}(h_1 + h_2)bl = \frac{1\,000 \times 9.8}{2}(10 + 15.196) \times 4 \times 6\,\text{N} = 2\,963\,\text{kN}$$

静水总压力 P 距门底边的距离为

$$e = \frac{l}{3} \times \frac{2h_1 + h_2}{h_1 + h_2} = \frac{6}{3} \times \frac{2 \times 10 + 15.196}{10 + 15.196}\,\text{m} = 2.79\,\text{m}$$

静水总压力距水面的斜距（即压力中心 D 的位置）为

$$y_D = \left(l + \frac{h_1}{\sin 60°}\right) - e = \left[\left(6 + \frac{10}{0.866}\right) - 2.79\right]\text{m} = 14.76\,\text{m}$$

技术提示

　　以上分析作用于平面上的总压力的大小及压力中心时，讨论的均是液体的表面处于大气之中的情况。若液体表面上的压强不是当地大气压强，则不能照搬以上结果，读者可自行分析。

2.6　曲面上的静水总压力

　　在实际工程中常常会遇到受液体压力作用的曲面，例如拱坝坝面、弧形闸门、U 形液槽、泵的球形阀、圆柱形油箱等。这就要求确定作用于曲面上的静水总压力。作用在曲面上的各点流体静压力都垂直于器壁，这就形成了复杂的空间力系，求流体作用在曲面上的总压力问题便成为空间力系的合成问题。工程上的曲面是各种各样的，本节着重讨论液体作用在二向曲面上的总压力。

　　由于曲面上各点的法线方向各不相同，因此不能像求平面上的总压力那样通过直接积分求其合力。为了将求曲面上的总压力问题也变为平行力系求合力的问题，以便于积分求和，通常将曲面上的静水总压力 P 分解成水平分力和铅直分力，然后再合成 P。在工程上，有时不必求合力，只需求出水平分力和铅直分力即可。因为工程上多数曲面为二维曲面，即具有平行母线的柱面或球面。在此先着重讨论柱面情况，然后再将结论推广到一般曲面。

　　设有一个承受液体压力的二维柱形曲面，其母线水平，面积为 A，令坐标系 y 轴与二维曲面的母线平行，则该曲面在 xOz 系平面上的投影便成为曲线 ab，如图 2.18 所示。

　　在曲面 ab 上任意取一微元面积 $\mathrm{d}A$，它的沉没深度为 h，则流体作用在微元面积 $\mathrm{d}A$ 上的总压力为

$$\mathrm{d}P = \rho g h \mathrm{d}A$$

将其分解为水平与垂直的两个微元分力，然后再分别在整个面积上进行积分，便可求得作用在曲面上的总压力的水平分力与垂直分力，进而求出总压力大小、方向及作用点。

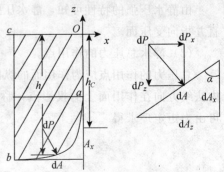

图 2.18　二维柱形曲面受压示意图

2.6.1 压力大小

设微元面积 dA 的法线与 x 轴的夹角为 α，则作用在微元面积上的总压力在 x 方向上的分量可表示为

$$dP_x = dP\cos\alpha = (\rho g h dA)\cos\alpha = \rho g h (dA\cos\alpha) = \rho g h dA_x$$

式中 dA_x——微元面积在 x 方向上的投影面的面积。

积分上式可得

$$P_x = \rho g \int_{A_x} h\, dA_x$$

式中的积分部分为曲面 A 在 yOz 坐标面上（即沿 x 方向投影）的投影面积 A_x 对 y 轴的面积矩，根据面积矩的性质可得

$$P_x = \rho g h_C A_x \tag{2.30}$$

式中 h_C——A_x 的形心在液面以下的铅直深度。

式（2.30）表明：静止流体作用在曲面上总压力在某一水平方向上的分力等于曲面沿该方向的投影面所受到的总压力，其作用线通过投影面的压力中心。由此可得总压力在 y 方向的分量为

$$P_y = \rho g h_C A_y$$

作用在微元面积 A 上的总压力在铅直方向上的分量可表示为

$$dP_z = (\rho g h dA)\sin\alpha = \rho g h (dA\sin\alpha) = \rho g h dA_z$$

式中 dA_z——微元面积 dA 在 z 方向上的投影。

积分上式可得总压力在铅直方向上的分量为

$$P_z = \rho g \int_A h\, dA_z = \rho g V \tag{2.31}$$

式中 $\int_A h\, dA_z = V$ 是曲面到自由液面（或自由液面的延伸面）之间的铅垂柱体——称为压力体的体积。式（2.31）表明，液体作用在曲面上总压力的铅垂分力等于压力体的液体重力。即流体作用在曲面上的总压力的垂直分量等于压力体内的液体所受的重力，它的作用线通过压力体的形心。

综上所述，作用在曲面上的总压力可表示为

$$\boldsymbol{P} = P_x\boldsymbol{i} + P_y\boldsymbol{j} + P_z\boldsymbol{k}$$

总压力的大小为

$$P = \sqrt{P_x^2 + P_y^2 + P_z^2} \tag{2.32}$$

2.6.2 压力体

压力体应由下列周界面所围成：

①受压曲面本身。

②液面或液面的延长面。

③通过曲面的四个边缘向液面或液面的延长面所作的铅垂平面。

压力体只是作为计算曲面上铅垂分力的一个数值当量，它不一定是由实际液体所构成。图 2.19 是两个典型的压力体。比较图中（a）和（b）的压力体，不难发现两者有着明显的不同：

①压力体所形成的总压力方向不同，图 2.19（a）中压力体形成的总压力方向向下，图 2.19（b）中的压力体所形成的总压力方向向上。

②两者压力体与液体所处的位置不同，图 2.19（a）中的压力体与液体位于曲面的同一侧，图 2.19（b）中的压力体与液体则不在曲面的同一侧。

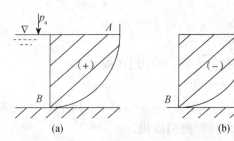

图 2.19 实压力体和虚压力体

由此可以引入定义：如果压力体与形成压力的液体在曲面的同侧，则称这样的压力体为实压力体，用（＋）来表示；如果压力体与形成压力的液体在曲面的异侧，则称这样的压力体为虚压力体，用（－）来表示。图 2.19（a）中的压力体是实压力体，它对曲面形成向下的压力。图 2.19（b）中的压力体是虚压力体，它对曲面形成向上的浮力。

当曲面为凹凸相间的复杂柱面时，可在曲面与铅垂面相切处将曲面分开，分别绘出各部分的压力体，并定出各部分铅垂分力的方向，然后合成起来即可得出总的铅垂分力的方向。图 2.20 中 CDE 曲面的压力体的画法对初学者来讲有一定的难度，首先我们把曲面划分为 CD 和 DE 两部分，先画出 CD 部分的压力体，即图中的画右斜线部分，这部分压力体为虚压力体；后画出 DE 部分的压力体，即图中的左斜线部分，这部分压力体为实压力体；最后将两者合成，交叉部分的压力体虚实相抵后剩下的凸出部分便是 CDE 曲面的压力体，其压力体为实压力体，压力体对曲面的作用力是向下压力。图中 HIJ 曲面的压力体的画法与 CDE 的画法完全相同，合成后的压力体为内凹部分的体积，是虚压力体，压力体对曲面的作用力是向上的浮力。

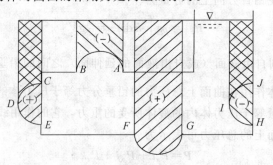

图 2.20 复杂曲面压力体图

2.6.3 总压力的方向和作用点

图 2.21 所示的 AB 曲面，由于铅直分力的作用线通过压力体的中心，且方向铅直向下，而水平分力的作用线通过投影面 A_x 的压力中心，且水平地指向作用面，所以曲面总压力的作用线必然通过这两条作用线的交点 D' 而指向作用面，总压力矢量的延长线与曲面的交点 D 就是总压力在作用面上的作用点。

【例 2.6】 如图 2.22 所示，有一圆柱扇形水闸门，已知 $H＝5$ m，$\alpha＝60°$，闸门宽度 $B＝10$ m，求作用于曲面 ab 上的总压力。

解 闸门在垂直坐标面上的投影面 $A_x＝BH$，其形心深 $h_C＝H/2$，代入式（2.30）得

$$P_x/N＝\rho g h_C A_x＝\rho g \frac{H}{2}BH＝\frac{1}{2}\rho g BH^2＝1\ 225\ 000$$

受压曲面 ab 的压力体为 $V＝BA_{abc}$。面积 A_{abc} 为扇形面积 aOb 与三角形 cOb 面积之差，所以有

$$P_z/N＝\rho g BA_{abc}＝\rho g B\left[\frac{\alpha}{360}\pi\left(\frac{H}{\sin\alpha}\right)^2-\frac{1}{2}H\cdot\frac{H}{\tan\alpha}\right]＝$$

$$9\,800\times10\times\left[\frac{3.14\times60°}{360°}\left(\frac{5}{\sin60°}\right)^2-\frac{1}{2}\frac{5^2}{\tan60°}\right]=1\,002\,300$$

故总压力大小、方向为

$$P/N=\sqrt{P_x^2+P_z^2}=\sqrt{1\,225\,000^2+1\,002\,300^2}=1\,582\,790$$

$$\tan\theta=\frac{P_x}{P_z}=\frac{125\,000}{1\,002\,300}=1.222$$

$$\theta=50°42'$$

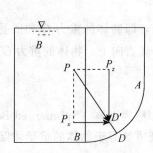

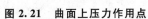

图 2.21　曲面上压力作用点

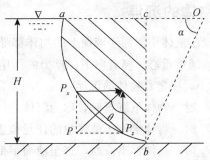

图 2.22　例 2.6 图

【例 2.7】　如图 2.23 所示，有一圆形滚动门，长 1 m（垂直图面方向），直径 D 为 4 m，上游水深为 4 m，下游水深为 2 m，求作用在门上的总压力的大小。

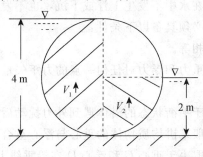

图 2.23　例 2.7 图

解　左部水平分力为

$$P_{x_1}/N=\rho ghA_{x_1}=9\,800\times2\times（4\times1）=78\,400$$

垂直分力为

$$P_{z_1}/N=\rho gV_1=9\,800\times1\times（0.5\times0.785\times4^2）=61\,540$$

右部水平分力为

$$P_{x_2}/N=P_{x1}/4=19\,600$$

垂直分力为

$$P_{z_2}/N=P_{z_1}/2=30\,770$$

水平方向合力为

$$P_x=P_{x_1}-P_{x_2}=55\,880$$

铅直方向合力为

$$P_z=P_{z_1}+P_{z_2}=92\,310$$

合力为

$$P/N=\sqrt{P_x^2+P_z^2}=\sqrt{（58\,800）^2+（92\,310）^2}=109\,450$$

$$\tan\theta=\frac{P_x}{P_z}=\frac{58\,800}{92\,310}=0.637$$

$$\theta=32°30'$$

2.7 潜体与浮体的平衡与稳定性

在生产实践中经常遇到物体浸入液体的情况，例如桥梁工程使用的沉井和沉箱，船舶工程的船舶等浮于水上物体或水中物体的设计和使用都需要进行浮体或潜体的水力学计算。为了求解这类问题，需讨论液体对物体的浮力的计算方法，分析物体在总压力作用下的稳定性。

2.7.1 物体的沉浮

一切沉没于液体中漂浮于液面上的物体都受到两个力作用，即物体的重力 G 和所受的浮力 P_z。重力的作用线通过重心，竖直向下；浮力的作用线通过浮心，竖直向上。物体的重力 G 与所受浮力 P_z 的相对大小，决定着物体的沉浮：

当 $G>P_z$ 时，物体下沉至底，称为沉体。

当 $G=P_z$ 时，物体潜没于液体中的任意位置而保持平衡，称为潜体（Submerged Bodies）。

当 $G<P_z$ 时，物体浮出液面，直至液面下部分所排开的液重恰等于物体的重量才保持平衡，这称为浮体（Floating Bodies）。船是其中最显著的例子。

2.7.2 潜体的平衡及稳定性

所谓潜体的平衡，是指潜体在水中不发生上浮或下沉，也不发生转动的平衡状态。在浮力和重力作用下的潜体若要保持平衡，必须具备以下条件：

①潜体所受到的重力和浮力相等。

②为保证潜体不发生转动，重力和浮力对任何一点的力矩矢量和都必须为零，即重心 C 和浮心 D 必须位于同一铅垂线上。

所谓潜体的稳定性，是指处于平衡状态的潜体遇到外力扰动后失去平衡，外力消失之后自动恢复到它原来平衡状态的能力。一般来讲均质物体的重心与浮心重合，而非均质物体的重心与浮心并不重合。潜体平衡的稳定性，则取决于重心 C 和浮心 D 在铅垂线上的相对位置。

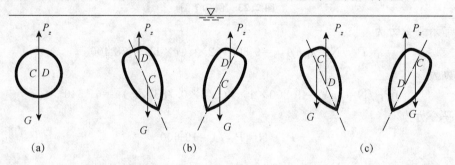

图 2.24 潜体稳定性示意图

如图 2.24（a）所示，若重心 C 与浮心 D 重合，潜体在任何外界干扰下均能处于稳定平衡状态。这种情况下的平衡称为随遇平衡。

如图 2.24（b）所示，若重心 C 低于浮心 D，此时在消除使潜体发生倾斜的外力后，重力和浮力所形成的力矩将自动地使潜体恢复到原来的平衡状态。这种情况下的平衡称为稳定平衡。

如图 2.24（c）所示，若重心 C 高于浮心 D，此时重力和浮力所形成的力矩将使潜体倾斜，消除外力后，潜体不可能自动恢复到原来的平衡状态。这种情况下的平衡称为不稳定平衡。

2.7.3 浮体的平衡及稳定性

浮体的平衡条件与潜体相同，但它们的稳定性条件是不相同的。

潜体的平衡及稳定性要求重力 G 与浮力 P_z 大小相等，作用在同一铅垂线上，且重心 C 位于浮心 D 之下。

对于浮体，P_z 与 G 相等是自动满足的，这是物体漂浮的必然结果。但是浮体的浮心 D 和其重心 C 的相对位置对于浮体的稳定性，并不像潜体那样，一定要求重心在浮心之下，即使重心在浮心之上也仍有可能稳定。这是因为浮体倾斜后，浮体浸没在液体中的那部分形状改变了，浮心的位置也随之变动，在一定条件下，使得浮体仍可保持原来的平衡状态，则这种平衡就称为稳定平衡。这种力矩称为扶正力矩；如果由 G 和 P_z 形成的力矩使浮体的倾斜进一步加剧并最终发生倾覆，则这种平衡称为不稳定平衡。这种力矩称为倾覆力矩；另外还有一种情况，当浮体倾斜后，虽然浮心位置发生了变化，但是浮心总是与重心处在一条铅直线上，C 和 P_z 没有形成力矩，无论浮体倾斜到什么位置仍能保持平衡，则这种平衡称为随遇平衡。

图 2.25 为一对称浮体。通过浮心 D 和重心 C 的连线称为浮轴（Floating Axle），在正常情况下，浮轴是铅垂的。当浮体受到某种外力作用（如风吹、浪击等）而发生倾斜时，浮体浸没在液体部分的形状有了改变，从而使浮心 D 的位置移至 D'。此时，通过 D' 的垂直线与浮轴相交于点 M，称为定倾中心（Metacenter）；定倾中心 M 到原浮心 D 的距离称为定倾半径（Metacentric Radius），以 R 表示；重心 C 与原浮心 D 的距离称为偏心距，以 e 表示。浮轴与铅直线的夹角 θ 称为倾角，当浮体倾斜角 θ（$\theta < 10°$）不太大的情况下，在实际中，可近似认为点 M 在浮轴上的位置是不变的。

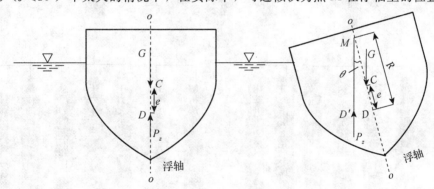

图 2.25　浮体稳定示意图

浮体倾斜后能否恢复到原平衡位置，取决于定倾半径 R 是否大于偏心距 e。如果 $R > e$，则重力 G 和浮力 P_z 就形成扶正力矩，使浮体恢复平衡，即呈稳定平衡。如果 $R < e$，则 G 和 P_z 就形成倾覆力矩，浮体将发生倾覆，即呈不稳定平衡。特殊情况下，如果 $R = e$，则 G 和 P_z 总是在同一条铅直线上，浮体在任何倾斜状况下都能保持平衡，即呈随遇平衡。

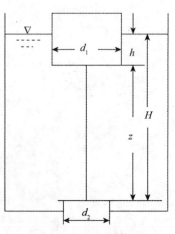

图 2.26　例 2.8 图

【**例 2.8**】　图 2.26 为一盛汽油的容器，底上有一直径 $d_2 = 0.02$ m 的圆阀，该阀用一条细绳系于直径 $d_1 = 0.1$ m 的圆柱形浮子上。设浮子及圆阀的总重力 $G = 0.980\ 6$ N，汽油密度 $\rho = 750$ kg/m³，绳长 $z = 15$ cm，试求汽油液面达到什么高度时圆阀开启。

解　设汽油液面距离圆阀的高度为 H 时圆阀开启，此时圆阀所受到的汽油的总压力、浮子与圆阀的重力、浮子所受到的浮力的代数和应为 0。如果以 P_z 代表浮子的浮力，以 P 代表汽油作用在圆阀上的总压力，则

$$P_z - (G + P) = 0$$

因为 $P_z = \rho g h \dfrac{\pi d_1^2}{4}$，$h = H - z$，$P = \rho g H \dfrac{\pi d_2^2}{4}$，代入上式有

$$\rho g (H - z) \frac{\pi d_1^2}{4} = G + \rho g H \frac{\pi d_2^2}{4}$$

所以

$$H/\mathrm{m} = \frac{4G}{\rho g \pi (d_1^2 - d_2^2)} + \frac{d_1^2 z}{d_1^2 - d_2^2} =$$

$$\frac{4 \times 0.980\ 6}{7\ 350 \times 3.14 \times (0.1^2 - 0.02^2)} + \frac{0.1^2 \times 0.15}{0.1^2 - 0.02^2} = 0.174$$

【重点串联】

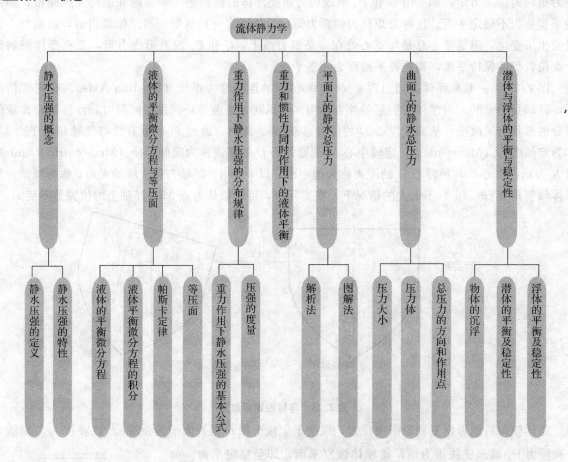

拓展与实训

职业能力训练

一、填空题

1. 当地的大气压强为 745 mmHg，测得一容器内绝对压强为 350 mmHg，则其真空度为_____。测得另一容器内的表压强为 1 360 mmHg，则其绝对压强为_____。

2. U 形水银压差计测量水管内 A、B 两点的压强差，水银面高差为 40 mm，则 A、B 两点的压强差为_____kPa。

3. 静止油面（油面上为大气压）下 0.6 m 深度处的相对压强为_____kPa（油的密度为 800 kg/m³）。

4. 欧拉平衡微分方程的表达式为_____。

5. 等压面与_____力正交，重力作用下的等压面是_____。

6. 垂直放置的矩形平板闸门，闸前水深为 3 m，静水总压力的作用点到水面的距离为_____m。

二、单选题

1. 静止流体中存在（　　）。
   A. 压应力　　　　　　　　　　B. 压应力和拉应力
   C. 压应力和切应力　　　　　　D. 压应力、拉应力和切应力

2. 流体静压强的（　　）。
   A. 方向与受压面方位有关　　　B. 大小与受压面积有关
   C. 大小与受压面方位无关　　　D. 以上均不正确

3. 某点绝对压强 $p_{ab}=40$ kPa，则其相对压强 p_r 与真空值 p_v 分别为（　　）。
   A. $p_r=58$ kPa，$p_v=68$ kPa　　B. $p_r=-58$ kPa，$p_v=68$ kPa
   C. $p_r=-58$ kPa，$p_v=50$ kPa　　D. $p_r=-58$ kPa，$p_v=98$ kPa

4. 静止流体中，等压面是指（　　）。
   A. 垂直于重力的水平面　　　　B. 测压管水头相等的某平面
   C. 充满同种液体且相连通的水平面　　D. 充满液体且垂直于重力的水平面

5. 倾斜放置的平板，其形心淹没深度 h_C 与静水压力中心的淹没深度 h_D 的关系为 h_C（　　）h_D。
   A. >　　　　　B. <　　　　　C. =　　　　　D. 不能确定

6. 压力体内（　　）。
   A. 必定充满液体　　　　　　　B. 肯定没有液体
   C. 至少部分有液体　　　　　　D. 可能有液体也可能无液体

7. 液体随容器做等角速度旋转而保持相对静止时，在液体自由面上重力与惯性力的合力总是与液面（　　）。
   A. 正交　　　　B. 斜交　　　　C. 相切　　　　D. 不能确定

8. 在液体中潜体所受浮力的大小与（　　）。
   A. 潜体的密度成正比　　　　　B. 液体的密度成正比
   C. 潜体的密度成反比　　　　　D. 液体的密度成反比

三、简答题

1. 流体静压力有哪些特性，怎样证明？

2. 等压面及其特性如何？

3. 绝对压力、表压和真空度的意义及其相互关系如何？

4. 液式测压计的水力原理是什么，工作液的选择与量程、精度有怎样的关系？

5. 何谓相对静止流体，与静止流体有什么共性？

6. 何谓压力中心？

7. 何谓压力体？确定压力体的方法和步骤如何？

8. 潜体和浮体的平衡条件是什么？

✎ 工程模拟训练

1. 容器中装有水和空气（图 2.27），求 A、B、C 和 D 各点的表压力？

2. 如图 2.28 所示的 U 形管中装有水银与水，试求：

(1) A、C 两点的绝对压力及表压力各为多少？

(2) A、B 两点的高度差 h 为多少？

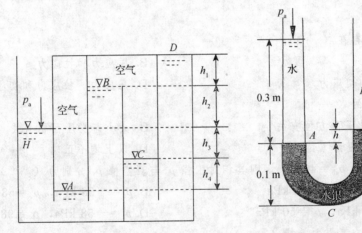

图 2.27　模拟训练题 1 图　　　　图 2.28　模拟训练题 2 图

3. 如图 2.29 所示两水管以 U 形压力计相连，A、B 两点高差 1 m，U 形管内装有水银，若读数 $\Delta h = 0.5$ m，求 A、B 两点的压力差为多少？

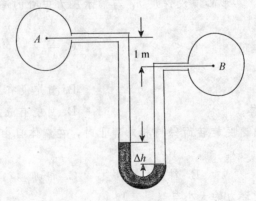

图 2.29　模拟训练题 3 图

4. 如图 2.30 所示的油罐发油装置，将直径为 d 的圆管伸进罐内，端部切成 45° 角，用盖板盖住，盖板可绕管端上面的铰链旋转。已知油深 $H = 5$ m，圆管直径 $d = 600$ mm，油品相对密度为 0.85，不计盖板重力及铰链的摩擦力，求提升此盖板所需的力的大小。（提示：盖板为椭圆形，要先算出长轴 $2b$ 和短轴 $2a$，就可算出盖板面积 $A = \pi ab$）。

5. 如图 2.31 所示的一个安全闸门，宽为 0.6 m，高为 1.0 m，距底边 0.4 m 处装有闸门转轴，闸门仅可以绕转轴顺时针方向旋转。不计各处的摩擦力，问门前水深 h 为多深时，闸门即可自行打开？

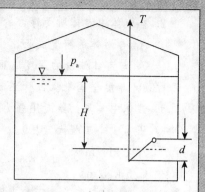

图 2.30　模拟训练题 4 图

6. 有一压力贮油箱（图 2.32），其宽度（垂直于纸面方向）$b = 2$ m，箱内油层厚 $h_1 = 1.9$ m，密度 $\rho_0 = 800$ kg/m³，油层下有积水，厚度 $h_2 = 0.4$ m，箱底有一 U 形水银压差计，所测之值如图 2.32 所示，试求作用在半径 $R = 1$ m 的圆柱面 AB 上的总压力（大小和方向）。

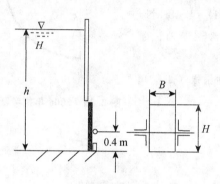

图 2.31　模拟训练题 5 图

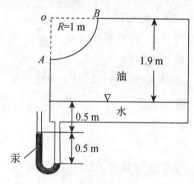

图 2.32　模拟训练题 6 图

7. 一个直径为 2 m，长为 5 m 的圆柱体放置在如图 2.33 所示的斜坡上。求圆柱体所受的水平力和浮力。

8. 如图 2.34 所示，一个直径 $D = 2$ m，长 $L = 1$ m 的圆柱体，其左半边为油和水，油和水的深度均为 1 m。已知油的密度为 $\rho = 800$ kg/m³，求圆柱体所受水平力和浮力。

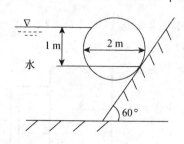

图 2.33　模拟训练题 7 图

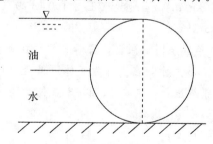

图 2.34　模拟训练题 8 图

✏️ **链接执考**

[2005 年度全国勘探设计注册工程师执业资格考试基础试卷（单选题）]

1. 压力表读数是（　　）。

　A. 相对压强　　　　　　　　　　B. 绝对压强

　C. 相对压强加当地大气压　　　　D. 以上均不正确

2. 在液体中潜体所受浮力的大小（　　）。

    A. 与潜体的密度成正比　　　　　　B. 与液体的密度成正比

    C. 与潜体淹没的深度成正比　　　　D. 与液体表面的压强成正比

[2006 年度全国勘探设计注册工程师执业资格考试基础试卷（单选题）]

1. 液体中某点的绝对压强为 $100\ kN/m^2$，则该点的相对压强为（　　）（注：当地大气压为 1 个工程大气压）。

    A. $1\ kN/m^2$　　　　　　　　　　　B. $2\ kN/m^2$

    C. $5\ kN/m^2$　　　　　　　　　　　D. $10\ kN/m^2$

2. 如图 2.35 所示，圆弧形闸门 AB（1/4 圆），闸门宽 4 m，圆弧半径 $R=1\ m$，点 A 以上的水深 $H=1.4\ m$，水面为大气压强，该闸门 AB 上作用静水总压力的铅垂分力 P_y 为（　　）。

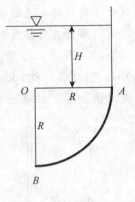

    A. 54.88 kN　　　　　　　　　　B. 94.08 kN

    C. 85.65 kN　　　　　　　　　　D. 74.48 kN

[2007 年度全国勘探设计注册工程师执业资格考试基础试卷（单选题）]

根据静水压强的特性，静止液体中同一点各方向的压强（　　）。

    A. 数值相等

    B. 数值不等

    C. 仅水平方向数值相等

    D. 铅直方向数值最大

图 2.35　2006 年执考题示意图

[2009 年度全国勘探设计注册工程师执业资格考试基础试卷（单选题）]

1. 静止的流体中，任一点的压强的大小与下列哪一项无关？（　　）

    A. 当地重力加速度　　　　　　　　B. 受压面的方向

    C. 该点的位置　　　　　　　　　　D. 流体的种类

2. 静止油面（油面上为大气压）下 3 m 深度处的绝对压强为下面哪一项？（油的密度为 $800\ kg/m^3$，当地大气压为 100 kPa）（　　）

    A. 3 kPa　　　　　B. 23.5 kPa　　　　　C. 102.4 kPa　　　　D. 123.5 kPa

[2010 年度全国勘探设计注册工程师执业资格考试基础试卷（单选题）]

如图 2.36 所示，在上部为气体下部为水的封闭容器上装有 U 形水银测压计，其中 1、2、3 点位于同一平面上，其压强的关系为（　　）。

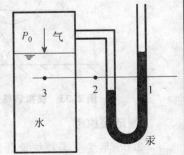

    A. $p_1 < p_2 < p_3$

    B. $p_1 > p_2 > p_3$

    C. $p_2 < p_1 < p_3$

    D. $p_2 = p_1 = p_3$

图 2.36　2010 年执考题示意图

模块 3

液体运动学

【模块概述】

上一模块阐述了水静力学的基本原理及其实际应用。然而，在自然界及实际工程中，液体经常处于运动状态。运动是液体的存在形式，是液体的本质特征。而在工程实际中，很多领域都需要对液体运动规律进行分析和研究。液体的静止状态只是一种特殊的存在形式，因此，研究液体的运动规律及其实际应用，具有更加深刻和广泛的意义。

液体的运动特性可用流速、加速度及动水压强等物理量来表征，这些物理量通称为液体的运动要素。液体运动学的基本任务就是研究液体的运动要素随时间和空间的变化规律，并建立它们之间的关系式。由于描述液体运动的方法不同，运动要素的表达式也不相同。所以，本章从描述液体运动的方法入手，介绍流动的分类、流线、迹线等概念，并根据质量守恒原理建立连续性方程。

【知识目标】

1. 描述液体运动的两种方法。
2. 液体运动的基本概念。
3. 液体运动的类型及不同的分类方法。
4. 总流的连续性方程。
5. 液体微团的运动分析。

【技能目标】

1. 了解描述液体运动的两种方法；掌握欧拉法质点加速度的表达式。
2. 理解总流、过流断面、流量、断面平均流速的概念。
3. 理解恒定流与非恒定流，均匀流与非均匀流，渐变流与急变流，有压流与无压流。
4. 熟练掌握总流的连续性方程。
5. 理解速度分解定理及其物理意义。

【学习重点】

流线与迹线，质点加速度的欧拉表述法，液体运动的分类和基本概念，恒定总流的连续性方程的形式及应用条件。

【课时建议】

6～10 课时

工程导入

山东烟台市有一条河道在山谷处分为两支：内江和外江，外江设一座溢流坝用以抬高上游河道水位，如图 3.1 所示。已测得上游河道流量为 Q，通过溢流坝的流量为 Q_1。内江过水断面 2—2 的面积为 A_2。

通过上述描述，如何求得通过内江的流量 Q_2 及 2—2 断面的平均流速？

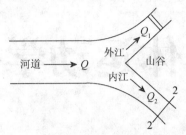

图 3.1　工程导入示意图

3.1　描述液体运动的两种方法

为研究液体运动，首先需要建立描述液体运动的方法。从理论上说，有两种可行的方法：拉格朗日方法和欧拉方法。液体运动的各物理量如位移、速度、加速度等称为液体的流动参数。对液体运动的描述就是要建立流动参数的数学模型，这个数学模型能反映流动参数随时间和空间的变化情况。拉格朗日方法是一种"质点跟踪"方法，即通过描述各质点的流动参数来描述整个液体的流动情况。欧拉方法则是一种"观察点"方法，通过分布于各处的观察点，记录液体质点通过这些观察点时的流动参数，同样可以描述整个液体的流动情况。下面分别介绍这两种方法。

3.1.1　拉格朗日法

拉格朗日法以液体中单个液体质点作为研究对象，研究每个液体质点的运动状况，并通过综合各个液体质点的运动情况来获得一定空间内整个液体的运动规律。这种方法实质上就是力学中用于研究质点系运动的方法，所以这种方法又称为质点系法。

例如，在空间直角坐标系中，某液体质点在初始时刻的位置坐标是 (a, b, c)，该坐标称为起始坐标。该质点在任意时刻 t 的位置坐标 (x, y, z) 可表示为起始坐标和时间 t 的函数，即

$$\left.\begin{array}{l} x=x(a, b, c, t) \\ y=y(a, b, c, t) \\ z=z(a, b, c, t) \end{array}\right\} \tag{3.1}$$

式中　a、b、c、t——拉格朗日变数。

若给定 a、b、c 值，则可以得到该液体质点的轨迹方程。

若需要知道该液体质点在任意时刻的速度，可将式（3.1）对时间 t 取偏导数，即

$$\left.\begin{array}{l} u_x=u_x(a, b, c, t)=\dfrac{\partial x(a, b, c, t)}{\partial t} \\[2mm] u_y=u_y(a, b, c, t)=\dfrac{\partial y(a, b, c, t)}{\partial t} \\[2mm] u_z=u_z(a, b, c, t)=\dfrac{\partial z(a, b, c, t)}{\partial t} \end{array}\right\} \tag{3.2}$$

其中，u_x、u_y、u_z 是速度在 x、y、z 轴的分量。同理，该液体质点在 x、y、z 方向的加速度分量可以表示为

$$
\left.
\begin{aligned}
a_x &= a_x\ (a,\ b,\ c,\ t)\ = \frac{\partial u_x\ (a,\ b,\ c,\ t)}{\partial t} = \frac{\partial^2 x\ (a,\ b,\ c,\ t)}{\partial t^2} \\
a_y &= a_y\ (a,\ b,\ c,\ t)\ = \frac{\partial u_y\ (a,\ b,\ c,\ t)}{\partial t} = \frac{\partial^2 y\ (a,\ b,\ c,\ t)}{\partial t^2} \\
a_z &= a_z\ (a,\ b,\ c,\ t)\ = \frac{\partial u_z\ (a,\ b,\ c,\ t)}{\partial t} = \frac{\partial^2 z\ (a,\ b,\ c,\ t)}{\partial t^2}
\end{aligned}
\right\}
\tag{3.3}
$$

3.1.2 欧拉法

与拉格朗日法不同，欧拉法着眼于流场中的固定空间或空间上的固定点，研究空间每一点上液体的运动要素随时间的变化规律。被运动液体连续充满的空间称为流场。需要指出的是，所谓空间每一点上液体的运动要素是指占据这些位置的各个液体质点的运动要素。例如，空间本身不可能具有速度，欧拉法的速度指的是占据空间某个点的液体质点的速度。

在流场中任取固定空间，同一时刻，该空间各点液体的速度有可能不同，即速度 u 是空间坐标 $(x,\ y,\ z)$ 的函数；而对某一固定的空间点，不同时刻被不同的液体质点占据，速度也有可能不同，即速度 u 又是时间 t 的函数。综合起来，速度是空间坐标和时间的函数，即

$$
\boldsymbol{u} = \boldsymbol{u}\ (x,\ y,\ z,\ t)
\tag{3.4}
$$

流速在各坐标轴上的投影为

$$
\begin{aligned}
u_x &= u_x\ (x,\ y,\ z,\ t) \\
u_y &= u_y\ (x,\ y,\ z,\ t) \\
u_z &= u_z\ (x,\ y,\ z,\ t)
\end{aligned}
\tag{3.5}
$$

式中　x、y、z、t——欧拉变数。

同样压强也可以表示为

$$
p = p(x,\ y,\ z,\ t)
\tag{3.6}
$$

若令式（3.5）中的 x、y、z 为常数，t 为变数，则可得到某一固定点上的流速随时间的变化情况。

若令式（3.5）中的 x、y、z 为变数，t 为常数，得到在同一时刻，位于不同空间点上的液体质点的流速分布，也就是得到了 t 时刻的一个流速场。

现在讨论液体质点加速度的表达式，液体质点的加速度是单位时间内液体质点在其流程上的速度增量。由于研究的对象是某一液体质点在通过某一空间点时速度随时间的变化，在 $\mathrm{d}t$ 时间之内，液体质点将运动到新的位置，即运动的液体质点本身的坐标 $(x,\ y,\ z)$ 也是时间 t 的函数。因此，在欧拉法中液体质点的加速度就是流速对时间的全导数，即

$$
\boldsymbol{a} = \frac{\mathrm{d}\boldsymbol{u}}{\mathrm{d}t}
\tag{3.7}
$$

根据复合函数的求导法则，得加速度的表达式为

$$
\boldsymbol{a} = \frac{\partial \boldsymbol{u}}{\partial t} + \frac{\partial \boldsymbol{u}}{\partial x}\frac{\mathrm{d}x}{\mathrm{d}t} + \frac{\partial \boldsymbol{u}}{\partial y}\frac{\mathrm{d}y}{\mathrm{d}t} + \frac{\partial \boldsymbol{u}}{\partial z}\frac{\mathrm{d}z}{\mathrm{d}t}
\tag{3.8}
$$

式（3.8）中的坐标增量 $\mathrm{d}x$、$\mathrm{d}y$、$\mathrm{d}z$ 不是任意的量，而是在 $\mathrm{d}t$ 时间内液体质点空间位置的微小位移在各坐标轴的投影。故

$$
\frac{\mathrm{d}x}{\mathrm{d}t} = u_x,\ \frac{\mathrm{d}y}{\mathrm{d}t} = u_y,\ \frac{\mathrm{d}z}{\mathrm{d}t} = u_z
$$

代入式（3.8），可得

$$
\boldsymbol{a} = \frac{\partial \boldsymbol{u}}{\partial t} + u_x\frac{\partial \boldsymbol{u}}{\partial x} + u_y\frac{\partial \boldsymbol{u}}{\partial y} + u_z\frac{\partial \boldsymbol{u}}{\partial z}
\tag{3.9}
$$

其分量形式为

$$a_x = \frac{\mathrm{d}u_x}{\mathrm{d}t} = \frac{\partial u_x}{\partial t} + u_x\frac{\partial u_x}{\partial x} + u_y\frac{\partial u_x}{\partial y} + u_z\frac{\partial u_x}{\partial z}$$

$$a_y = \frac{\mathrm{d}u_y}{\mathrm{d}t} = \frac{\partial u_y}{\partial t} + u_x\frac{\partial u_y}{\partial x} + u_y\frac{\partial u_y}{\partial y} + u_z\frac{\partial u_y}{\partial z} \qquad (3.10)$$

$$a_z = \frac{\mathrm{d}u_z}{\mathrm{d}t} = \frac{\partial u_z}{\partial t} + u_x\frac{\partial u_z}{\partial x} + u_y\frac{\partial u_z}{\partial y} + u_z\frac{\partial u_z}{\partial z}$$

由式（3.9）可见，欧拉法中质点加速度由两部分组成：第一部分 $\frac{\partial \boldsymbol{u}}{\partial t}$ 表示空间某一固定点上液体质点的速度对时间的变化率，称为时变加速度或当地加速度，它是由流场的非恒定性引起的；第二部分 $u_x\frac{\partial \boldsymbol{u}}{\partial x} + u_y\frac{\partial \boldsymbol{u}}{\partial y} + u_z\frac{\partial \boldsymbol{u}}{\partial z}$ 表示由于液体质点空间位置变化而引起的速度变化率，称为位变加速度或迁移加速度，它是由流场的不均匀性引起的。

例如，图 3.2 所示的管路装置，点 a、b 分别位于等径管和渐缩管的轴心线上。若水箱有来水补充，水位 H 保持不变，则点 a、b 处质点的速度均不随时间变化，时变加速度 $\frac{\partial u_x}{\partial t}=0$，点 a 处质点的速度随流动保持不变，位变加速度 $u_x\frac{\partial u_x}{\partial x}=0$，而点 b 处质点的速度随流动将增大，位变加速度 $u_x\frac{\partial u_x}{\partial x}>0$，故点 a 处质点的加速度 $a_x=$

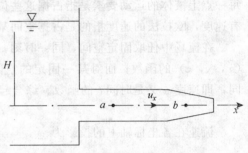

图 3.2　均匀流与非均匀流示意图

0，点 b 处质点的加速度 $a_x=u_x\frac{\partial u_x}{\partial x}$；若水箱无来水补充，水位 H 逐渐下降，则点 a、b 处质点的速度均随时间减小，时变加速度 $\frac{\partial u_x}{\partial t}<0$，但仍有点 a 的位变加速度 $u_x\frac{\partial u_x}{\partial x}=0$，点 b 的位变加速度 $u_x\frac{\partial u_x}{\partial x}>0$，故点 a 处质点的加速度 $a_x=\frac{\partial u_x}{\partial t}$，点 b 处质点的加速度 $a_x=\frac{\partial u_x}{\partial t}+u_x\frac{\partial u_x}{\partial x}$。

如果将观察点的区域适当扩大，这样的观察点又称为控制体。与观察点一样，控制体的空间坐标和形状一经确定，即固定不变。控制体的表面称为控制面，液体质点经过控制面进出控制体。控制体是研究液体运动的常用方法。

在液体力学中常用欧拉法。由前述讨论可知，欧拉法研究的是流场中每个固定空间点上的流动参数的分布及随时间的变化规律，给出了某瞬时整个流场的流动参数分布，因而可以用连续函数理论对流场进行有效的理论分析和计算。因为在大多数的工程实际问题中，不需要知道每个液体质点自始至终的运动过程，只需要知道液体质点在通过空间任意固定点时流动参数随时间的变化，以及某一时刻流场中各空间固定点上液体质点的流动参数，然后就可以用数学方法对整个流场进行求解计算。其次，在欧拉法中，数学方程的求解较拉格朗日法容易。再次，测量液体参数时，用欧拉法可将测试仪表固定在指定的空间点上，这种测量是容易做到的。

【例 3.1】　已知流场的速度分布为：$u_x=2x-yt$，$u_y=3y-xt$。试求：$t=1$ 时，过点 $M(2,1)$ 上液体质点的加速度 a。

解　由式（3.10）得

$$a_x = \frac{\partial u_x}{\partial t} + u_x\frac{\partial u_x}{\partial x} + u_y\frac{\partial u_x}{\partial y} = -y + (2x-yt)\times 2 + (3y-xt)\times(-t)$$

当 $t=1$，$x=2$，$y=1$ 时，有

$$a_x = 4 \text{ m/s}^2$$

同理　　　　　　　　　　　　$a_y = -2 u_y/s^2$

即　　　　　　　　　　　　$a = 4i - 2j$

3.2　液体运动的基本概念

在分析讨论一维恒定流的基本方程之前，首先应介绍有关液体运动的一些基本概念，如恒定流与非恒定流、迹线与流线、流管、元流等，这些概念是研究液体运动规律所必需的基本知识。

3.2.1　恒定流与非恒定流

用欧拉法描述液体运动时，运动要素表示为空间点坐标和时间 t 的函数。对于具体的液体运动，根据运动要素是否随时间 t 改变，可将流动分为恒定流和非恒定流两大类。

如果流场中各空间点上的所有运动要素均不随时间变化，这种流动称为恒定流；否则，称为非恒定流。在恒定流中，所有运动要素都只是空间点位置坐标的连续函数，而与时间无关，它们对时间的偏导数为零。例如对流速 u、压强 p 而言

$$u = u\,(x,\ y,\ z),\qquad \frac{\partial u}{\partial t} = 0$$

$$p = p\,(x,\ y,\ z),\qquad \frac{\partial p}{\partial t} = 0$$

对于恒定流来说，时变加速度等于零，而位变加速度则可以不为零。如图 3.2 所示，当水箱中的水位 H 保持不变时，管中各点的流速都不随时间而变化，其时变加速度为零，管中水流即为恒定流，而渐缩段中位变加速度却不等于零。反之，当水箱水位 H 正在变化的过程中，管中各点的流速都随时间而变化，都有时变加速度存在，这时管中水流即为非恒定流。

在恒定流动中，因为不包括时间变量 t，因而流动的分析较非恒定流动要简单得多。在实际工程问题中，如果流动参数随时间变化比较缓慢，在满足一定要求的前提下，可以将非恒定流动作为恒定流动来处理。另外，确定液体运动是恒定流动或非恒定流动，与选取的坐标系有关。例如，船在静止的水中等速直线行驶，船两侧的水流流动对于站在岸上的人看来（即对于取固定在岸上的坐标系来讲）是非恒定流，而对于站在船上的人看来（即对于取固定在船上的坐标系来讲）则是恒定流动。

本书主要研究恒定流，在今后的讨论中，如果没有特别说明，即指恒定流。

3.2.2　流线、迹线及其微分方程

描述液体运动有两种不同的方法，由此可引出两个概念——流线与迹线。

1. 流线

流线是指某一时刻流场中的一条空间曲线，曲线上所有液体质点的速度矢量都与这条曲线相切，如图 3.3 所示。在流场中可绘出一系列同一瞬时的流线，称为流线簇，画出的流线簇图称为流谱。

设流线上某点 $M(x, y, z)$ 处的速度为 $\boldsymbol{u}$，其在 x、y、z 坐标轴的分速度分别为 u_x、u_y、u_z，$\mathrm{d}s$ 为流线在点 M 的微元线段矢量：

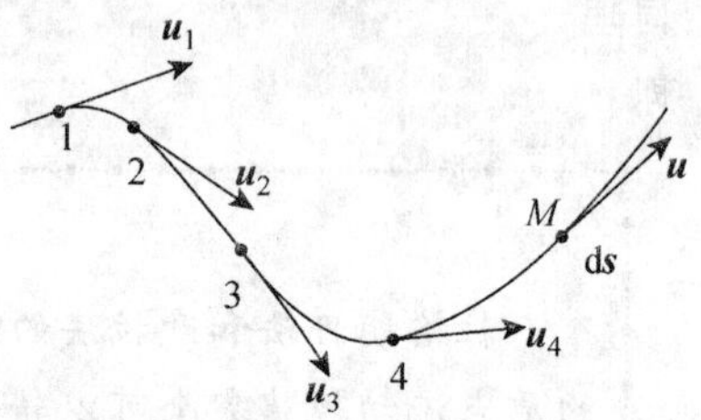

$$\mathrm{d}\boldsymbol{s} = \mathrm{d}x\boldsymbol{i} + \mathrm{d}y\boldsymbol{j} + \mathrm{d}z\boldsymbol{k}$$

根据流线定义，$\boldsymbol{u}$ 与 $\mathrm{d}s$ 共线，则

$$\boldsymbol{u} \times \mathrm{d}\boldsymbol{s} = \boldsymbol{0}$$

即

$$\begin{vmatrix} \boldsymbol{i} & \boldsymbol{j} & \boldsymbol{k} \\ \mathrm{d}x & \mathrm{d}y & \mathrm{d}z \\ u_x & u_y & u_z \end{vmatrix} = \boldsymbol{0}$$

图 3.3 流线与流速关系图

展开上式，可得流线微分方程

$$\frac{\mathrm{d}x}{u_x} = \frac{\mathrm{d}y}{u_y} = \frac{\mathrm{d}z}{u_z} \tag{3.11}$$

式中 u_x、u_y、u_z——空间坐标和时间 t 的函数。

因流线是对某一时刻而言，所以微分方程中的时间 t 是参变量，在积分求流线方程时应作为常数。

流线具有如下特性：

（1）在一般情况下，同一时刻，流线不能相交或转折，只能是一条光滑的连续曲线。否则在交叉点或转折点处，流线必然存在着两个切线方向，即同一液体质点同时具有两个运动方向，这违背了流速方向唯一性的原则。流线只在一些特殊点相交，如速度为零的点（图 3.4 中的点 A）通常称为驻点，速度无穷大的点（图 3.5 中的点 O）通常称为奇点，以及流线相切点（图 3.4 中的点 B）。

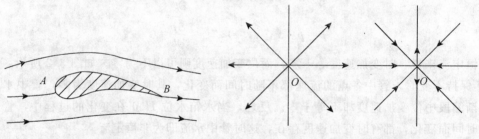

图 3.4 机翼流线示意图　　　　图 3.5 源流、汇流示意图

（2）不可压缩液体中，流线的疏密程度反映了该时刻流场中各点的速度大小，流线越密，流速越大，流线越稀，流速越小。

（3）恒定流中，流线的位置和形状不随时间变化。因为在恒定流中，各空间点上的流速矢量均不随时间而改变。所以，不同时刻的流线，其位置和形状应该保持不变。在非恒定流中，如果各空间点上的流速方向随时间而变，那么流线的位置和形状也将随时间而改变，流线只有瞬时意义。

（4）恒定流中，液体质点运动的迹线与流线相重合。在非恒定流中，由于流速随时间变化，因此经过某给定点的流线也将随时间改变，非恒定流中液体质点的迹线一般与流线不重合。

【例 3.2】　已知流场中质点的速度为

$$\left.\begin{array}{l} v_x = kx \\ v_y = -ky \\ v_z = 0 \end{array}\right\}, \quad y \geqslant 0$$

试求流场中质点的加速度及流线方程。

解　从 $v_z = 0$ 和 $y \geqslant 0$ 知，液体运动只限于 xOy 平面的上半部分，质点速度为

$$v = \sqrt{v_x^2 + v_y^2} = k\sqrt{x^2 + y^2} = kr$$

由式（3.10）可以得质点加速度为

$$a_x = \frac{\mathrm{d}v_x}{\mathrm{d}t} = v_x \frac{\partial v_x}{\partial x} = k^2 x$$

$$a_y = \frac{\mathrm{d}v_y}{\mathrm{d}t} = v_y \frac{\partial v_y}{\partial y} = k^2 y$$

$$a_z = 0$$

$$a = \sqrt{a_x^2 + a_y^2} = k^2 \sqrt{x^2 + y^2} = k^2 r$$

从流线方程 $\dfrac{\mathrm{d}x}{kx} = \dfrac{\mathrm{d}y}{-ky}$ 消去 k，积分得

$$\ln x = -\ln y + \ln C$$

即

$$xy = C$$

2. 迹线

迹线是某一液体质点运动的轨迹线。用拉格朗日法描述液体运动是研究每一个液体质点在不同时刻的运动情况，如果把某一质点在连续的时间内所占据的空间点连成线，就是迹线。所以从拉格朗日法引出了迹线的概念。

由运动方程

$$\left.\begin{array}{l} \mathrm{d}x = u_x \mathrm{d}t \\ \mathrm{d}y = u_y \mathrm{d}t \\ \mathrm{d}z = u_z \mathrm{d}t \end{array}\right\}$$

可得迹线微分方程

$$\frac{\mathrm{d}x}{u_x} = \frac{\mathrm{d}y}{u_y} = \frac{\mathrm{d}z}{u_z} = \mathrm{d}t \tag{3.12}$$

式中 t——自变量；

x、y、z——t 的因变量。

【例3.3】 已知二维非恒定流场的速度分布为：$u_x = x + t$，$u_y = -y + t$。

试求：(1) $t = 0$ 和 $t = 2$ 时，过点 $M(-1, -1)$ 的流线方程。

(2) $t = 0$ 时，过点 $M(-1, -1)$ 的迹线方程。

解 (1) 由式 (3.11)，得流线微分方程：

$$\frac{\mathrm{d}x}{x + t} = \frac{\mathrm{d}y}{-y + t}$$

式中 t 为常数，可直接积分得

$$\ln(x + t) = -\ln(y - t) + \ln C$$

简化为

$$(x + t)(y - t) = C$$

当 $t = 0$，$x = -1$，$y = -1$ 时，$C = 1$。则 $t = 0$ 时，过点 $M(-1, -1)$ 的流线方程为

$$xy = 1$$

当 $t = 2$，$x = -1$，$y = -1$ 时，$C = -3$。则 $t = 2$ 时，过点 $M(-1, -1)$ 的流线方程为

$$(x + 2)(y - 2) = -3$$

由此可见，对非恒定流动，流线的形状随时间变化。

(2) 由式 (3.12)，得迹线微分方程

$$\frac{\mathrm{d}x}{x + t} = \frac{\mathrm{d}y}{-y + t} = \mathrm{d}t$$

式中 x、y 是 t 的函数。将上式化为

$$\left\{\begin{array}{l} \dfrac{\mathrm{d}x}{\mathrm{d}t} - x - t = 0 \\ \dfrac{\mathrm{d}y}{\mathrm{d}t} + y - t = 0 \end{array}\right.$$

解得

$$\begin{cases} x = C_1 e^t - t - 1 \\ y = C_2 e^{-t} + t - 1 \end{cases}$$

当 $t=0$, $x=-1$, $y=-1$ 时，$C_1=0$，$C_2=0$。则 $t=0$ 时，过点 $M(-1, -1)$ 的迹线方程为

$$\begin{cases} x = -t-1 \\ y = t-1 \end{cases}$$

消去时间 t，得

$$x+y=-2$$

由此可见，$t=0$ 时，过点 $M(-1, -1)$ 的迹线是直线，流线却为双曲线，两者不重合。

若将该题改为二维恒定流动，其速度分布为 $u_x=x$，$u_y=-y$，则可得过点 $M(-1, -1)$ 的流线方程和迹线方程相同，说明恒定流动流线和迹线重合。

3.2.3 流面、流管、元流、总流

1. 流面

在流场中任取一条不是流线的曲线，过该曲线上每一点作流线，由这些流线组成的曲面称为流面，如图3.6所示。由于流面由流线组成，而流线不能相交，所以，流面就好像是固体边界一样，液体质点只能顺着流面运动，不能穿越流面。

2. 流管

在流场中任取一条不与流线重合的封闭曲线，过封闭曲线上各点作流线，由流线所构成的封闭管状表面称为流管，如图3.7所示。由于流线不能相交，所以液体不能穿过流管流进流出。对于恒定流动而言，流管的形状不随时间变化，液体在流管内的流动，就像在真实管道内流动一样。

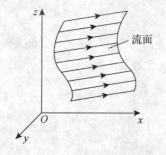
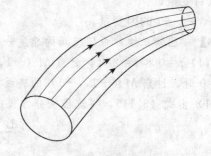

图3.6 流面示意图   图3.7 流管示意图

3. 元流

充满以流管为边界的一束液流称为元流或微小流束。根据流线的性质，元流中任何液体质点在运动过程中均不能离开元流。在恒定流中，元流的位置和形状均不随时间变化。在非恒定流中，流线一般随时间而变，元流也只具有瞬时意义。

元流的横截面积是一个无限小的面积微元，用 dA 表示。因 dA 很小，可近似认为 dA 上各点的运动要素为均匀分布。

4. 总流

断面积为有限大小的流束，称为总流。总流由无数元流组成，其过流断面上各点的运动要素一般情况下不相同，如明渠水流、管道水流等。

3.2.4 过水断面、流量、断面平均流速

1. 过水断面

在流束上取所有各点都与流线正交的横断面称为过水断面。过水断面可以是平面或曲面，流线

互相平行时，过水断面是平面；流线相互不平行时，过水断面是曲面，如图 3.8 所示。

2. 流量

单位时间通过某一过流断面的液体体积称为流量。流量可以用体积流量 Q（m^3/s）、质量流量 Q_m（kg/s）和重量流量 Q_G（N/s）表示。涉及不可压缩液体时，通常使用体积流量；涉及可压缩液体时，则使用质量流量或重量流量较方便。对元流来说，过流断面面积 $\text{d}A$ 上各点的速度均为 u，且方向与过流断面垂直，所以单位时间通过的体积流量为

$$\text{d}Q = u\,\text{d}A$$

总流的流量 Q 等于通过过流断面的所有元流流量之和，则总流的体积流量为

$$Q = \int \text{d}Q = \int_A u\,\text{d}A \tag{3.13}$$

对于均质不可压缩液体，密度为常数，则

$$Q_m = \rho Q, \quad Q_G = \rho g Q$$

3. 断面平均流速

断面平均流速是一种假想的速度，即假定一过水断面上各点的流速大小均等于 v，方向与实际流动方向相同。即液体质点都以同一个速度 v 向前运动，如图 3.9 所示，此时通过 A 断面的流量与该过水断面的实际流量相等，流速 v 就称作断面平均流速。$\int_A u\,\text{d}A$ 代表了流速分布图的体积，由式 (3.13) 计算流量 Q，就必须已知流速 u 在过水断面上的分布规律。由于实际水流的流速分布较为复杂，有时很难求得其表达式。引入断面平均流速的概念后，就可以避开通过寻找流速分布规律来计算流量。

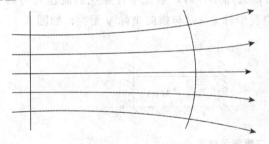

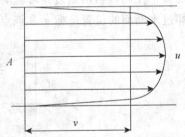

图 3.8　过水断面示意图　　　图 3.9　断面平均流速示意图

根据断面平均流速的定义

$$Q = \int_A u\,\text{d}A = \int_A v\,\text{d}A = v\int_A \text{d}A \tag{3.14}$$

所以

$$Q = vA \tag{3.15a}$$

或

$$v = \frac{Q}{A} \tag{3.15b}$$

可见引入断面平均流速的概念，使得水流运动的分析得以简化。实际工程中，有时并不一定需要知道总流过水断面上的流速分布规律，仅需要了解断面平均流速的变化情况。所以，断面平均流速有一定的实际意义。关于各种水工建筑物的流量及断面平均流速的计算问题，将在随后的章节中讨论。

3.3 液体运动的类型

3.3.1 一维流、二维流、三维流

液体运动时，按照运动要素在空间坐标上的变化情况，可将水流运动分为三维流、二维流和一维流。

若运动要素是空间三个坐标的函数，这种流动称为三维流（或三元流）。例如，水流经过突然扩散的矩形断面明渠，在扩散后较长的一段距离内，水流中任意质点（如点 M）的流速，不仅与过水断面的位置坐标 x 有关，还与该点在过水断面上的坐标 y 和 z 有关，如图 3.10 所示。

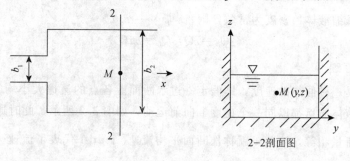

图 3.10　三维流示意图

若运动要素是空间两个坐标的函数，这种流动称为二维流（或二元流）。例如，水流在很宽阔的矩形明渠中流动，当两侧边界对流动的影响可以忽略不计时，水流中任意点的流速只与两个坐标有关。即过水断面的位置坐标 x 和该点的垂直位置坐标 z，而与横向坐标 y 无关，如图 3.11 所示。

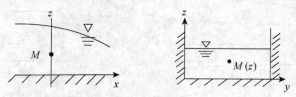

图 3.11　二维流示意图

由于二维流动在一系列平行于水流纵剖面的平面内是完全相同的，因而沿水流方向任取一个纵剖面来分析流动情况，都能代表整体水流运动，所以又称二维流为平面流动。

若运动要素仅是空间一个坐标的函数，这种流动称为一维流。元流即是一维流（或一元流）。对于总流来说，如果引入断面平均流速的概念，沿着总流流向选取曲线坐标 s，断面平均流速 v 仅与 s 有关，这时总流也可视为一维流。

实际工程中的液体运动一般都是三维流，但由于运动要素与空间三个坐标有关，使得问题非常复杂，给分析研究水流运动增加了难度。所以，在满足实际工程要求的前提下，常设法将三维流简化为二维流或者一维流，因简化而带来的误差，用修正系数加以调整。例如，将总流视为一维流，用断面平均流速来代替过水断面上各点的实际流速，必然存在误差，需要加以修正，其修正系数要通过试验来确定。

3.3.2 均匀流和非均匀流

对于一维流动，沿流动方向选取曲线坐标 s，流速是位置 s 和时间 t 的函数，即

$$u = u(s, t)$$

液体质点的加速度 a 可分解为切向加速度 a_t 和法向加速度 a_n，根据复合函数求导的原则，切

向加速度 a_s 可写成：

$$a_s = \frac{\mathrm{d}u_s}{\mathrm{d}t} = \frac{\partial u_s}{\partial t} + \frac{\partial u_s}{\partial s}\frac{\mathrm{d}s}{\mathrm{d}t}$$

因为 s 是沿流向选取的坐标，式中 $\frac{\mathrm{d}s}{\mathrm{d}t} = u$，$\frac{\partial u_s}{\partial s} = \frac{\partial u}{\partial s}$，切向加速度 a_s 又可以写成：

$$a_s = \frac{\partial u_s}{\partial t} + u\frac{\partial u}{\partial s}$$

式中　$\dfrac{\partial u_s}{\partial t}$ ——时变加速度；

　　　$u\dfrac{\partial u}{\partial s}$ ——位变加速度。

同理，法向加速度 a_n 也可以分解成时变加速度 $\dfrac{\partial u_n}{\partial t}$ 和位变加速度 $\dfrac{u^2}{r}$，即

$$a_n = \frac{\partial u_n}{\partial t} + \frac{u^2}{r}$$

式中　$\dfrac{u^2}{r}$ ——曲线运动的向心加速度；

　　　r ——该点所在位置的曲率半径。

对于一维流动，如果流动过程中运动要素不随流程坐标 s 而改变，这种流动称为均匀流；反之，称为非均匀流。对于均匀流来说，不存在位变加速度，即 $u\dfrac{\partial u}{\partial s} = 0$，$\dfrac{u^2}{r} = 0$。液体质点做匀速直线运动；同一条流线上各点的流速大小、方向沿程不变；所有的流线都是平行直线。实际工程中，在直径不变的长直管道内，断面形状尺寸不变且水深不变的长直渠道内的流动即为均匀流。

均匀流特性为：

①过水断面是平面，而且大小和形状都沿流程不变。

②各过水断面上流速分布情况相同，断面平均流速沿流程不变。

③同一过水断面上各点动水压强的分布符合静水压强的分布规律，即同一过水断面上各点的 $z + \dfrac{p}{\rho g} = C$。

3.3.3　渐变流和急变流

按非均匀程度的不同又将非均匀流动分为渐变流和急变流，如图 3.12 所示。凡流线间夹角很小接近于平行直线的流动称为渐变流，否则称为急变流。显然，渐变流是一种近似的均匀流。因此，均匀流的性质对渐变流同样适用。主要有：

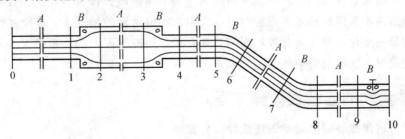

图 3.12

A—渐变流；B—急变流

①渐变流的流线近于平行直线，过流断面近于平面。

②渐变流过流断面上的动水压强分布与静止液体压强分布规律相同，即 $z+\dfrac{p}{\rho g}=C$。

由定义可知，渐变流与急变流之间尚无严格的区分界限，因流线形状与水流的边界条件有密切关系。一般来讲，边界是近似平行直线的流段，水流往往是渐变流；边界变化急剧的流段，水流都是急变流。由于渐变流的情况比较简单，易于进行分析、计算，实际工程中能否将非均匀流视为渐变流，主要取决于对计算结果所要求的精度。

由上述讨论看出，对渐变流而言，在同一个过水断面上动水压强都与静水压强分布规律近似相同，这只适用于有固体边界约束的水流。对于由孔口或管道末端射入大气中的水流，同一过水断面上的压强分布规律还需结合边界条件来确定。

3.3.4 有压流、无压流、射流

边界全部为固体（如为液体则没有自由表面）的液体运动，称为有压流。边界部分为固体，部分为大气，具有自由表面的液体运动，称为无压流。液体从孔口、管嘴或缝隙中连续射出一股具有一定尺寸的流束，射到足够大的空间去继续扩散的流动称为射流。

例如，给水管道中的流动为有压流，河渠中的水流运动以及排水管道中的流动是无压流，经孔口或管嘴射入大气的水流运动为射流。

3.4 连续性方程

连续性方程是液体运动学的基本方程，是质量守恒定律在液体力学中的应用。下面根据质量守恒原理，推导三维流动连续性微分方程，并建立总流的连续性方程。

3.4.1 控制体的概念

质量守恒定律是对质点或质点系而言的，对于液体运动来讲就是液体系统，这就意味着采用拉格朗日法描述液体运动。如果采用欧拉法的观点，与此相应，须引进控制体的概念。

流场中确定的空间区域称之为控制体，它的边界面是封闭表面，称之为控制面。控制体的形状和位置是根据流动情况和边界位置选定的，它对于选定的参考坐标系是固定不变的。

控制面有以下几个特点：

①控制面相对于坐标系是固定的。

②在控制面上可以有液体流进和流出，即可以有质量交换。

③在控制面上受到控制体以外物体施加在控制体内物体上的力。

④在控制面上可以有能量进入或取出，即可以有能量交换。

在恒定流中，由流管侧表面和两端过水断面所包围的体积即为控制体，占据控制体的流束即为液体系统。在以后讨论液体运动基本方程时可以看出，在恒定流的情况下，整个系统内部的液体所具有的某种物理量的变化，只与通过控制面的流动有关，用控制面上的物理量来表示，而不必知道系统内部的详细情况，这给研究液体运动带来了很大方便。

3.4.2 液体运动的连续性微分方程

根据质量守恒定律推导液体运动的连续性微分方程。

如图 3.13 所示，在流场中，任取一个微小正交六面体为控制体，各边分别与直角坐标系各轴平行，边长分别为 dx、dy、dz。

设液体在该六面体形心 $O'(x, y, z)$ 处的密度为 ρ，速度 $u=u_x i+u_y j+u_z k$。六面体内各点上在同一时刻 t 的流速和密度，可用泰勒级数表达，并略去级数中二阶以上的各项。

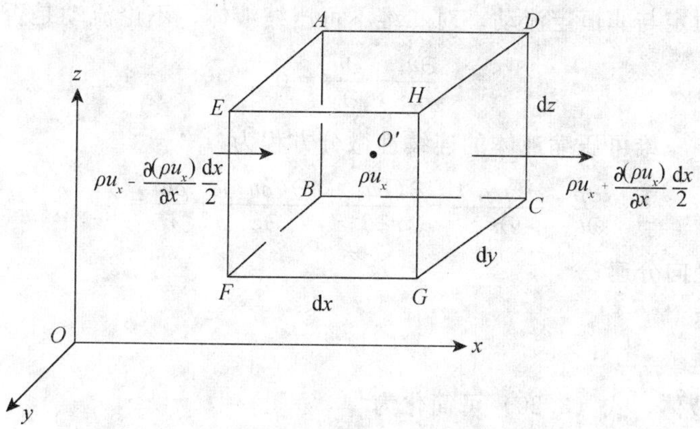

图 3.13 流体微团示意图

在 x 轴方向，单位时间流进与流出控制体的液体质量差为

$$\Delta m_x = \left[\rho u_x - \frac{\partial(\rho u_x)}{\partial x}\frac{\mathrm{d}x}{2}\right]\mathrm{d}y\mathrm{d}z - \left[\rho u_x + \frac{\partial(\rho u_x)}{\partial x}\frac{\mathrm{d}x}{2}\right]\mathrm{d}y\mathrm{d}z = -\frac{\partial(\rho u_x)}{\partial x}\mathrm{d}x\mathrm{d}y\mathrm{d}z$$

同理，在 y、z 轴方向，单位时间流进与流出控制体的液体质量差为

$$\Delta m_y = -\frac{\partial(\rho u_y)}{\partial y}\mathrm{d}x\mathrm{d}y\mathrm{d}z$$

$$\Delta m_z = -\frac{\partial(\rho u_z)}{\partial z}\mathrm{d}x\mathrm{d}y\mathrm{d}z$$

单位时间流进与流出控制体总的质量差为

$$\Delta m_x + \Delta m_y + \Delta m_z = -\left[\frac{\partial(\rho u_x)}{\partial x} + \frac{\partial(\rho u_y)}{\partial y} + \frac{\partial(\rho u_z)}{\partial z}\right]\mathrm{d}x\mathrm{d}y\mathrm{d}z$$

由于液体连续地充满整个控制体，而控制体的体积又固定不变，所以，流进与流出控制体的总的质量差只可能引起控制体内液体密度发生变化。由密度变化引起单位时间控制体内液体的质量变化为

$$\left(\rho + \frac{\partial\rho}{\partial t}\right)\mathrm{d}x\mathrm{d}y\mathrm{d}z - \rho\mathrm{d}x\mathrm{d}y\mathrm{d}z = \frac{\partial\rho}{\partial t}\mathrm{d}x\mathrm{d}y\mathrm{d}z$$

根据质量守恒定律，单位时间流进与流出控制体的总的质量差必等于单位时间控制体内液体的质量变化，即

$$-\left[\frac{\partial(\rho u_x)}{\partial x} + \frac{\partial(\rho u_y)}{\partial y} + \frac{\partial(\rho u_z)}{\partial z}\right]\mathrm{d}x\mathrm{d}y\mathrm{d}z = \frac{\partial\rho}{\partial t}\mathrm{d}x\mathrm{d}y\mathrm{d}z$$

化简得

$$\frac{\partial\rho}{\partial t} + \frac{\partial(\rho u_x)}{\partial x} + \frac{\partial(\rho u_y)}{\partial y} + \frac{\partial(\rho u_z)}{\partial z} = 0 \tag{3.16}$$

此式即为可压缩液体的连续性微分方程。由方程的推导过程可以看出：连续性方程实质上是质量守恒定律在液体力学中的应用，因此，任何不满足连续性方程的流动是不可能存在的；在推导过程中不涉及液体的受力情况，故连续性方程对理想液体和粘性液体均适用。

几种特殊情形下的连续性微分方程：

（1）对恒定流，$\frac{\partial\rho}{\partial t} = 0$，式（3.16）可简化为

$$\frac{\partial(\rho u_x)}{\partial x} + \frac{\partial(\rho u_y)}{\partial y} + \frac{\partial(\rho u_z)}{\partial z} = 0 \tag{3.17}$$

（2）对不可压缩均质液体，ρ 为常数，式（3.16）可简化为

$$\frac{\partial u_x}{\partial x} + \frac{\partial u_y}{\partial y} + \frac{\partial u_z}{\partial z} = 0 \tag{3.18}$$

此式适用于三维恒定与非恒定流动。对二维不可压缩液体，不论流动是否恒定，上式可简化为

$$\frac{\partial u_x}{\partial x} + \frac{\partial u_y}{\partial y} = 0 \qquad (3.19)$$

（3）柱坐标系下，三维可压缩液体的连续性微分方程为

$$\frac{\partial \rho}{\partial t} + \frac{\partial (\rho u_r)}{\partial r} + \frac{\partial (\rho u_\theta)}{r \partial \theta} + \frac{\partial (\rho u_z)}{\partial z} + \frac{\rho u_r}{r} = 0 \qquad (3.20)$$

式中 u_r——速度的径向分速；

u_θ——周向分速；

u_z——轴向分速。

对不可压缩均质液体，式（3.20）可简化为

$$\frac{\partial u_r}{\partial r} + \frac{\partial u_\theta}{r \partial \theta} + \frac{\partial u_z}{\partial z} + \frac{u_r}{r} = 0 \qquad (3.21)$$

柱坐标系下的连续性微分方程可由直角坐标系下的连续性微分方程经坐标变换得到，也可通过在流场中建立控制体的方法导出，限于篇幅，本书不再详述。

3.4.3 恒定总流的连续性方程

在工程和自然界中，液体流动多数都是在某些周界面所限定的空间内沿某一方向的流动。这一方向就是液体运动的主流方向，主流的流程可以是直线或曲线，这种流动可以简化为一维流动来讨论。

不可压缩均质液体恒定总流的连续性方程，可由式（3.18）作体积分，再由高斯（Gauss. K. F）定理，将体积分化为面积分而导出。下面介绍用有限分析法，从分析一维流动着手，通过建立元流的连续性方程，推广得到恒定总流的连续性方程。

不可压缩液体总流的连续性方程，可由连续性微分方程式（3.18）导出。如图 3.14 所示，以过流断面 1—1、2—2 及侧壁面围成的固定空间为控制体 V，对其空间积分可得

$$\iiint_V \left(\frac{\partial u_x}{\partial x} + \frac{\partial u_y}{\partial y} + \frac{\partial u_z}{\partial z} \right) dV = 0$$

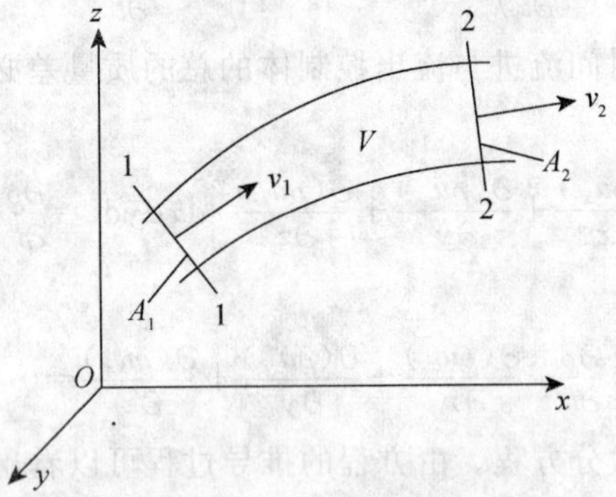

图 3.14 液流示意图

根据高斯定理，上式的体积积分可用曲面积分来表示，即

$$\iiint_V \left(\frac{\partial u_x}{\partial x} + \frac{\partial u_y}{\partial y} + \frac{\partial u_z}{\partial z} \right) dV = \oiint_A u_n dA = 0 \qquad (3.22)$$

式中 A——体积 V 的封闭表面；

u_n——u 在微元面积 dA 外法线方向的投影。

因侧表面上 $u_n = 0$，故式（3.22）可简化为

$$-\int_{A_1} u_1 dA_1 + \int_{A_2} u_2 dA_2 = 0$$

上式第一项取负号是因为速度 u_1 的方向与 $\mathrm{d}A_1$ 的外法线方向相反。由此可得

$$\int_{A_1} u_1 \mathrm{d}A_1 = \int_{A_2} u_2 \mathrm{d}A_2$$

$$Q_1 = Q_2 \tag{3.23}$$

或

$$v_1 A_1 = v_2 A_2 \tag{3.24}$$

式（3.24）是不可压缩液体恒定总流的连续性方程。它表明：对于不可压缩液体做恒定流动，总流的断面平均流速与过水断面面积成反比，或者说，任意过水断面所通过的流量都相等。

连续性方程是水动力学的三大基本方程之一。它反映了水流运动过程中，过水断面面积与断面平均流速的沿流程变化规律。

连续性方程式的应用条件为：

①水流是连续的不可压缩液体，且为恒定流。

②两个过水断面之间无支流。对于有分流或汇流的情况，如图 3.15 (a)、(b) 所示，根据质量守恒定律，总流连续性方程可表示为

$$\left.\begin{array}{c} Q_1 = Q_2 + Q_3 \\ Q_1 + Q_2 = Q_3 \end{array}\right\}$$

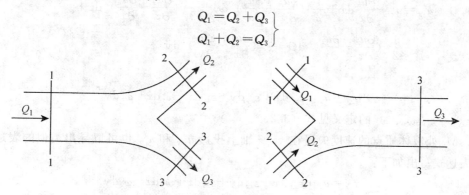

图 3.15　汇流和分流示意图

【例 3.4】　如图 3.15 (b) 所示，输水管道经三通管汇流，已知流量 $Q_1 = 1.5 \ \mathrm{m^3/s}$，$Q_3 = 2.6 \ \mathrm{m^3/s}$，过流断面面积 $A_2 = 0.2 \ \mathrm{m^2}$，试求断面平均流速 v_2。

解　流入和流出三通管的流量相等，即

$$Q_1 + Q_2 = Q_3$$

则断面平均流速

$$v_2 / (\mathrm{m \cdot s^{-1}}) = \frac{Q_2}{A_2} = \frac{Q_3 - Q_1}{A_2} = \frac{2.6 - 1.5}{0.2} = 5.5$$

【知识拓展】

在实际工程中，除了应用总流量 Q 外，对于矩形的过水断面，例如泄水建筑物的防冲刷能力常常要用到单宽流量的概念。所谓单宽流量的含义是单位宽度通过液体的体积流量，用符号 q 表示，q 的单位是 $\mathrm{m^3/(s \cdot m)}$ 或 $\mathrm{L/(s \cdot m)}$，一般不用 $\mathrm{m^2/s}$。单宽流量 q 的计算式是

$$q = \frac{Q}{b} = \frac{v \cdot A}{b} = \frac{v \cdot b \cdot h}{b} = vh$$

式中　b，h——矩形过水断面的宽度和深度。

3.5 液体微团的运动分析

3.5.1 速度分解定理

在恒定流中，以欧拉法表示的液体质点速度的三个投影 u_x、u_y、u_z 都是质点所在位置的坐标 x、y、z 的函数。设一空间点 M_0 的坐标为 x、y、z，它邻域内另一空间点 M_1 的坐标为 $x+dx$，$y+dy$，$z+dz$，在一确定时刻，M_0 处液体质点的速度投影 u_x 是以这点坐标给出的函数值，同一时刻，位于 M_1 处水质点速度在 x 轴上投影 u'_x 是点 M_1 坐标按同一函数确定的另一确定值。由于 u_x 是一多元函数，u'_x 的近似值可以按泰勒展开原则以 u_x 及其导函数表示：

$$u'_x = u_x + \frac{\partial u_x}{\partial x}dx + \frac{\partial u_x}{\partial y}dy + \frac{\partial u_x}{\partial z}dz$$

根据需要，将上式整理成为

$$u'_x = u_x + \frac{\partial u_x}{\partial x}dx + \frac{1}{2}\left(\frac{\partial u_x}{\partial y} + \frac{\partial u_y}{\partial x}\right)dy + \frac{1}{2}\left(\frac{\partial u_x}{\partial z} + \frac{\partial u_z}{\partial x}\right)dz +$$

$$\frac{1}{2}\left(\frac{\partial u_x}{\partial z} - \frac{\partial u_z}{\partial x}\right)dz - \frac{1}{2}\left(\frac{\partial u_y}{\partial x} - \frac{\partial u_x}{\partial y}\right)dy$$

或

$$u'_x = u_x + \varepsilon_{xx}dx + \varepsilon_{xy}dy + \varepsilon_{xz}dz + \omega_y dz - \omega_z dy$$

ε_{xx}、ε_{xy}、ε_{xz}、ω_y、ω_z 的定义见式（3.26）。

同样，M_1 处液体质点的速度矢量在 y、z 轴上投影 u'_y 和 u'_z 也可以导出类似的表达式，现将三个投影表达式写出如下：

$$u'_x = u_x + \varepsilon_{xx}dx + \varepsilon_{xy}dy + \varepsilon_{xz}dz + \omega_y dz - \omega_z dy$$
$$u'_y = u_y + \varepsilon_{yx}dx + \varepsilon_{yy}dy + \varepsilon_{yz}dz + \omega_z dx - \omega_x dz \qquad (3.25)$$
$$u'_z = u_z + \varepsilon_{zx}dx + \varepsilon_{zy}dy + \varepsilon_{zz}dz + \omega_x dy - \omega_y dx$$

$$\varepsilon_{xx} = \frac{\partial u_x}{\partial x}, \quad \varepsilon_{yy} = \frac{\partial u_y}{\partial y}, \quad \varepsilon_{zz} = \frac{\partial u_z}{\partial z}$$

$$\varepsilon_{xy} = \varepsilon_{yx} = \frac{1}{2}\left(\frac{\partial u_x}{\partial y} + \frac{\partial u_y}{\partial x}\right)$$

$$\varepsilon_{yz} = \varepsilon_{zy} = \frac{1}{2}\left(\frac{\partial u_y}{\partial z} + \frac{\partial u_z}{\partial y}\right)$$

$$\varepsilon_{zx} = \varepsilon_{xz} = \frac{1}{2}\left(\frac{\partial u_z}{\partial x} + \frac{\partial u_x}{\partial z}\right) \qquad (3.26)$$

$$\omega_x = \frac{1}{2}\left(\frac{\partial u_z}{\partial y} - \frac{\partial u_y}{\partial z}\right)$$

$$\omega_y = \frac{1}{2}\left(\frac{\partial u_x}{\partial z} - \frac{\partial u_z}{\partial x}\right)$$

$$\omega_z = \frac{1}{2}\left(\frac{\partial u_y}{\partial x} - \frac{\partial u_x}{\partial y}\right)$$

不难理解，由式（3.26）定义的各个系数都是地点坐标 x，y，z 的函数且应取 M_0 处的坐标值。式（3.25）表明，点 M_0 邻域内点 M_1 处液体质点的速度投影可以用 M_0 处速度投影及它们在 M_0 处的导数近似表示，这一表示称为亥姆霍兹速度分解定理。

3.5.2 速度分解的物理意义

下面分析式（3.26）定义的各项的物理意义。为清楚说明问题，考查一结构较简单的平面流动。这种情况下，液体质点都在 xoy 平面上流动，速度矢量在 z 轴投影 $u_z=0$，在定常流动的欧拉表达式中，速度在 x，y 轴上投影 u_x，u_y 只是平面坐标 x、y 的函数。于是，式（3.26）中 $\varepsilon_{zz}=\varepsilon_{yz}=\varepsilon_{zy}=\varepsilon_{zx}=\varepsilon_{xz}=\omega_x=\omega_y=0$，方程（3.25）简化为

$$u'_x=u_x+\varepsilon_{xx}\mathrm{d}x+\varepsilon_{xy}\mathrm{d}y-\omega_z\mathrm{d}y$$
$$u'_y=u_y+\varepsilon_{yx}\mathrm{d}x+\varepsilon_{yy}\mathrm{d}y+\omega_z\mathrm{d}x$$

$$(3.27)$$

在 xoy 平面上取一各边与坐标轴平行的矩形液体微团，通过分析这一平面液体微团的运动与变形即可认识式（3.26）中各非零项的物理意义。这里应说明，液体微团与液体质点是两个不同的概念。液体质点指可以忽略尺寸的液体最小单元，大量连续分布的液体质点构成了一液体微团，液体微团在随流运动中可以改变其空间位置和形状。

1. 平移运动

图 3.16（a）中，平面矩形液体微团四个顶点 A、B、C、D 所在点坐标为 (x,y)，$(x+\mathrm{d}x,y)$，$(x+\mathrm{d}x,y+\mathrm{d}y)$，$(x,y+\mathrm{d}y)$。点 A 处液体质点速度的在 x、y 轴投影分别为 u_x，u_y，假设方程(3.27)中 $\varepsilon_{xx}=\varepsilon_{yy}=\varepsilon_{xy}=\varepsilon_{yx}=\omega_z=0$，方程（3.27）成为

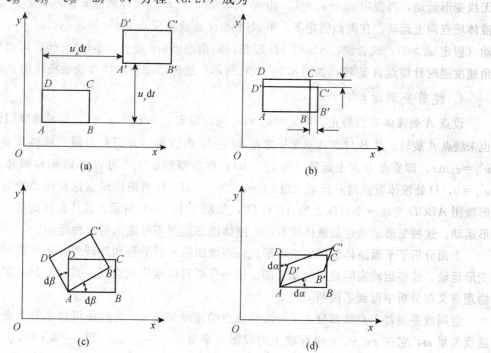

图 3.16　流体微团示意图

$$u'_x=u_x$$
$$u'_y=u_y$$

这表明，点 A 邻域矩形液体微团中任一液体质点与点 A 处液体质点运动速度完全相等，液体微团像刚体一样在自身平面作平移运动。

2. 线变形运动

由于平面上点 B 与点 A 的 x、y 坐标差分别为 $\mathrm{d}x$ 和 0，由泰勒展开，点 B 处液体质点速度 x 投影 u'_x 可以用点 A 处的投影值 u_x 及其导数表示：

$$u'_x=u_x+\frac{\partial u_x}{\partial x}\mathrm{d}x+\frac{\partial u_x}{\partial y}\mathrm{d}y=u_x+\varepsilon_{xx}\mathrm{d}x$$

经过 $\mathrm{d}t$ 时间段，A 处液体质点向右水平位移 $u_x\mathrm{d}t$（假定 $u_x>0$），B 处液体质点水平右移：

$$u'_x\mathrm{d}t=(u_x+\varepsilon_{xx}\mathrm{d}x)\mathrm{d}t$$

两质点在水平方向距离由原来的 $\mathrm{d}x$ 改变成为

$$(u_x+\varepsilon_{xx}\mathrm{d}x)\ \mathrm{d}t+\mathrm{d}x-u_x\mathrm{d}t=\varepsilon_{xx}\mathrm{d}x\mathrm{d}t+\mathrm{d}x$$

水平距离的改变量为

$$(\varepsilon_{xx}\mathrm{d}x\mathrm{d}t+\mathrm{d}x)\ -\mathrm{d}x=\varepsilon_{xx}\mathrm{d}x\mathrm{d}t$$

那么，在单位时间单位距离上两液体质点水平距离的改变量显然为

$$\varepsilon_{xx}\mathrm{d}x\mathrm{d}t/\mathrm{d}x\mathrm{d}t=\varepsilon_{xx}$$

这就是 ε_{xx} 一项的物理意义。同样可以说明，ε_{yy} 是铅垂方向上两液体质点在单位时间单位距离上距离的改变量。如果 ε_{xx} 和 ε_{yy} 都不等于 0，原矩形 $ABCD$ 的长边与短边都将随时间伸长或缩短，变成一新的矩形 $AB'C'D'$，如图 3.16（b）所示。矩形边的这种伸缩变形叫液体线变形运动。由于刚体的固体质点之间连线长度不会变化，因而刚体在运动中不存在这种线变形运动。

3. 旋转运动

设点 A 处液体质点静止，即 $u_x=u_y=0$，点 B 与点 A y 坐标差 $\mathrm{d}y=0$，令 $\varepsilon_{xx}=\varepsilon_{yy}=0$，即液体无线变形运动，再假定 $\varepsilon_{xy}=\varepsilon_{yx}=0$，由式（3.27），点 B 处液体质点 $u'_x=0$，$u'_y=\omega_z\mathrm{d}x$，即点 B 处液体质点向上运动；在类似假定下，可以得到 D 处液体质点 $u'_x=-\omega_z\mathrm{d}y$，$u'_y=0$，质点 D 向左运动（假定 $\omega_z>0$），或者说，AB 和 AD 以相同的角速度 ω_z 绕点 A 同向旋转，因而液体微团以这一角速度逆时针绕点 A 旋转，如图 3.16（c）所示。这种运动与刚体作绕轴旋转的方式一致。

4. 纯剪变形运动

设点 A 处液体质点静止，即 $u_x=u_y=0$，同时假定 $\varepsilon_{xx}=\varepsilon_{yy}=\omega_z=0$，即液体微团设有发生线变形，也未绕点 A 旋转。点 B 与点 A y 坐标之差 $\mathrm{d}y=0$，由方程（3.27）可得到液体质点点 B 的 $u'_x=0$，$u'_y=\varepsilon_{yx}\mathrm{d}x$，即质点 B 向上运动（设 $\varepsilon_{yx}>0$），在类似假定下，可以得到点 D 液体质点 $u'_x=\varepsilon_{xy}\mathrm{d}y$，$u'_y=0$，$D$ 处液体质点向右运动（设 $\varepsilon_{xy}=\varepsilon_{yx}>0$），$B$、$D$ 两液体质点这种运动的结果，使原平面矩形微团 $ABCD$ 变成一平行四边形 $AB'C'D'$，如图 3.16（d）所示。液体微团的这一运动称为纯剪变形运动。这种变形运动也是液体特有的，刚体固态质点不可能出现这种运动。

上面分析了平面液体微团的变形形式，即微团除平面平移和旋转外，还可能发生线变形和纯剪变形运动，这些运动实际是同时发生的。这一分析可以推广到空间，式（3.26）定义的全部符号的物理意义在分析中得到了说明。

空间或平面每个点处都分布了一液体质点的速度矢量 $\boldsymbol{u}$，同时还可以在每个点处定义一旋转角速度矢量 $\boldsymbol{\omega}$，它在 x、y、z 坐标轴上的投影分别是 ω_x、ω_y、ω_z，即 $\boldsymbol{\omega}=\omega_x\boldsymbol{i}+\omega_y\boldsymbol{j}+\omega_z\boldsymbol{k}$，由于 ω_x、ω_y、ω_z 都是空间或平面上点的坐标 x、y、z 的函数，因而旋转角速度矢量也是以欧拉法表示的。

如果一个流动区域内处处 $\boldsymbol{\omega}$ 都是零矢量，即 $\omega_x=\omega_y=\omega_z=0$，或者说由式（3.26），下面关系成立：

$$\frac{\partial u_z}{\partial y}=\frac{\partial u_y}{\partial z}$$

$$\frac{\partial u_x}{\partial z}=\frac{\partial u_z}{\partial x} \tag{3.28}$$

$$\frac{\partial u_y}{\partial x}=\frac{\partial u_x}{\partial y}$$

这一区域内的流动称为无旋或有势流，否则流动是有旋的。有旋流动与无旋流动是两类性质有较大差别的流动。

值得注意的是，从上面分析还可以看出，一点处的旋转角速度矢量是描述局部液体微团旋转特征的一个物理量，一点处这一矢量不为零矢量，说明这点处的液体微团围绕微团中某一点旋转。流动是有旋或无旋与流动的宏观流线或迹线是否弯曲无关。

【重点串联】

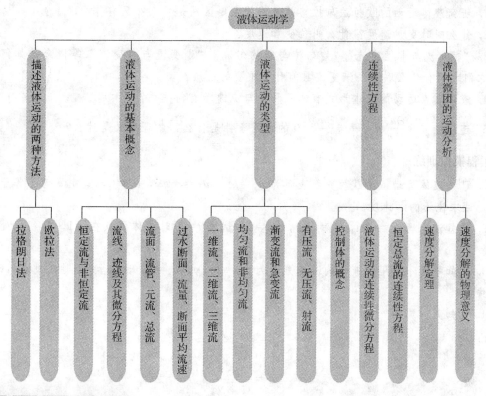

拓展与实训

✎ 职业能力训练

一、填空题

1. 研究液体运动的方法有_____和_____两种。

2. 根据流线的特点，流线不能_____，也不能_____。

3. 均匀流的_____加速度为零。

4. 连续性方程表明液体运动遵循_____守恒定律。

二、单选题

1. 迁移加速度是指液体运动要素随（　　）变化而产生。

　　A. 时间　　　　　　　B. 空间坐标　　　　　　C. 方向　　　　　　　D. 大小

2. 恒定流是流场中（　　）的流动。

　　A. 各断面流速分布相同　　　　　　　　B. 流线是相互平行的直线

　　C. 运动要素不随时间而变化　　　　　　D. 流动随时间按一定比例变化

3. 一元流动是（　　）。

　　A. 运动要素是一个空间坐标和时间变量的函数

　　B. 速度分布按直线变化

　　C. 均匀直线流

　　D. 运动要素随时间而变化

4. 在（　　）流动中，流线和迹线重合。

　　A. 恒定　　　　　　B. 非恒定　　　　　　C. 不可压缩液体　　D. 一元

三、简答题

1. 研究液体运动的欧拉法与拉格朗日法的主要区别是什么？又有什么联系？

2. 什么叫时变加速度？什么叫位变加速度？

3. "恒定流与非恒定流""均匀流与非均匀流""渐变流与急变流"等概念是如何定义的？它们之间有什么联系？渐变流具有什么重要的性质？

4. 液体质点运动的基本形式有哪几种？与流速场有何关系？

5. 连续性方程 $\dfrac{\partial u_x}{\partial x}+\dfrac{\partial u_y}{\partial y}+\dfrac{\partial u_z}{\partial z}=0$ 的适用条件是什么？物理意义是什么？

工程模拟训练

1. 已知液体运动，由欧拉变数表示为 $u_x=kx$，$u_y=-ky$，$u_z=0$，式中 k 为不等于零的常数，试求流场的加速度。

2. 已知流速场 $u_x=yzt$，$u_y=xzt$，$u_z=0$，试求 $t=1$ 时液体质点在 (1, 2, 1) 处的加速度。

3. 已知平面不可压缩液体的流速分量为 $u_x=1-y$，$u_y=t$，试求 $t=1$ 时，过点 (0, 0) 的流线方程。

4. 已知某种流动

$$\begin{cases} u_x=-\dfrac{ky}{x^2+y^2} \\[2mm] u_y=\dfrac{kx}{x^2+y^2} \\[2mm] u_z=0 \end{cases}$$

式中，k 为不等于零的常数，试分析：

(1) 是恒定流还是非恒定流。

(2) 液体质点有无变形运动。

(3) 是有旋流还是无旋流。

(4) 求其流线方程。

5. 试证明下列不可压缩均质液体中，哪些流动满足连续性方程。

(1) $u_x=-ky$，$u_y=kx$，$u_z=0$。

(2) $u_x=4x$，$u_y=0$，$u_z=0$。

(3) $u_x=-\dfrac{y}{x^2+y^2}$，$u_y=\dfrac{x}{x^2+y^2}$，$u_z=0$。

(4) $u_x=1$，$u_y=2$。

式中，k 为不等于零的常数。

6. 已知流速场 $u_x=6x$，$u_y=6y$，$u_z=-7t$，试写出下列表达式：(1) 流速矢量 u；(2) 时变加速度；(3) 位变加速度；(4) 全加速度。

链接执考

[2008 年度全国勘探设计注册工程师执业资格考试基础试卷（单选题）]

欧拉法描述液体运动时，表示同一时刻因位置变化而形成的加速度称为（　　）。

A. 当地加速度

B. 迁移加速度

C. 液体质点加速度

D. 加速度

模块 4

流体动力学

【模块概述】

流体动力学是研究流体运动规律及其在工程上实际应用的科学。本章研究流体的运动要素——压强、密度、速度、作用力、加速度间的相互关系；并根据流体运动实际情况，研究反映流体运动的基本规律的三个方程式，即流体的连续性方程式、能量方程式、动量方程式。这三个方程式称为流体动力学三大基本方程式。它们在整个工程流体力学中占有非常重要的地位。方程的推导均运用雷诺输运公式，并根据物理学中的质量守恒定律、能量守恒定律、动量守恒定律，建立流体运动的动力学方程，以描述流动要素（流速等运动要素和压强等动力要素）的空间分布与时间变化。

研究流体运动时的规律及其与固体间的相互作用是流体动力学的任务。流体的运动规律及其与固体间的相互作用主要是通过流体流动的参数间的关系表现出来，如压强、流速、粘滞力和质量力等参数间的关系，而这些参数中起主导作用的是压强和流速，而流速更为重要。因此，流体动力学的基本问题是流速问题，而三大方程中均有流速一项。

本章主要讲述能量方程和动量方程的推导和实际应用，尤其能量方程在工程上的应用，其中包括皮托管测流速及文丘里管测流量及水头线的绘制等内容。三大方程为流体动力学计算的理论基础，是流体力学的核心内容。流体的出流问题及有压管流的计算都是能量方程的拓展。通过三大方程，研究河流、渠道以及各种管路系统内的流动可以知道它们的运动规律，特别是它们与各种壁面的作用力，可获得能耗少、安全性高的工程设计。

【知识目标】

1. 雷诺输运定理。
2. 能量方程。
3. 动量方程。
4. 流体力学方程应用。

【技能目标】

1. 掌握连续性方程。
2. 掌握能量方程及水头线的绘制。
3. 掌握动量方程。
4. 掌握三大方程解题方法与步骤，能应用皮托管和文丘里管原理解决实际测速、测流量问题，会进行水流对变径管、弯管作用力的分析及计算。

【学习重点】

连续性方程、能量方程、动量方程的解题步骤及工程上的应用，水头线的绘制，皮托管、文丘里管的原理及应用。

【课时建议】

8～10 课时

　　河北张家口某住宅小区，建筑面积为 10 万 m²。小区供热分高低区，1~6 层为供热低区，建筑面积为 6.7 万 m²；6 层以上为供热高区，建筑面积为 3.3 万 m²。供回水设计温度分别为 95 ℃和 70 ℃。供热采用枝状管网，低区主管道由 DN200 沿途逐渐减小至用户末端为 DN32，高区主管道由 DN200 沿途逐渐减小至用户末端为 DN32，低区循环水泵扬程为 28 m，流量为 120 t/h，高区循环水泵的扬程为 24 m，流量为 60 t/h。且工程设计时需要绘制出主管道的水压图。

　　以上例子中，管道管径如何计算？循环水泵参数依据什么选取？这些问题的解决都以本章流体动力学方程为理论依据，结合工程实践得到。

4.1　雷诺输运定理

　　如果我们研究的对象是系统，由于力学的一些基本定律是建立在质点、质点系上的，因此，流体力学的这些力学定律可以直接用数学形式表达出来，这属于拉格朗日描述。但在流体力学中的多数问题中，把系统作为研究对象得出的基本方程，应用起来并不方便，而往往更关心的是，流体的物理量在空间的分布情况，这需要欧拉描述，而控制体描述的是空间，即属于欧拉描述。因此，要使这些力学定律适用于控制体，就必须对力学定律中所用系统物理量的体积分对时间的导数做一改写，使之能用控制体的积分表达出来。

　　设在 t 时刻的流场中，σ 表示单位质量流体所具有的某种物理量，N 是该系统内流体所具有的这种物理量的总和，$N = \int_V \sigma \mathrm{d}m = \int_V \sigma \rho \mathrm{d}V$。在 t 时刻系统所占的空间体积为 Ⅰ＋Ⅱ，并与所选的控制体重合，且控制体用 CV 表示，CS 表示控制面，如图 4.1 所示。$t+\Delta t$ 时刻系统因运动偏离原位置，所占的空间体积为 Ⅱ＋Ⅲ，而控制体停留在原地，Ⅱ 是系统在 $t+\Delta t$ 时刻所占空间与 t 时刻所占空间重合的部分。在 t 时刻系统内流体所具有的某种物理量对时间的导数为

$$\frac{\mathrm{d}N}{\mathrm{d}t} = \frac{\mathrm{d}}{\mathrm{d}t}\int_V \sigma \rho \mathrm{d}V = \frac{\left(\int_{V'} \sigma \rho \mathrm{d}V'\right)_{t+\Delta t} - \left(\int_V \sigma \rho \mathrm{d}V\right)_t}{\Delta t} \tag{4.1}$$

式中　V'——$t+\Delta t$ 时刻系统的体积；

　　　　V——t 时刻系统的体积。

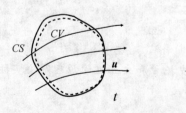

图 4.1　系统与控制体示意图

　　图如 4.1 所示，体积 V' 和 V 均包括两部分，因此（4.1）可改写为

$$\frac{\mathrm{d}N}{\mathrm{d}t} = \lim_{\Delta t \to 0} \frac{\left(\int_{\mathrm{II}} \sigma \rho \mathrm{d}V\right)_{t+\Delta t} - \left(\int_{\mathrm{II}} \sigma \rho \mathrm{d}V\right)_t}{\Delta t} + \lim_{\Delta t \to 0} \frac{\left(\int_{\mathrm{III}} \sigma \rho \mathrm{d}V\right)_{t+\Delta t} - \left(\int_{\mathrm{I}} \sigma \rho \mathrm{d}V\right)_t}{\Delta t} \tag{4.1a}$$

当 $\Delta t \to 0$ 时，$\text{II} \to \text{I} + \text{II}$，$\text{III} \to 0$，即在 t 时刻系统与控制体重合。则有 $\text{II} = V = CV$。因此上式第一项可写为

$$\lim_{\Delta t \to 0} \frac{\left(\int\limits_{\text{II}} \sigma\rho \, \mathrm{d}V\right)_{t+\Delta t} - \left(\int\limits_{\text{II}} \sigma\rho \, \mathrm{d}V\right)_{t}}{\Delta t} = \frac{\partial}{\partial t} \int\limits_{CV} \sigma\rho \, \mathrm{d}V \qquad (4.2)$$

用 N_1 表示 Δt 时间内通过控制面 CS_1 流入控制体的流体所具有的物理量，可以表示为

$$N_1 = \left(\int\limits_{\text{I}} \sigma\rho \, \mathrm{d}V\right)_t = \left(\int\limits_{CS_1} \eta\rho \boldsymbol{u} \, \mathrm{d}\boldsymbol{A}_1\right)\Delta t = \left(-\int\limits_{CS_1} \eta\,\rho u_n \, \mathrm{d}A_1\right)\Delta t$$

由图 4.1 可看到 $\boldsymbol{u}$ 和微元面积 $\mathrm{d}A$ 的夹角大于 $90°$，所以加了负号。同理用 N_3 表示 Δt 时间内通过控制面 CS_2 流出控制体的流体所具有的物理量，则

$$N_3 = \left(\int\limits_{\text{III}} \sigma\rho \, \mathrm{d}V\right)_{t+\Delta t} = \left(\int\limits_{CS_2} \sigma\rho \boldsymbol{u} \, \mathrm{d}\boldsymbol{A}_2\right)\Delta t = \left(\int\limits_{CS_2} \sigma\rho u_n \, \mathrm{d}A_2\right)\Delta t$$

t 时刻单位时间内通过控制体的流体所具有的物理量可表示为

$$\lim_{\Delta t \to 0} \frac{\left(\int\limits_{\text{III}} \sigma\rho \, \mathrm{d}V\right)_{t+\Delta t} - \left(\int\limits_{\text{I}} \sigma\rho \, \mathrm{d}V\right)_{t}}{\Delta t} = \int\limits_{CS} \sigma\rho u_n \, \mathrm{d}A \qquad (4.3)$$

将式 (4.2)、(4.3) 代入 (4.1a) 中，得

$$\frac{\mathrm{d}N}{\mathrm{d}t} = \frac{\partial}{\partial t} \int\limits_{CV} \sigma\rho \, \mathrm{d}V + \int\limits_{CS} \sigma\rho u_n \, \mathrm{d}A \qquad (4.4)$$

式 (4.4) 表明，某一时刻可变体积的流体系统总物理量的时间变化率，等于控制体内这种物理量的时间变化率加上这种物理量单位时间经过控制面的净通量。上式称为雷诺输运定理。

在恒定流动中，$\dfrac{\partial}{\partial t}\int\limits_{CV} \sigma\rho \, \mathrm{d}V = 0$，则有

$$\frac{\mathrm{d}N}{\mathrm{d}t} = \int\limits_{CS} \sigma\rho u_n \, \mathrm{d}A \qquad (4.5)$$

由此可知，在恒定流动的条件下，整个系统内的流体所具有的某种物理量的变化率只和通过控制面的流动有关。

4.2 热力学第一定律——能量方程

能量方程以动能和压强势能相互转换的方式确立了流体运动中速度与压强的关系，为流体力学奠定了理论基础。本节利用热力学第一定律推导能量方程，阐明其应用条件。讲述元流和总流能量方程的物理意义和几何意义。

4.2.1 积分形式的能量方程

热力学第一定律描述了系统能量变化的一般关系，根据能量守恒和转换定律，流体系统中能量的时间变化率应等于外力对系统所做的功率加上单位时间外界与系统交换的热量。该热量可以通过控制面传导，也可以是热辐射或内热源传输给系统的热量，用 $\dot{Q}$ 来表示。

在雷诺输运公式中，如果 σ 代表以热力学能和动能表示的单位质量流体的能量，则 $\sigma = e + \dfrac{u^2}{2}$，流体系统的总能量为 $N = \int\limits_V \rho\left(e + \dfrac{u^2}{2}\right)\mathrm{d}V$，则系统内能量随时间的变化率即其随体导数可表示为

$$\frac{\mathrm{d}N}{\mathrm{d}t} = \frac{\mathrm{d}}{\mathrm{d}t}\int\limits_V \rho\left(e + \frac{u^2}{2}\right)\mathrm{d}V = \frac{\partial}{\partial t}\int\limits_{CV} \rho\left(e + \frac{u^2}{2}\right)\mathrm{d}V + \int\limits_{CS} \rho v_n\left(e + \frac{u^2}{2}\right)\mathrm{d}A$$

由能量守恒与转换定律可得

$$\frac{\partial}{\partial t}\int_{CV}\rho\left(e+\frac{u^2}{2}\right)dV+\int_{CS}\rho u_n\left(e+\frac{u^2}{2}\right)dA=\int_{CV}\rho\boldsymbol{fu}dV+\int_{CS}\boldsymbol{p_n u}dA+\dot{Q} \tag{4.6}$$

式（4.6）为积分形式的能量方程。右端第一项为质量力的功率，第二项为表面力的功率，第三项为对系统传输的热量。

如果流体流动过程中与外界没有热量交换，质量力仅为重力时，则 $\boldsymbol{f}=\boldsymbol{g}$，$f_z=-g$，可将重力做功项作为单位质量流体的位置势能包含在单位质量流体的能量项中，重力作用下的绝能流积分形式的能量方程可变形为

$$\frac{\partial}{\partial t}\int_{CV}\rho\left(e+\frac{u^2}{2}+gz\right)dV+\int_{CS}\rho u_n\left(e+\frac{u^2}{2}+gz\right)dA=\int_{CS}\boldsymbol{p_n u}dA \tag{4.7}$$

技术提示

能量方程推导过程涉及压强，此处压强和静力学中压强有所不同，压强不仅是空间位置的函数，且与方向有关，但由于粘滞力对压强随方向变化的影响很小，而且从理论上能证明任一点在随意的三个正交方向上的压强平均值是一个常数。将这个平均值作为该点的动压强值。但本章中一律用"压强"表示。

对于定常管流，可以选择固定管壁与流入、流出两个过流断面构成的控制面，则其积分形式的能量方程可进一步进行如下简化：式（4.7）左端第一项为零，将表面力 $\boldsymbol{p_n}$ 分解为垂直于表面的法向应力 $\boldsymbol{p_{nn}}$ 和相切于表面的切向应力 $\boldsymbol{\tau}$，可近似认为，$\boldsymbol{p_{nn}}=-p\boldsymbol{n}$（$p$ 是流体的压强，与其表面的外法线方向相反）可得

$$\int_{CS}\rho u_n\left(e+\frac{u^2}{2}+gz\right)dA=-\int_{CS}pu_n dA+\int_{CS}\boldsymbol{\tau u}dA$$

若流体为理想流体，则不存在切应力，切应力的功率等于零。对于粘性流体，固定管壁上流体速度等于零，故切应力的功率等于零；在过流断面上流速垂直于断面，即 $\boldsymbol{u}$ 与断面的切应力 $\boldsymbol{\tau}$ 相互垂直，也可得到 $\boldsymbol{\tau u}=0$，因此可得

$$\int_{CS}\rho u_n\left(e+\frac{u^2}{2}+gz+\frac{p}{\rho}\right)dA=0 \tag{4.8}$$

在管壁上，流速为零，故只在流入和流出断面上求积分，在流入断面上，速度与断面的外法线方向相反，在流出断面上，速度与断面的外法线方向相同，则式（4.8）变形为

$$\int_{A_2}\rho u\left(e+\frac{u^2}{2}+gz+\frac{p}{\rho}\right)dA-\int_{A_1}\rho u\left(e+\frac{u^2}{2}+gz+\frac{p}{\rho}\right)dA=0 \tag{4.9}$$

式（4.9）为重力场中管内绝能定常流积分形式的能量方程。

4.2.2 沿流线的伯努利方程

式（4.9）在工程上应用起来不方便，现对其进行简化。对于理想不可压缩流体，切应力为零，如取微元流管作为控制体，则式（4.9）就是对微元截面的积分，而对微元截面的积分就是被积函数本身，可得

$$\rho v_2 A_2\left(e_2+\frac{u_2^2}{2}+gz_2+\frac{p_2}{\rho}\right)=\rho v_1 A_1\left(e_1+\frac{u_1^2}{2}+gz_1+\frac{p_1}{\rho}\right)$$

据连续性方程，$v_2 A_2=v_1 A_1$，则式（4.9）可简化为

$$e+\frac{u^2}{2}+gz+\frac{p}{\rho}=常数 \tag{4.10}$$

微元流管即为流线，如果不可压缩理想流体与外界无热交换，则 e 为常数，那么可得

$$\frac{u^2}{2} + gz + \frac{p}{\rho} = 常数 \tag{4.11}$$

这个方程是伯努利于1738年首先提出来的,所以命名为伯努利方程。方程左边各项分别表示单位质量流体所具有的动能、位置势能和压力势能,方程右边常数表示总能量为一常值。因此,伯努利方程的物理意义是沿流线机械能守恒。

伯努利方程形式简单、意义深刻,是在流体力学历史上应用最广的方程之一,但也是最容易误用的方程之一,因为易忽视方程的限制条件。从上述推导过程可知,限制条件包括:① 理想流体,② 不可压缩流体,③ 定常流动,④ 沿流线。伯努利方程反映了沿流线各种能量的变化规律。式(4.11)两端同除以重力加速度可得 $\frac{u^2}{2g} + z + \frac{p}{\rho g} = 常数$,下面来分析方程中各项能量的物理意义。

$\frac{u^2}{2g}$ 表示单位重量流体所具有的动能;$\frac{p}{\rho g}$ 这一项是流体在压力场中运动时压力做功而使流体获得的能量,表示单位重量流体所具有的压强势能,即压能;z 表示质点到所选基准面的高度,表示单位重量流体所具有的位置势能,即位能。

如果重力可以忽略,式(4.11)简化为

$$\frac{\rho u^2}{2} + p = 常数 \tag{4.12}$$

此式给出了速度和压力之间的关系。流速大的地方压力小,流速小的地方压力大。

【知识拓展】

伯努利方程沿同一流线动能、压能、位能三者之和为一常数。但沿不同的流线,对于有旋流动则为不同的常数,对于无旋流动,在整个流场中三者之和为同一常数。

【知识拓展】

利用式(4.12)就可以解释一些现象。例如两船在航行时,如果靠得太近就会相互碰撞。这是因为靠近时两船之间流道变窄,内侧流速增大,压力比外侧的小,在压差力的作用下两船可能发生碰撞。

4.2.3 粘性流体总流的伯努利方程

总流是无数元流的总和,总流的能量方程就应该是元流能量方程在两个过流断面范围内的积分。即求式(4.9)的积分。

1. 势能项积分

$\int_A \rho g u \left(z + \frac{p}{\rho g} \right) \mathrm{d}A$ 为单位时间通过总流过流断面的位

能和压力能。这一积分的确定,需要知道 $\left(z + \frac{p}{\rho g} \right)$ 即流体势

能在总流过流断面上的分布情况,过流断面上流体势能的分布规律与流体的运动状况有关,为了得到势能的分布规律,首先来分析沿流线法线方向压强和速度的变化情况。

设在理想重力场中的定常流场中流线为曲线 s,如图4.2所示,曲线上某点的曲率半径为 R,曲率中心为 C,以此点为中心沿流线外法线方向取一圆柱形微小流体质团,端面面积为 ΔA,柱体长 Δn,微元柱体的运动速度为 v。微元柱体

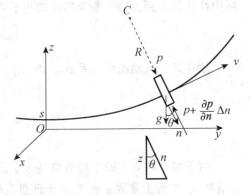

图4.2　流体微团沿流线法方向受力分析

在垂直流线方向上所受的力为 $\rho g \Delta A \Delta n \cos \theta$,上端面压力为 $p \Delta A$,下端面压力为 $-\left(p + \frac{\partial p}{\partial n} \Delta n \right) \Delta A$。

在重力和压强合力的共同作用下,微元柱体的向心加速度为$\dfrac{u^2}{R}$。由牛顿第二定律列出沿流线法线方向的运动方程为

$$\rho g \Delta A \Delta n \cos\theta + p\Delta A - \left(p + \dfrac{\partial p}{\partial n}\Delta n\right)\delta A = -\rho \Delta A \Delta n \dfrac{u^2}{R}$$

由于$\cos\theta = -\dfrac{\mathrm{d}z}{\mathrm{d}n}$,代入上式可得

$$g\dfrac{\mathrm{d}z}{\mathrm{d}n} + \dfrac{1}{\rho}\dfrac{\partial p}{\partial n} = \dfrac{u^2}{R} \tag{4.13}$$

上式为不可压缩理想流体沿流线的法线方向的速度和压强的关系式,说明流体质点的运动方向发生改变是因为沿流线法线方向重力和压力作用的结果。若忽略重力作用,如液体做平行地面的水平流动时,引起液体质点改变方向的唯一原因是沿流线法线方向存在压强梯度,即$\dfrac{\partial p}{\partial n} = \dfrac{\rho u^2}{R}$,$\dfrac{\partial p}{\partial n} > 0$,说明弯曲流线的外侧压强大于内侧压强,如果流体在水平面的弯管中流动,可知,管道外侧压强大、速度小,内侧压强小则速度大。

对于不可压缩流体,ρ为常数,式(4.13)中g和ρ均可移动到微分号之内,沿流线法线方向的积分可得

$$-\int \dfrac{u^2}{R}\mathrm{d}n + gz + \dfrac{p}{\rho} = 0 \tag{4.14}$$

当流线为直线时,则$R \to \infty$,由式(4.14)可得

$$z + \dfrac{p}{\rho g} = 常数 \tag{4.15}$$

上式与静止重力场中流体压强公式形式相同。说明在直线流动的条件下,沿垂直于流线方向的压强分布服从静力学基本方程式。即在工程上,渐变流过水流断面上,压强分布符合静止液体中的压强分布规律。

所以势能项积分为

$$\int_A \rho g u\left(z + \dfrac{p}{\rho g}\right)\mathrm{d}A = \rho g Q\left(z + \dfrac{p}{\rho g}\right)$$

2. 动能项积分

$$\int_A \rho g u \dfrac{u^2}{2g}\mathrm{d}A$$

表示单位时间通过断面的流体动能。要求出此积分须知速度在断面的分布情况,即$u = f(A)$,这在实际中往往做不到。为此,断面的动能用平均流速v表示,但实际上

$$\int_A \rho g u \dfrac{u^2}{2g}\mathrm{d}A \neq \int_A \rho g v \dfrac{v^2}{2g}\mathrm{d}A$$

故在此引入动能修正系数α,即

$$\alpha = \dfrac{\displaystyle\int_A u^3 \mathrm{d}A}{\displaystyle\int_A v^3 \mathrm{d}A} = \dfrac{1}{v^3 A}\int_A u^3 \mathrm{d}A$$

由于多个数立方的平均值总是大于多个数平均值的立方,所以,$\alpha > 1$。断面上流速分布越不均匀,α值越大。工程上常取$\alpha = 1$。对于理想流体,断面流速分布均匀,故$\alpha = 1$。

则动能积分项可写为

$$\int_A \rho g u \dfrac{u^2}{2g}\mathrm{d}A = \dfrac{1}{A}\int_A \left(\dfrac{u}{v}\right)^3 \mathrm{d}A\left(\rho g Q \dfrac{v^2}{2g}\right) = \alpha\left(\rho g Q \dfrac{v^2}{2g}\right)$$

3. 能量损失项积分

通过式(4.9)可知,截面 A_1 至截面 A_2 流体的热力学能增量为

$$\int_{A_2} \rho g u \frac{e}{g} dA - \int_{A_1} \rho g u \frac{e}{g} dA = \rho g Q h_w$$

h_w 为截面 A_1 至截面 A_2 平均单位重量流体的机械能损失。这是因为对于不可压缩粘性流体的绝能流来讲,流体内部切应力所做功不可逆转地转化成热,使流体的热力学能增加;热力学能增加反映了机械能的损失。将势能项、动能项、能量损失项积分结果代入式(4.9),且各项同时除以 $\rho g Q$ 得

$$\frac{\alpha_1 v_1^2}{2g} + z_1 + \frac{p_1}{\rho g} = \frac{\alpha_2 v_2^2}{2g} + z_2 + \frac{p_2}{\rho g} + h_w \tag{4.16}$$

这就是不可压缩粘性流体总流的伯努利方程,可以看出,为了克服粘性阻力,总流的机械能沿途是不断减少的。机械能损失包括沿程损失和局部损失,具体如何求解这两种损失的大小,将在后面章节中专门介绍。

4.2.4 伯努利方程水力学意义

1. 各项能量的物理意义

在渐变流过水断面上,虽然各点的 z 和 $\frac{p}{\rho g}$ 都不相同,但二者之和保持不变,所以 $z + \frac{p}{\rho g}$ 就代表了总流过水断面上的单位重量的流体所具有的平均单位势能。

$\frac{\alpha v^2}{2g}$ 为总流过水流断面上单位重量的流体所具有的平均动能。

$z + \frac{p}{\rho g} + \frac{\alpha v^2}{2g}$ 为总流过水断面上单位重量的流体所具有的总的机械能。

流体在流动过程中,能量会相互转化,由于阻力作用总的机械能沿程减少,变为热能。上游断面的总单位机械能等于下游断面的总单位机械能加上两断面间的单位机械能损失,这就是流体力学中的能量守恒。

2. 各项能量的几何意义

能量方程中的各项都具有长度的量纲,即可用一定的几何高度表示出来,工程上习惯称之为"水头"。

z 为基准面的位置高度,称为位置水头。

$\frac{p}{\rho g}$ 为测压管高度,称为压强水头。

$z + \frac{p}{\rho g}$ 为测压管水头。

$\frac{\alpha v^2}{2g}$ 为流速水头。

$z + \frac{p}{\rho g} + \frac{\alpha v^2}{2g}$ 为总水头。

h_w 习惯上称为水头损失。

3. 水头线的绘制

能量方程中各项都是长度的量纲,由此可以用几何图形把总流沿程能量转换情况形象地表示出来。下面介绍图形的绘制方法。

用 $H = z + \frac{p}{\rho g} + \frac{\alpha v^2}{2g}$ 表示断面总水头,则总流能量方程可写成

$$H_2 = H_1 - h_{w_{1-2}} \tag{4.17}$$

下角标 1、2 分别表示总流上、下游截面。

用 $H_p = z + \dfrac{p}{\rho g}$ 表示测压管水头,则

$$H_p = H - \frac{\alpha v^2}{2g} \qquad (4.18)$$

即同一断面上的总水头减去流速水头即为测压管水头。

用以上公式(4.17)和(4.18)绘制图形,具体步骤如下:

① 沿总流方向画出一条水平基准线 0—0,作为零水头线。

② 绘制总流的中心线。从各断面的中心到基准线的垂直距离就是该断面的位置水头,因此,中心线称为位置水头线。

③ 计算 1—1 断面的总水头 H_1 和从 1 到 2 断面的水头损失 $h_{w_{1-2}}$,由式(4.17)计算出 2 断面的总水头 H_2,以此可计算出沿总流流动方向各断面的总水头值。将各断面的总水头值,用确定的比例线段长以 0—0 基准线为准,对应垂直向上表示在各断面上,连接这些线段的端点,即为总水头线。若为理想流体,则水头损失为零,总水头线沿程不变,为一水平线。

④ 应用式(4.18),在总水头线上,对应各断面垂直向下减去流速水头 $\dfrac{\alpha v^2}{2g}$ 对应的线段长,得到测压管水头线线段的端点,连接这些点,得到测压管水头线,如图 4.3 所示。

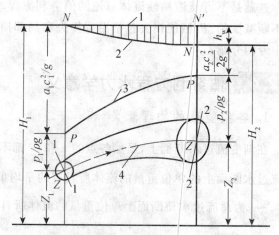

图 4.3 总流的位置水头、压强水头、速度水头和总水头

水头损失包括沿程水头损失和局部水头损失,即 $h_w = h_f + h_j$。沿程水头损失发生在均匀流、渐变流段;局部水头损失发生在局部构件处,集中发生在几何条件急剧改变的断面或障碍处。画水头线时,沿程损失认为是均匀分布的,局部损失常集中画在突变断面上。

几何图形中有四条基本线:零水头线、位置水头线、测压管水头线、总水头线。几何图形清楚地表现了各种水头(能量)沿程变化情况。总水头线与测压管水头线间的垂直距离变化,反映了平均流速沿程的变化;测压管水头线与位置水头线间的垂直距离变化,反映了总流各断面的压强沿程的变化;测压管水头线低于位置水头线则表示该流段中的相对压强为负值。理想总水头线与实际流动总水头线之间的垂直距离差值表示断面间的水头损失。

> **技术提示**
>
> 在绘制水头线时,一定要清楚各条线代表的含义,即代表的是各种能量沿程的变化情况,这样作图才不会出现错误。

水头线直观地表达了各种能量的变化规律。在实际工程中,常利用描绘系统的水头线,来定性分析流动情况,从而解决有关问题。例如,供热工程中的水压图。

【知识拓展】

对于理想流体,总水头线是沿程不变的,为一水平直线,对于实际流体,总水头沿程降低,但测压管水头线沿程有可能降低、不变或者升高。

4.3　牛顿第二定律 —— 动量方程

在实际工程中,经常涉及流体与固体壁之间的作用力问题,如仅用连续性方程和能量方程是无法解决的,这时,就需要用动量方程求解。由物理学可知,动量定理是:物体在运动过程中,动量对时间的变化率等于作用在物体上各外力的矢量和。下面用雷诺输运公式推导动量方程。

在雷诺输运公式中,如果 σ 代表单位质量流体的动量,即 $\sigma = u$,则 $N = \int_V u\rho \mathrm{d}V$ 是流体系统的动量,根据动量定理,流体系统动量的时间变化率等于作用在系统上外力的矢量和,即

$$\frac{\mathrm{d}}{\mathrm{d}t}\int_V u\rho\,\mathrm{d}V = \int_V \rho f\,\mathrm{d}V + \int_A p_n\,\mathrm{d}A = \frac{\partial}{\partial t}\int_{CV}\rho u\,\mathrm{d}V + \int_{CS}\rho u_n u\,\mathrm{d}A \tag{4.19}$$

这就是积分形式的动量方程。其中,f 为单位质量流体所受的质量力,p_n 为作用在外法线方向为 n 的微元面积 $\mathrm{d}A$ 上的表面力。

现将动量方程应用于定常管流中。则式(4.19)右端第一项为零,由于在管壁上 $u_n = 0$,故沿壁面积分等于零,只有流入截面 A_1 与流出截面 A_2 上的积分有值,作用在控制体上质量力的合力可用 F_f 表示,作用在控制面上表面力的合力可用 F_{p_n} 来表示,二者之和可用 $\sum F$ 来表示,则定常管流的动量方程为

$$\int_{A_2} u_2\rho u_2\,\mathrm{d}A - \int_{A_1} u_1\rho u_1\,\mathrm{d}A = F_f + F_{p_n} = \sum F \tag{4.20}$$

要求积分,需知速度在截面上的分布情况,为此,和能量方程动能项积分类似,引入动量修正系数 β,β 是流体实际动量与按平均流速所得动量的比值,所以

$$\beta = \frac{\int_A u^2\,dA}{\int_A v^2\,dA} = \frac{1}{v^2 A}\int_A u^2\,dA \tag{4.21}$$

β 值的大小也取决于过水断面上的流速分布,流速分布越不均匀,β 越大,工程上常近似取 $\beta = 1$。

引入 β 定义后,对于不可压缩定常管流,式(4.20)可简化为

$$\rho Q(\beta_2 v_2 - \beta_1 v_1) = \sum F \tag{4.22}$$

式(4.22)是矢量表达式,在计算中不方便,通常情况下,在计算中将力和流速在空间直角坐标 x、y、z 三个方向投影,可得三个代数方程

$$\begin{cases} \rho Q(\beta_2 v_{2x} - \beta_1 v_{1x}) = \sum F_x \\ \rho Q(\beta_2 v_{2y} - \beta_1 v_{1y}) = \sum F_y \\ \rho Q(\beta_2 v_{2z} - \beta_1 v_{1z}) = \sum F_z \end{cases} \tag{4.23}$$

代数方程表明,单位时间内流体在某一方向的动量变化,等于这一方向作用在流体上的合外力。当某一方向没有动量变化时,式(4.23)可得到简化。

> **技术提示**
>
> 动量方程不同于能量方程,因为力和速度均为矢量,故列方程式时一定将其在坐标轴上进行投影,用代数方程解决要求的问题,同时要分清力和速度在各个断面上的方向,如果方向错误,不可能得到正确的答案。

4.4 流体力学方程的应用

连续性方程、能量方程、动量方程是流体动力学的基本方程,是工程应用的理论依据,有时为了解决较复杂的问题,往往需要同时使用三个方程,或者需要与其他的原理结合起来应用。

4.4.1 连续性方程的应用

连续性方程推导过程中没有涉及管道中有流量的汇入或者分出,在工程上,管道管径不仅沿程变化,同样也会有流量的汇入及分出,即有三通等局部构件。质量守恒定律也适用于有合流或分流的情况。对于不可压缩流体,则它们的连续性方程为

分流(图 4.4):$Q_1 = Q_2 + Q_3$ 合流(图 4.5):$Q_1 + Q_3 = Q_2$

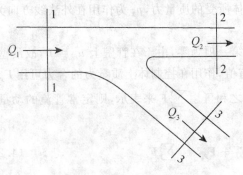

图 4.4　分流三通

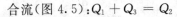

图 4.5　合流三通

对于可压缩流体的质量守恒,见以下例题。

【例 4.1】 如图 4.6,某蒸汽干管的前段直径 $d_0 = 50$ mm,$v_0 = 30$ m/s,密度 $\rho_0 = 2.92$ kg/m³,中间接出支管($d_2 = 40$ mm)后,干管后段直径 d_1 变为 45 mm,如果支管末端密度 ρ_2 降低至 2.50 kg/m³,干管后段末端 ρ_1 降低至 2.44 kg/m³,单位时间内流出支管与干管后段的质量相等,求两管末端流速 v_1 和 v_2。

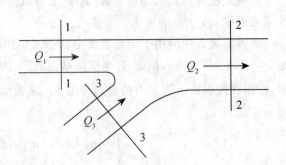

解 用质量守恒定律:

$$Q_{m_0} = Q_{m_1} + Q_{m_2} = 2Q_{m_1}$$

$$Q_{m_0}/\text{kg} = \rho_0 v_0 A_0 = \frac{\pi}{4}\rho_0 v_0 d_0{}^2 = \frac{\pi}{4} \times 2.92 \times 30 \times 0.05^2 = 0.172$$

图 4.6　蒸汽三通

所以

$$v_1/(\text{m} \cdot \text{s}^{-1}) = \frac{Q_{m_1}}{A_1 \rho_1} = \frac{4Q_{m_0}}{2\pi \rho_1 d_1^2} = \frac{4 \times 0.172}{2\pi \times 2.44 \times 0.045^2} = 22.16$$

$$v_2/(\text{m} \cdot \text{s}^{-1}) = \frac{Q_{m_1}}{A_2 \rho_2} = \frac{4Q_{m_0}}{2\pi \rho_2 d_2^2} = \frac{4 \times 0.172}{2\pi \times 2.50 \times 0.04^2} = 27.38$$

4.4.2 能量方程的应用

能量方程应用时的限制条件虽然较多,但方程揭示的规律可普遍应用于各种流动,解释如河道流动、虹吸管等现象的机理。

1. 应用能量方程步骤及注意事项

(1)分析流动。首先弄清楚所研究流体运动的类型,判断能否应用能量方程求解。

(2)选取基准面。基准面是计算位能的依据,计算不同断面的位置水头时必须选择同一基准面,一般使位能为正值。

（3）选取计算断面。能量方程中有两个计算断面，应选择在渐变流过水流水断面上，因 $z+\dfrac{p}{\rho g}$ 在渐变流过流断面上为常数。而且采用平均流速，因此在计算断面的总水头时，可取断面上任何一点来计算。对于管流，计算点一般选择断面形心。对于明渠流计算点取在自由液面上。

（4）压强的选择。断面压强采用同一种压强表示方法，即方程两端可同时采用相对压强或绝对压强。对于不可压缩气体应用能量方程求解时，应采用绝对压强，否则方程形式有所改变。

（5）列能量方程求解。代入已知及确定的数据进行计算，在本章中，h_w 或直接给出，或忽略不计，动能修正系数 α 如不特别指出则取 1。

下面通过例题，来进一步理解和应用能量方程。掌握其应用及其使用时的限制条件。

【例 4.2】 如图 4.7 所示为一管径不同的有压弯管，细管直径 $d_A=0.2$ m，粗管直径 $d_B=0.4$ m，点 A 压强水头为 7.0 m 水柱，点 B 压强水头为 4.0 m 水柱，已知 $v_B=1$ m/s，点 B 比点 A 高 1 m，试问：管中水流流向及两断面间水头损失为多少？

解 为了确定流动方向，必须计算出两个断面处流体的总机械能的大小，实际流动是有损失的，流体必然是由机械能高处流向机械能低处。

由连续性方程可得：

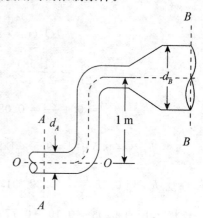

图 4.7 管道水流示意图

$$v_A A_A = v_B A_B$$

所以 $$v_A/(\mathrm{m\cdot s^{-1}}) = \left(\frac{d_B}{d_A}\right)^2 v_B = \left(\frac{0.4}{0.2}\right)^2 \times 1 = 4$$

两断面平均能量（单位能量）设 $\alpha_A = \alpha_B = 1.0$。

$$H_A/\mathrm{m} = z_A + \frac{p_A}{\rho g} + \frac{v_A^2}{2g} = 0 + 7 + \frac{4^2}{2\times 9.8} = 7.816$$

$$H_B/\mathrm{m} = z_B + \frac{p_B}{\rho g} + \frac{v_B^2}{2g} = 1.0 + 4.0 + \frac{1^2}{2\times 9.8} = 5.051$$

由于 $H_A > H_B$，知水由 A 向 B 处流。

管段损失由能量方程求解，对断面 $A-A$，$B-B$ 列总流能量方程则

$$H_A = H_B + h_{wA-B}$$

所以 $$h_{wA-B}/\mathrm{m} = H_A - H_B = 7.816 - 5.051 = 2.765$$

【例 4.3】 设水流由水箱经水平串联管路流入大气，如图 4.8 所示。已知 AB 管段直径 $d_1 = 0.25$ m，沿程损失 $h_{f_{AB}} = 0.4\dfrac{V_1^2}{2g}$，$BC$ 管段直径 $d_2 = 0.15$ m，已知损失 $h_{f_{BC}} = 0.5\dfrac{V_2^2}{2g}$，进口 局部损失 $h_{j_1} = 0.5\dfrac{V_1^2}{2g}$，突然收缩局部损失 $h_{j_2} = 0.32\dfrac{V_2^2}{2g}$，试求管内流量 Q，并绘出总水头线和测压管水头线。

解 首先检查应用条件：为不可压缩定常流动，可以应用总流伯努利方程，过水断面选择在渐变流段上，基准面选择在出口管路的中心线，对水箱水面和出口断面列总流伯努利方程（动能修正系数均取 1.0），所以

$$3 + 0 + 0 = 0 + 0 + \frac{v_2^2}{2g} + h_w \qquad ①$$

$$h_w = 0.5\frac{v_1^2}{2g} + 0.4\frac{v_1^2}{2g} + 0.32\frac{v_2^2}{2g} + 0.5\frac{v_2^2}{2g} \qquad ②$$

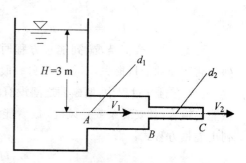

图 4.8 水箱外接管路示意图

因

$$v_1 = \frac{A_2}{A_1} v_2 = \left(\frac{d_2}{d_1}\right)^2 v_2 = \left(\frac{0.15}{0.25}\right)^2 v_2 = 0.36 v_2$$

所以式②为

$$h_w = \frac{1}{2} \frac{(0.36 v_2)^2}{2g} + \frac{2}{5} \frac{(0.36 v_2)^2}{2g} + \frac{8}{25} \frac{v_2^2}{2g} + \frac{1}{2} \frac{v_2^2}{2g} = 0.94 \frac{v_2^2}{2g} \qquad ③$$

代入式①得

$$3 = \frac{v_2^2}{2g} + 0.94 \frac{v_2^2}{2g} = 1.94 \frac{v_2^2}{2g}$$

$$v_2 / (\text{m} \cdot \text{s}^{-1}) = \sqrt{\frac{2 \times 9.8 \times 3}{1.94}} = 5.51 \text{ m/s}, v_1 = 0.36 v_2 = 1.98$$

$$Q / (\text{m}^3 \cdot \text{s}^{-1}) = A_1 v_1 = \frac{\pi}{4} (0.25)^2 \times 1.98 = 0.097$$

$$\frac{v_1^2}{2g} = \frac{(1.98)^2}{2 \times 9.8} = 0.20 \text{ m}(H_2O); \frac{v_2^2}{2g} = \frac{(5.51)^2}{2 \times 9.8} = 1.55 \text{ m}(H_2O)$$

$$h_{f_{AB}} = 0.4 \frac{v_1^2}{2g} = 0.08 \text{ m}(H_2O); h_{j_1} = 0.5 \frac{v_1^2}{2g} = 0.5 \times 0.2 = 0.10 \text{ m}(H_2O)$$

$$h_{f_{BC}} = 0.5 \frac{v_2^2}{2g} = 0.5 \times 1.55 = 0.77 \text{ m}(H_2O)$$

$$h_{j_2} = 0.32 \frac{v_2^2}{2g} = 0.32 \times 1.55 = 0.50 \text{ m}(H_2O)$$

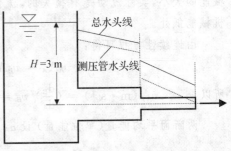

图 4.9　总水头线和测压管水头线示意图

校核 $1.55 + 0.08 + 0.10 + 0.77 + 0.50 = 3$ m(H_2O)

沿程损失均匀发生，局部损失可画在局部构件处，且以垂直向下的直线段表示，由题可计算出各段沿程损失和突然缩小的局部损失，绘制出总水头线和测压管水头线，分别如图 4.9 中实线、虚线所示。

2. 伯努利方程的特殊应用

(1) 方程在推导过程中，流量是沿程不变的，如果有分流或合流的情况，可按总能量平衡来列方程。下面以合流(图 4.4)为例。

设三个截面的能量分别用 H_1、H_2、H_3 表示，则可得

$$\rho g Q_1 (H_1 + h_{w_{1-2}}) + \rho g Q_3 (H_3 + h_{w_{3-2}}) = \rho g Q_2 H_2$$

又由连续性方程

$$Q_1 + Q_3 = Q_2$$

联立以上两式可得

$$H_2 = H_1 + h_{w_{1-2}}$$

和

$$H_2 = H_3 + h_{w_{3-2}}$$

可见，对于合流情况，列能量方程时，只需计入所列两断面间的能量损失，不必考虑另一股汇入的能量损失。按此法，同样可列出分流时的能量方程。

(2) 在推导过程中，两断面之间没有能量的输入或能量的输出，如果在所取的两个断面之间有机械能的输入(如安装泵或是风机)或者能量的输出(如安装水轮机或是汽轮机)，同样可根据能量守恒列出能量方程式：

$$H_1 \pm \Delta H = H_2 + h_{w_{1-2}}$$

式中，当能量输入时取 $+ \Delta H$，当能量输出时取 $- \Delta H$。

> **技术提示**
>
> 　　选择过水断面时，要使得断面上已知数较多，而未知数较少，且对两端面上运动要素进行分析，考虑哪些可忽略不计。如本例中，水箱断面较管道断面大得多，故可认为水箱断面的速度极小，可忽略不计；自由液面和出口断面均与大气相通，故相对压强为零；基准面选择在管路中心，则出口断面位能为零。

【**例 4.4**】 如图 4.10 所示,水泵运行时,进水口的真空表读数为 3 mH₂O,吸水管 $d_1 = 400$ mm,出水口的压力表读数为 28 mH₂O,压 水管 $d_2 = 300$ mm,水泵流量 $Q = 0.15$ m³/s,求泵的扬程。

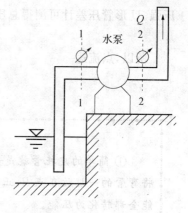

解 选择水泵进出口断面 1—1、2—2 列能量方程

$$V_1/(\text{m} \cdot \text{s}^{-1}) = \frac{Q}{A_1} = \frac{0.15}{\frac{1}{4}\pi d_1^2} = \frac{4 \times 0.15}{3.14 \times 0.4^2} = 1.19$$

$$V_2/(\text{m} \cdot \text{s}^{-1}) = \frac{4 \times 0.15}{3.14 \times 0.3^2} = 2.12$$

此题为能量输入,则

$$\frac{p_1}{\rho g} + \frac{v_1^2}{2g} + H = \frac{p_2}{\rho g} + \frac{v_2^2}{2g}$$

图 4.10 水泵抽水示意图

$$H/\text{m} = (\frac{p_2}{\rho g} + \frac{v_2^2}{2g}) - (\frac{p_1}{\rho g} + \frac{v_1^2}{2g}) = (28 + \frac{2.12}{2 \times 9.8})^2 - (-3 + \frac{1.19}{2 \times 9.8})^2 = 31.16$$

技术提示

压力表的读数是指其所在高度处的压强,如果实际泵运行时压力表和真空表不在同一高度, 用能量方程求水泵扬程时需要先求水泵进出口断面处的压强值,即根据表的读数运用重力场中 静止流体压强表达式求解水泵进出口断面的压强,然后根据能量方程求解水泵的扬程。

【知识拓展】

对照此例,可知在水泵的吸入管路中,水的压力是沿程降低的,能量损失、动能增加及位能增加都 使得压力减小,即压力比自由液面的大气压低,为真空。当水压低于输送水温度的饱和压强时,水会发 生汽化,严重时,水泵抽不上水。所以在实际应用时,注意水泵的安装高度应根据厂家提供的样本计 算,安装高度不能超过计算值。

3. 能量方程在实际中的应用

(1) 在流速测量中的应用 —— 皮托管。

流体的运动速度是流体力学中一个最基本的流动参数,目前 已有许多方法测量它,结构最简单使用最普遍的就是皮托管。如 图 4.11 所示,它由内外两层套管组成,头部有一小孔与内管相 通,侧壁有几个小孔与套管的环形空间相通,两通道的另一端分 别与一 U 型管压差计的两端相连,压差计中盛有不同与被测流体 的液体(通常有水银、酒精和水),使用时,头部正对来流,管体轴 线与来流平行,读出压差计的压差 Δh,即可算出来流速度。

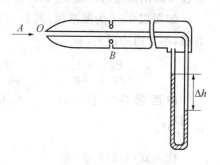

图 4.11 皮托管

皮托管测点流速的就是通过将点的动能转变为压力能来实 现的。当流体绕流一个固定不动的物体时,在物体前流体向四周分散的点称为驻点(如图点 O),驻点 的流体速度为零,动能全部转变为压能。

从皮托管正前方点 A 到端点 O 再到侧壁孔口点 B 在一条流线上,点 A 的速度和压强与点 B 的速 度压强一样,即可用沿流线的伯努利方程

$$z_B + \frac{p}{\rho g} + \frac{v^2}{2g} = z_o + \frac{p_O}{\rho g} + \frac{v_O^2}{2g}$$

$v_O = 0$,p_O 称为驻点压强,且 $Z_O = Z_B$,则可得 $p_O = p + \frac{1}{2}\rho v^2$,式中 $\frac{1}{2}\rho v^2$ 称为动压强,p_O 称为总

压强。U 形管压差计可测得总压与静压差,即

$$p_O - p = (\rho_m - \rho)g\Delta h$$

所以,点流速

$$v = \sqrt{2\left(\frac{\rho_m}{\rho} - 1\right)g\Delta h}$$

技术提示

① 简单的皮托管就是一根弯成 90° 的开口细管,如图 4.12 所示,量测水流中 B 的流速时,将弯管的一端放在点 B,正对来流方向,由于受水流作用,弯管内水面上升到 h_2 高度,水流的动能全部转化为压能。

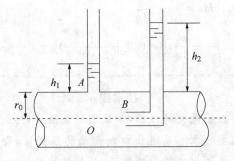

图 4.12   简单皮托管

② 皮托管测流速时,一定要使其前部开口正对来流,否则测量结果不准确。

---

(2) 在流量测量中的应用 —— 文丘里流量计。

文丘里流量计是测量管道流量的装置,如图 4.13 所示,是一段先收缩后扩张的变截面直管道,管道截面面积变化引起流速改变,从而导致压强改变。通过测量不同截面的压强差,利用总流伯努利方程可算出通过的流速,进而计算管内流量。

如图以 $0-0$ 为基准面,列 $1-1$、$2-2$ 断面能量方程,不计阻力损失,有

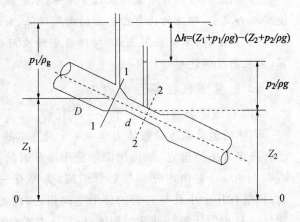

图 4.13   文丘里流量计

$$z_1 + \frac{p_1}{\rho g} + \frac{\alpha_1 v_1^2}{2g} = z_2 + \frac{p_2}{\rho g} + \frac{\alpha_2 v_2^2}{2g} \quad (4.24)$$

由连续性方程:$v_1 A_1 = v_2 A_2$,所以 $v_2 = v_1\left(\dfrac{D}{d}\right)^2$。

代入式(4.24)得

$$z_1 + \frac{p_1}{\rho g} + \frac{v_1^2}{2g} = z_2 + \frac{p_2}{\rho g} + \frac{v_1^2}{2g}\left(\frac{D}{d}\right)^4$$

$$v_1 = \frac{1}{\sqrt{\left(\dfrac{D}{d}\right)^4 - 1}}\sqrt{2g\left[\left(z_1 + \frac{p_1}{\rho g}\right) - \left(z_2 + \frac{p_2}{\rho g}\right)\right]}$$

$$Q = v_1 A_1 = \frac{A_1}{\sqrt{\left(\dfrac{A_1}{A_2}\right)^2 - 1}}\sqrt{2g\Delta h}$$

在实际应用中,考虑到粘性引起的能量损失,所求流量还应乘上小于1的修正系数。

【知识拓展】

本例中,文丘里管两端面接的是测压管,同样,两端面间也可接压差计,当管道中的流体及压差计中的流体密度确定后,Q 和 Δh 的关系仅取决于文丘里管的断面比,与管子的放置角度没有关系,即测量流量时,无论文丘里管横放、竖放、倾斜放置,流量都是不变的。

> **技术提示**
>
> 文丘里管收缩段和扩张段内的流动不符合渐变流条件,伯努利方程的计算断面不能选择在这两段内,本例中,选择的两个截面之间存在急变流并不影响伯努利方程的应用。

4.4.3 动量方程的应用

动量方程用于定常不可压缩流体总流的渐变流断面。在工程上,主要用于求解运动的流体与外部物体间的相互作用力。

应用动量方程步骤及注意事项如下:

① 分析流动现象。首先弄清楚流体运动的类型,建立流线几何图形,判断能否应用动量方程。

② 选取控制体。控制体是由渐变流过水断面和固体壁面为边界所包围的流段。

③ 在图上建立坐标系。因为力和流速均有方向,不建立坐标系,正负区分困难。

④ 分析动量变化。动量变化是流出控制体的动量减去流入控制体的动量,两者顺序不可颠倒。流速投影与坐标轴方向一致时为正,反之为负。

⑤ 受力分析。全面分析和考虑作用在控制体上的外力,一般包括重力和表面力,表面力中有两端过流断面上的压力,固体边壁对流体的压力,固体边壁附近的摩擦阻力(通常可用忽略不计)。作用在控制体内部的内力,如流体间相互作用的压力和相对运动流层间的内摩擦力可相互抵消,故不用计算。

> **技术提示**
>
> 应用动量方程求力时,如果不确定所求力的方向,可随便设出待求力的方向,按照所设力的方向计算,如结果为正,说明假设正确,如结果为负,说明力的方向与所设相反。

【例 4.5】 如图 4.14 所示,水流通过变截面弯管。已知,流量 $Q = 0.10 \text{ m}^3/\text{s}$,断面 1—1 处的相对压强 $p_1 = 147.105 \text{ kN/m}^2$,管子中心线在同一水平面上,求固定此弯管所需的力 F_x 与 F_y。不计水头损失。

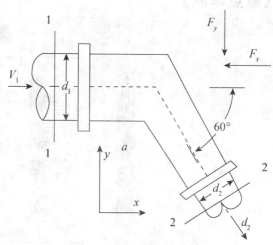

图 4.14 输水弯管示意图

解 如图 4.14 所示建立坐标系。

① 选择 1—1 和 2—2 断面及管道壁面包围的流体作为控制体。

② 分析受力。重力垂直于坐标平面,故其投影为零;弯管对水流的作用力为 F,可用 F_x 和 F_y 表示,1—1,2—2 断面的压力可求。

③ 列动量方程,求解 F_x 和 F_y。

x 方向:

$$\sum F_x = p_1 A_1 - F_x - p_2 A_2 \cos 60° = \rho Q (v_2 \cos 60° - v_1)$$

y 方向:

$$\sum F_y = -F_y + p_2 A_2 \sin 60° = \rho Q(-v_2 \sin 60° - 0)$$

$$v_1/(\mathrm{m} \cdot \mathrm{s}^{-1}) = \frac{Q}{A_1} = \frac{4Q}{\pi d_1^2} = \frac{4 \times 0.1}{3.14 \times 0.2^2} = 3.18$$

由连续性方程

$$v_2/(\mathrm{m} \cdot \mathrm{s}^{-1}) = (\frac{d_1}{d_2})^2 v_1 = (\frac{200}{150})^2 \times 3.18 = 5.65$$

列 1—1 至 2—2 断面间的能量方程:

$$0 + \frac{p_1}{\rho g} + \frac{V_1^2}{2g} = 0 + \frac{p_2}{\rho g} + \frac{V_2^2}{2g}$$

$$\frac{p_2}{\rho g}/\mathrm{m} = \frac{p_1}{\rho g} + \frac{v_1^2}{2g} - \frac{v_2^2}{2g} = \frac{147.105 \times 10^3}{1000 \times 9.8} + \frac{3.18^2}{2 \times 9.8} - \frac{5.65^2}{2 \times 9.8} = 13.9$$

$$p_2/(\mathrm{kN} \cdot \mathrm{m}^{-2}) = 136.22$$

$$P_1/\mathrm{N} = p_1 A_1 = 147\ 105 \times \frac{\pi}{4} \times 0.2^2 = 4\ 621.4$$

$$P_2/\mathrm{N} = p_2 A_2 = 136\ 220 \times \frac{\pi}{4} \times 0.15^2 = 2\ 407.2$$

代入计算出的数据。

x 方向:

$$F_x/\mathrm{kN} = P_1 - P_2 \cos 60° - \rho Q(V_2 \cos 60° - V_1) =$$
$$4\ 621.4 - 2\ 407.2 \times 0.5 - 1\ 000 \times 0.10 \times (5.65 \times 0.5 - 3.18) = 3.45$$

y 方向:

$$F_y/\mathrm{kN} = P_2 \sin 60° + \rho Q v_2 \sin 60° =$$
$$2\ 407.2 \times \sin 60° + 1000 \times 0.1 \times 5.65 \times \sin 60° = 2.57$$

【重点串联】

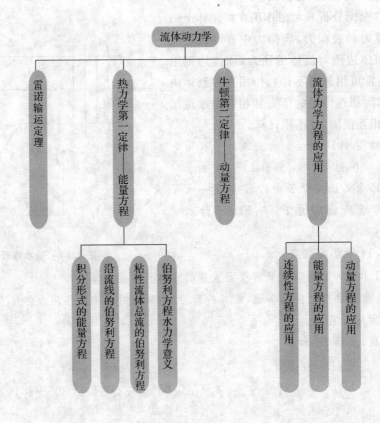

拓展与实训

职业能力训练

一、填空题

1. 不可压缩流体在管道中流动,随着管道断面的增大,速度逐渐_____。

2. 动能修正系数 α 是反映过水断面上实际流速分布不均匀性的系数,流速分布越不均匀,α 值_____,当流速分布比较均匀时,则 α 值接近于_____。

3. 实际流体由于粘性,在流动中总水头线沿程_____,理想流体在流动中的总水头线沿程_____。

4. 伯努利方程 $gz + \dfrac{p}{\rho} + \dfrac{u^2}{2} = c$,对于理想_____流体,在重力作用下作_____流动时,沿着_____时才成立。

5. 皮托管是将流体的_____转化为_____,从而通过测压计测定流体运动速度的仪器。

6. 伯努利方程的一种表现形式为 $z + \dfrac{p}{\rho g} + \dfrac{u^2}{2g} = c$,式中每一项具有长度的量纲,即具有高度的意义。其中 z 称为_____水头,$\dfrac{p}{\rho g}$ 称为_____水头,$\dfrac{u^2}{2g}$ 为_____水头。伯努利方程是单位重量流体沿着流线总的_____的数字表达式。

二、选择题

1. 断面平均流速 v 与断面上每一点的实际流速 u 的关系是(   )。
   A. $v = u$ 　　　　　　　　　　　B. $v < u$
   C. $v > u$ 　　　　　　　　　　　D. $v \leqslant u$ 或 $v \geqslant u$

2. 不可压缩流体流动时,下述论述中正确的为(   )。
   A. 流动总是从压力高处流向压力低处
   B. 流动总是从速度大处流向速度小处
   C. 流动总是从能量高处流向能量低处
   D. 以上三种说法都不正确

3. 在应用定常总流的能量方程时,可选用图 4.15 中的(   )断面,作为计算断面。
   A. 1、2、3、4、5 　　　　B. 1、3、5 　　　　C. 2、4 　　　　D. 2、3、4

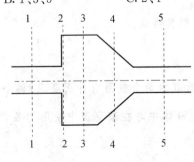

图 4.15　习题 3 示意图

4. 实际流体在等直径管道中流动,如图 4.16 所示,在过水断面上有 1、2、3 点,正确的是( )。

A. $z_1 + \dfrac{p_1}{\rho g} = z_2 + \dfrac{p_2}{\rho g}$

B. $z_1 + \dfrac{p_1}{\rho g} = z_3 + \dfrac{p_3}{\rho g}$

C. $z_2 + \dfrac{p_2}{\rho g} = z_3 + \dfrac{p_3}{\rho g}$

D. $z_1 + \dfrac{p_1}{\rho g} \neq z_2 + \dfrac{p_2}{\rho g} \neq z_3 + \dfrac{p_3}{\rho g}$

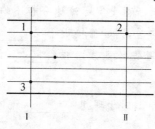

图 4.16　习题 4 示意图

5. 理想流体流经管道突然放大断面时,其测压管水头线( )。

A. 只可能上升

B. 只可能下降

C. 只可能水平

D. 以上三种情况均有可能

6. 设有一定常汇流,如图 4.17 所示,$Q_3 = Q_1 + Q_2$,根据总流伯努利方程式,则有( )。

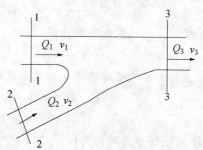

图 4.17　习题 6 示意图

A. $z_1 + \dfrac{p_1}{\rho g} + \dfrac{\alpha_1 v_1^2}{2g} + z_2 + \dfrac{p_2}{\rho g} + \dfrac{\alpha_2 v_2^2}{2g} = z_3 + \dfrac{p_3}{\rho g} + \dfrac{\alpha_3 v_3^2}{2g} + h_{w_{1-3}} + h_{w_{2-3}}$

B. $\rho g Q_1 \left(z_1 + \dfrac{p_1}{\rho g} + \dfrac{\alpha_1 v_1^2}{2g} \right) + \rho g Q_2 \left(z_2 + \dfrac{p_2}{\rho g} + \dfrac{\alpha_2 v_2^2}{2g} \right) = \rho g (Q_1 + Q_2) \left(z_3 + \dfrac{p_3}{\rho g} + \dfrac{\alpha_3 v_3^2}{2g} \right) +$
$\rho g Q_1 h_{w_{1-3}} + \rho g Q_2 h_{w_{2-3}}$

C. 上述两式均不成立,都有错误

D. 上述两式均成立

三、简答题

1. 运用伯努利方程时,所选取的两个截面有什么要求?两个截面间能否存在急变流?

2. 公式 $z + \dfrac{p}{\rho g} = c$ 在静止液体中与在渐变流中使用的条件有什么不同?

四、计算题

1. 如图 4.18 所示,用皮托管原理测量流量,已知输水管直径 $d = 200$ mm,水银压差计读数 $h_p = 50$ mm,若此时断面平均流速 $v = 0.85u_A$,u_A 为皮托管前管轴上未受扰动水流的点 A 流速。求输水管中的体积流量 Q。

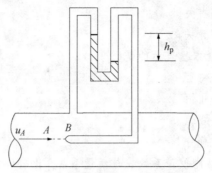

图 4.18 计算题 1 示意图

2. 设计输水量为 300 m³/h 的给水管道,流速限制在 0.9 ~ 1.4 m/s 之间。试确定管径(规定为 50 mm 倍数),并根据所选直径求流速。

3. 连续管系中的 90° 渐缩弯管放在水平面上,管径 $d_1 = 150$ mm,$d_2 = 75$ mm,入口处水的平均流速 $v_1 = 2.5$ m/s,相对压强 $p_{1e} = 6.86 \times 10^4$ Pa。如果不计能量损失,试求支撑弯管在其位置所需的水平力。

✍ 工程模拟训练

1. 关于水流流向问题有一些说法:"水一定由高处流向低处""水是从压强大的地方流向压强小的地方""水是从流速大的地方流向流速小的地方"。这些说法是否正确,什么才是正确的说法?

2. 试说明流体动力学三个基本方程式的适用条件是什么?并举例说明它们在生产实际中的应用。

3. 证明文丘里管测流量时,文丘里管任意角度放置,流量始终不变。

✍ 链接执考

[2005 年度全国勘察设计注册工程师执业资格基础考试试卷(单选题)]

1. 输水管道的直径为 200 mm,输水量为 1 177 kN/H(重量流量),其断面平均流速为( )。

A. 1.06 m/s   B. 2.06 m/s   C. 3.06 m/s   D. 4.06 m/s

2. 有一垂直放置的渐缩管,内径有 $d_1 = 300$ mm 渐缩至 $d_2 = 300$ mm,水从下而上由粗管流入细管,测得水在粗管断面和细管断面的相对压强分别为 98 kPa 和 60 kPa,两段间的垂直距离为 1.5 m,忽略摩擦阻力,则渐缩管通过的流量为( )。

A. 0.125 m³/s   B. 0.25 m³/s   C. 0.5 m³/s   D. 1.0 m³/s

3. 水流过流断面上压强的大小和正负与基准面的选择( )。

A. 有关   B. 无关   C. 大小无关,正负有关 D. 以上均有可能

[2007 年度全国勘察设计注册工程师执业资格基础考试试卷(单选题)]

粘性流体总水头线沿程的变化( )。

A. 沿程下降   B. 沿程上升   C. 保持水平   D. 前三者都有可能

[2008 年度全国勘察设计注册工程师执业资格基础考试试卷(单选题)]

1. 运动流体的压强(　　　)。

A. 与空间位置有关,与方向无关

B. 与空间位置无关,与方向有关

C. 与空间位置和方向都有关

D. 与空间位置和方向都无关

2. 从物理意义上讲,能量方程表示的是(　　　)。

A. 单位重量流体的位能守恒

B. 单位重量流体的动能守恒

C. 单位重量流体的压能守恒

D. 单位重量流体的机械能守恒

3. 在同一管流断面上,动能校正系数 α 与动量系数 β 比较(　　　)。

A. 大于　　　　　　　B. 小于　　　　　　　C. 等于　　　　　　　D. 不确定

[2011 年度全国勘察设计注册工程师执业资格基础考试试卷(单选题)]

1. 对于某一流段,设其上下游两断面 1—1、2—2 的断面面积分别为 A_1、A_2,断面流速分别为 v_1、v_2,两断面上任一点相对于选定基准面的高程分别为 Z_1、Z_2,相应断面同一选定点的压强分别为 p_1、p_2,两断面处的流体密度分别为 ρ_1、ρ_2,流体为不可压缩流体,两断面间的水头损失为 $h_{w_{1-2}}$,则下列方程一定错误的是(　　　)。

A. 连续性方程 $v_1 A_1 = v_2 A_2$

B. 连续性方程 $\rho_1 v_1 A_1 = \rho_2 v_2 A_2$

C. 恒定总流能量方程 $\dfrac{v_1^2}{2g} + Z_1 + \dfrac{p_1}{\rho_1 g} = \dfrac{v_2^2}{2g} + Z_2 + \dfrac{p_2}{\rho_2 g}$

D. 恒定总流能量方程 $\dfrac{v_1^2}{2g} + Z_1 + \dfrac{p_1}{\rho_1 g} = \dfrac{v_2^2}{2g} + Z_2 + \dfrac{p_2}{\rho_2 g} + h_{w_{1-2}}$

2. 对于某一段管路中不可压流体的流动,取三个管径不同的断面,其管径分别为 $d_1 = 150$ mm,$d_2 = 100$ mm,$d_3 = 200$ mm,则三个断面流体流速的比值为(　　　)。

A. $16 : 36 : 9$　　　　　B. $9 : 25 : 16$　　　　　C. $9 : 36 : 16$　　　　　D. $16 : 25 : 9$

[2013 年度全国勘察设计注册工程师执业资格基础考试试卷(单选题)]

一水平放置的恒定变径圆管流,若断面面积 $A_1 > A_2$,忽略水头损失,则(　　　)。

A. $p_1 > p_2$　　　　　B. $p_1 < p_2$　　　　　C. $p_1 = p_2$　　　　　D. 不确定

模块 5

量纲分析和相似原理

【模块概述】

通过前面几章中我们讨论了解决流体动力学问题的基本方法，即微分方程法和积分方程法。但是工程实际中的流体动力学问题通常是十分复杂的，能够用数学分析方法求解出的严谨的答案是很有限的，很多的问题只能采用实验的方法，或者把实验作为辅助的方法，结合数学分析来求解。

实验可分成两类，即直接实验和模型试验。直接实验就是在所研究的对象即原型上直接进行实验，这种方法具有很大的局限性，只能得出个别量之间的规律性关系，难于抓住现象的全部本质。

模型试验即模化实验克服了直接实验的缺点，根据相似原理，按一定原则把流动实物原型缩小或放大，或者把复杂的、苛刻的工况条件转化为简单的实验条件，或者更换流体介质，把易燃、易爆、有毒、昂贵的流体介质更换为空气或水，制成模型试验台，在模型试验台上测定流动参数，找出模型中流体的流动规律，然后将这些规律推广应用到与模型相似的各种实际设备上去。这一过程称为模型试验研究过程，其方法称为模型试验方法。用模型试验方法解决流体力学问题所依据的基本理论和方法是量纲分析和相似原理，这对于一个自然科学工作者来说是十分必要的。

【知识目标】

1. 量纲、量纲分析的概念和原理。
2. 量纲分析法有两种：瑞利法和布金汉 π 定理。
3. 原型与模型的相似原理。
4. 原型与模型的相似准则。
5. 模型试验。

【技能目标】

1. 了解量纲的分类的基本理论。
2. 熟练地掌握量纲分析方法中的瑞利法和 π 定理。
3. 掌握相似条件、相似律的选择。
4. 掌握雷诺阻力准则、弗劳德重力准则和柯西弹性力准则，了解其他相似准则。
5. 了解模型设计的基本理论。

【学习重点】

量纲分析方法中的瑞利法和 π 定理、相似条件、相似准则。

【课时建议】

6～8 课时

5.1 量纲分析概念和原理

5.1.1 物理量的单位和量纲

1. 单位及单位系统

度量物理量要有单位，如时间 t 的单位有 s，min，h，…，长度 l 的单位有 mm，cm，m，…。单位分为基本单位和导出单位。在一般流体力学问题中时间、长度、质量和温度的单位为基本单位，它们构成一个基本单位系统，例如在国际单位制中选用的 kg，m，s，K 为一种基本单位系统。其余物理量的单位均是导出单位。

2. 量纲

量纲是物理量的类别和本质属性。用基本单位系统来表示物理量单位的式子称为该物理量的量纲，用 [ ] 或可用该物理量的大写字母表示。如时间的量纲为 [t] 或 T，长度的量纲为 [l] 或 L，质量的量纲为 [m] 或 M，温度的量纲为 [T] 或 θ，速度的量纲为 [l] [t]$^{-1}$ 或 LT^{-1}，力的量纲为 [m] [l] [t]$^{-2}$ 或 MLT^{-2}。取那些不存在任何联系的性质不同的量纲作为基本量纲，而把那些可以由基本量纲导出的量纲作为导出量纲。

综合以上各量纲式，不难看出，某一物理量 q 的量纲 [q] 都可用三个基本量纲的指数乘积形式表示，即

$$[q] = [M]^{\alpha} [L]^{\beta} [T]^{\gamma} \tag{5.1}$$

式（5.1）称为量纲公式。物理量 q 的性质由量纲指数 α、β、γ 决定。

例如，若取 [t]、[l] 作为基本量纲，则 [w] = [l] [t]$^{-1}$ 为导出量纲；反之，若取 [l]，[w] 作为基本量纲，则 [t] = [l] [w]$^{-1}$ 为导出量纲。表 5.1 给出了为了应用方便，根据第一个基本单位的量纲系统将流体力学一般问题中所涉及的各种物理量的量纲列于表 5.1。

表 5.1 各种物理量的量纲

物理量	量纲	物理量	量纲	物理量	量纲
长度	L	速度	LT^{-1}	动量矩	ML^{2}T^{-1}
应力	MLT^{-2}	表面张力	MT^{-2}	惯性矩	ML^2
面积	L^2	角速度	T^{-1}	质量	M
功率	ML^{2}T^{-3}	加速度	LT^{-2}	弹性系数	ML^{-1}T^{-2}
力矩	ML^{2}T^{-2}	时间	T	力	MLT^{-2}
体积	L^3	角加速度	T^{-2}	压强	ML^{-1}T^{-2}
密度	ML^{-3}	线动量	MLT^{-1}	粘性系数	MT^{-1}L^{-1}

5.1.2 无量纲量

当量纲 $[q] = [M]^{\alpha} [L]^{\beta} [T]^{\gamma}$ 指数均为零，即 $\alpha = \beta = \gamma = 0$，则 $[q] = [M]^0 [L]^0 [T]^0 = 1$，该物理量是无量纲量也称为无量纲数。量纲具有数值的特性，它可以通过两个量纲相同的物理量相除得到，如线应变 $\varepsilon = \dfrac{\Delta l}{l}$，$[\varepsilon] = [L] / [L] = 1$。也可由几个量纲不同的物理量通过乘除组合得到，例如有压管流，由断面平均流速 v、管道直径 d，流体运动粘度 ν 组合为

$$[Re] = \left[\frac{vR}{\nu}\right] = \frac{([L][T]^{-1})\,[L]}{[L]^2[T]^{-1}} = 1$$

Re 是由 3 个有量纲乘除组合得到的无量纲量,称为雷诺(Reynolds Number)数。

依据无量纲数的定义和构成,可归纳出无量纲量具有以下特点:

1. 客观性

正如前面指出,凡有量纲的物理量,都有单位。同一物理量,因选取的度量单位不同,数值也不同。如果用有量纲量作过程的自变量,计算出的因变量数值,将随自变量选取单位的不同而不同。因此,要使运动方程式的计算结果不受人主观选取单位的影响,就需要把方程中各项物理量组合成无量纲项。从这个意义上说,真正客观的方程式应是由无量纲项组成的方程式。

2. 不受运动规律的影响

既然无量纲量是常数,数值大小与度量单位无关,也不受运动规律的影响。规模大小不同的流体,如两者是相似的流动,则相应的无量纲数相同。在模型实验中,常用同一个无量纲数(如雷诺数 Re 等)作为模型和原型流动相似的判据。

3. 可进行超越函数运算

由于有量纲量只能做简单的代数运算,做对数、指数、三角函数等超越函数的运算是没有意义的。只有无量纲化才能进行超越函数运算,如气体等温压缩计算式:

$$W = p_1 V_1 ln\left(\frac{V_2}{V_1}\right)$$

其中压缩后与压缩前的体积比 $\frac{V_2}{V_1}$ 成无量纲项,才能进行对数运算。

5.1.3 物理方程的量纲一致性

量纲和谐原理是量纲分析的基础原理。凡正确反映客观规律的物理方程,其各项的量纲一定是一致的,这称为量纲一致性(或量纲和谐原理,或齐次性)。即只有两个同类型的物理量才能相加减,但不同类型的物理量可以相乘除,从而得到另一诱导量纲的物理量。这是被无数事实证实了的客观原理。下面以流体力学中方程式来论证量纲的一致性。

粘性流体运动微分方程式在 x 方向的公式为

$$X - \frac{1}{\rho}\frac{\partial p}{\partial x} + \nu \nabla^2 u_x = \frac{\partial u_x}{\partial t} + u_x \frac{\partial u_x}{\partial x} + u_y \frac{\partial u_x}{\partial y} + u_z \frac{\partial u_x}{\partial z}$$

式中各项的量纲一致,都是 $[L][T]^{-2}$,量纲是一致的。

粘性流体总流的伯努力方程式为

$$z_1 + \frac{p_1}{\rho g} + \frac{\alpha_1 v_1^2}{2g} = z_2 + \frac{p_2}{\rho g} + \frac{\alpha_2 v_2^2}{2g} + h_w$$

式中每一项的量纲皆为 $[L]$,也是符合量纲一致性的。

从量纲一致性可得出:

(1)凡正确反映客观规律的物理方程,一定能表示成由无量项组成的无量纲方程。因为方程中各项的量纲相同,只需用其中的一项遍除各项,便得到一个由无量纲项组成的无量纲式,仍保持原方程的性质。

(2)量纲和谐原理规定了一个物理过程中有关物理量之间的关系。量纲分析法就是根据这一原理发展起来的,它是 20 世纪初在力学上的重要发现之一。

5.2 量纲分析方法

量纲分析法是根据物理方程的量纲一致性原理，探求与流动有关的物理量之间的函数关系，从而建立结构合理的物理、力学方程式。量纲分析法有两种：一种称瑞利（Rayleigh）法，用于比较简单的问题；另一种称布金汗（Buckingham，1867—1940）π 定理，是一种具有普遍性的方法。

5.2.1 瑞利法

瑞利法的基本原理是某一物理过程同几个物理量有关：

$$f(q_1, q_2, q_3, \cdots, q_n) = 0$$

其中的某个物理量 q_i 可表示为其他物理量的指数乘积：

$$q_i = K q_1{}^a q_2{}^b \cdots q_{n-1}{}^p \tag{5.2}$$

写出量纲式

$$[q_i] = [q_1]^a [q_2]^b \cdots [q_{n-1}]^p$$

将量纲式中各物理量的量纲按式（5.1）表示为基本量纲的指数乘积形式，并根据量纲和谐原理，确定指数 a，b，$\cdots$，p，就可得出表达该物理过程的方程式。

下面通过例题说明瑞利法的应用步骤。

【例 5.1】 由实验观察得知，矩形量水堰的过堰流量 Q 与堰上水头 H_0、堰宽 b、重力加速度 g 等物理量之间存在着以下关系：

$$Q = k b^a g^b H_0^c$$

式中比例系数 k 为一纯数，试用量纲分式法确定堰流流量公式的结构形式。

解 （1）找出同过堰流量 Q 有关的物理量，$Q(b, g, H_0) = 0$。

（2）写出指数乘积关系式 $Q = k b^a g^b H_0^c$。

（3）由量纲一致性原理易知其量纲关系式为

$$[L^3 T^{-1}] = [L]^a [LT^{-2}]^b [L]^c = [L]^{a+b+c} [T]^{-2b}$$

（4）由方程两边各物理量量纲的指数关系可得

$$[L]: 3 = a + b$$

$$[T]: -1 = -2b$$

得 $b = 0.5$，$a + b = 2.5$，根据实验测得过堰流量 Q 与堰宽 b 的一次方成正比，即 $a = 1$，从而可得 $c = \dfrac{3}{2}$，令 $m = \dfrac{k}{\sqrt{2}}$。

（5）整理方程式：$Q = mb\sqrt{2g} H_0^{3/2}$。

【例 5.2】 求圆管层流的流量关系式。

解 圆管层流运动将在下一章详述，这里仅作为量纲分析的方法来讨论。

（1）找出影响圆管层流流量的物理量，包括管段两端的压强差 Δp、管段长 l、半径 r_0、流体的粘度 μ。根据经验和已有实验资料的分析，得知流量 Q 与压强差 Δp 成正比，与管段长 l 成反比。因此，可将 Δp、l 归并为一项 $\dfrac{\Delta p}{l}$，得到

$$f\left(Q, \frac{\Delta p}{l}, r_0, \mu\right) = 0$$

（2）写出指数乘积关系式：

$$Q = K\left(\frac{\Delta p}{l}\right)^a (r_0)^b (\mu)^c$$

（3）写出量纲式：

$$[Q] = \left(\frac{[\Delta p]}{[l]}\right)^a [r_0]^b [\mu]^c$$

（4）按式（5.1），以基本量纲（[M]、[L]、[T]）表示各物理量量纲

$$[L]^3[T]^{-1} = ([M][L]^{-2}[T]^{-2})^a ([L])^b ([M][L]^{-1}[T]^{-1})^c$$

（5）根据量纲和谐求量纲指数

$$[M]: 0 = a + c$$
$$[L]: 3 = -2a + b - c$$
$$[T]: -1 = -2a - c$$

得 $a = 1$，$b = 4$，$c = -1$。

（6）整理方程式：

$$Q = K\left(\frac{\Delta p}{l}\right) r_0^4 \mu^{-1} = K\frac{\Delta p r_0^4}{l\mu}$$

系数 K 由实验确定，$K = \frac{\pi}{8}$，则

$$Q = \frac{\pi}{8}\frac{\Delta p r_0^4}{l\mu} = \frac{\rho g J}{8\mu}\pi r_0^4$$

其中

$$J = \frac{\frac{\Delta p}{\rho g}}{l}$$

由以上例题可以看出，用瑞利法求方程，在有关物理量不超过 4 个，待求的量纲指数不超过 3 个时，可直接根据量纲和谐条件，求出各量纲指数，建立方程，如例 5.1。当有关物理量超过 4 个时，则需要归并有关物理量或选待定系数，以求得量纲指数，如例 5.2。

5.2.2 π 定理

π 定理是量纲分析更为普遍的原理，由美国物理学家布金汗提出，又称为布金汗定理。π 定理指出，若某一物理过程包含 n 个物理量，即

$$f(q_1, q_2, \cdots, q_n) = 0$$

其中有 m 个基本量（量纲独立，不能相互导出的物理量），则该物理过程可由 n 个物理量，构成的（$n-m$）个无量纲项所表达的关系式来描述，即

$$F(\pi_1, \pi_2, \cdots, \pi_{n-1}) = 0 \tag{5.3}$$

由于无量纲项用 π 表示，π 定理由此得名。π 定理可用数学方法证明，这里从略。

π 定理的应用步骤如下：

（1）找出物理过程有关的物理量：$f(q_1, q_2, \cdots, q_n) = 0$

（2）从 n 个物理量中选取 m 个基本量，不可压缩流体运动，一般取 $m = 3$。设 q_1、q_2、q_3 为所选基本量，由量纲公式（5.1）

$$[q_1] = [M]^{\alpha_1}[L]^{\beta_1}[T]^{\gamma_1}$$
$$[q_2] = [M]^{\alpha_2}[L]^{\beta_2}[T]^{\gamma_2}$$
$$[q_3] = [M]^{\alpha_3}[L]^{\beta_3}[T]^{\gamma_3}$$

满足基本量量纲独立的条件是量纲式中的指数行列式不等于零，即

$$\begin{vmatrix} \alpha_1 & \beta_1 & \gamma_1 \\ \alpha_2 & \beta_2 & \gamma_2 \\ \alpha_3 & \beta_3 & \gamma_3 \end{vmatrix} \neq 0$$

对于不可压缩流体运动，通常选取速度 υ——q_1、密度 ρ——q_2、特征长度 l——q_3 为基本量。

（3）基本量依次与其余物理量组成 π 项

$$\pi_1 = \frac{q_4}{q_1{}^{a_1} q_2{}^{b_1} q_3{}^{c_1}}$$

$$\pi_2 = \frac{q_5}{q_1{}^{a_2} q_2{}^{b_2} q_3{}^{c_2}}$$

$$\vdots$$

$$\pi_{n-3} = \frac{q_n}{q_1{}^{a_{n-3}} q_2{}^{b_{n-3}} q_3{}^{c_{n-3}}}$$

（4）满足 π 为无量纲项，定出各 π 项基本量的指数 a，b，c。

（5）整理方程式。

【例 5.3】 薄壁圆形孔口出流公式的推导，有一水箱，侧壁开有圆形薄壁孔口，已知收缩断面上断面平均流速 v_c 与孔口水头 H、孔径 d、重力加速度 g、水的密度 ρ、水的粘滞系数 μ 等因数有关，试通过量纲分析推求流速 v_c 的表达式。

解 （1）由已知条件可将孔口收缩断面上平均流速公式写成下面的一般函数式：

$$v_c = f(H, \rho, g, d, \mu)$$

（2）选择 H、ρ、g 三个物理量作为基本物理量，则该式可用 3 个无量纲数组成的关系式来表达。

（3）这些无量纲数（π）为

$$\pi_1 = \frac{v_c}{H^{x_1} \rho^{y_1} g^{z_1}}$$

$$\pi_2 = \frac{v_c}{H^{x_2} \rho^{y_2} g^{z_2}}$$

$$\pi_3 = \frac{v_c}{H^{x_3} \rho^{y_3} g^{z_3}}$$

（4）决定各 π 的指数，根据量纲一致性

$$\pi_1 : [v_c] = [H]^{x_1} [\rho]^{y_1} [g]^{z_1}$$

$$\left[\frac{L}{T}\right] = [L]^{x_1} \left[\frac{M}{L^3}\right]^{y_1} \left[\frac{L}{T^2}\right]^{z_1}$$

得 $x_1 = \frac{1}{2}$，$y_1 = 0$，$z_1 = \frac{1}{2}$，则

$$\pi_1 = \frac{v_c}{\sqrt{gH}}$$

$$\pi_2 : [d] = [H]^{x_2} [\rho]^{y_2} [g]^{z_2}$$

$$[L] = [L]^{x_2} \left[\frac{M}{L^3}\right]^{y_2} \left[\frac{L}{T^2}\right]^{z_2}$$

得 $x_2 = 1$，$y_2 = 0$，$z_2 = 0$，则 $\pi_2 = \dfrac{d}{H}$。

$$\pi_3 : [\mu] = [H]^{x_3} [\rho]^{y_3} [g]^{z_3}$$

$$[ML^{-1}T^{-1}] = [L]^{x_3} \left[\frac{M}{L^3}\right]^{y_3} \left[\frac{L}{T^2}\right]^{z_3}$$

得 $x_3 = \dfrac{3}{2}$，$y_3 = 1$，$z_3 = \dfrac{1}{2}$，则 $\pi_3 = \dfrac{v}{H\sqrt{gH}}$。

（5）整理方程式：

$$\frac{v_c}{\sqrt{gH}} = f\left(\frac{d}{H}, \frac{v}{H\sqrt{gH}}\right)$$

令

$$\varphi = \frac{1}{\sqrt{2}} f\left(\frac{d}{H}, \frac{v}{H\sqrt{gH}}\right)$$

则

$$v_c = \varphi\sqrt{2gH}$$

必须指出的是量纲分析并没有给出流动问题的最终解，它只提供了这个解的基本结构，函数的数值关系还有待于实验确定。另外一点就是在应用量纲分析法时，如何正确选定所有影响因素是一个至关重要的问题。如果选进了不必要的参数，那么人为地使研究复杂化；如果漏选了不能忽略的影响因素，无论量纲分析运用得多么正确，所得到的物理方程也是错误的。所以，量纲分析的正确使用尚依赖于研究人员对所研究的流动现象透彻和全面的了解。

5.3　流动相似原理

流体力学的研究和工程应用离不开实验，建立数学物理模型和验证理论需要实验，许多问题到目前为止还只能由实验来得出数据和结论。所以实验是非常重要的。如前所述，实验分直接实验和模型实验两种。实际上大多数实验都是在模型上进行的。

为了使模化实验结果能与原型实验相比较，并能利用它的数据推算到原型实验，必须保证模化实验与原型实验物理相似。所谓物理相似就是两个物理现象在对应点上，所有的无量纲特征量都相等或者说对应的特征量的比值处处相等。物理相似的含意包括了几何相似、运动学相似和动力学相似，它可看作几何相似概念的推广。

5.3.1　几何相似

几何相似是指原型与模型的外形相似，其各对应角相等，而且对应部分的线尺寸均成一定比例，对应角相等。以角标 p 表示原型（prototype），m 表示模型（model）。

如以 l 表示某一线性尺度，线性尺寸成比例：

$$\lambda_l = \frac{l_p}{l_m} = \frac{d_p}{d_m} \tag{5.4}$$

由此推出其他有关几何量的比尺，例如面积比尺和体积比尺：

$$\lambda_A = \frac{A_p}{A_m} = \frac{l_p^2}{l_m^2} = \lambda_l^2$$

$$\lambda_v = \frac{V_p}{V_m} = \frac{l_p^3}{l_m^3} = \lambda_l^3$$

可知，几何相似是通过长度比尺 λ_l 来表示的。只要任一对应长度都维持固定的比尺关系 λ_l 就保证了流动的几何相似。

5.3.2　运动相似

运动相似是指原型与模型两个流动的流速场和加速度场相似。要求两个流场中所有对应的速度和加速度的方向对应一致，大小都维持固定的比例关系。

速度比尺

$$\lambda_u = \frac{u_p}{u_m} \tag{5.5}$$

时间比尺

$$\lambda_t = \frac{t_p}{t_m}$$

则

$$\lambda_u = \frac{u_p}{u_m} = \frac{\frac{l_p}{t_p}}{\frac{l_m}{t_m}} = \frac{\lambda_l}{\lambda_t}$$

加速度比尺

$$\lambda_a = \frac{a_p}{a_m} = \frac{\frac{l_p}{t_p^2}}{\frac{l_m}{t_m^2}} = \frac{l_p}{l_m} \left(\frac{t_p}{t_m}\right)^{-2} = \lambda_l \lambda_t^{-2} \tag{5.6}$$

由于各相应点速度成比例，所以相应断面平均流速有同样的速度比尺，即

$$\lambda_v = \frac{v_p}{v_m} = \lambda_u \tag{5.7}$$

由上可知，运动相似是通过长度比尺 λ_l 和时间比尺 λ_t 来表示的。长度比尺已由几何相似定出。因此，运动相似就规定了时间比尺，只要对任一对应点的流速和加速度都维持固定的比尺关系，也就是固定了长度比尺 λ_l 和时间比尺 λ_t，就保证了运动相似。

5.3.3 动力相似

动力相似是指原型与模型两个流动的力场几何相似。要求两个流场中所有对应点的各种作用力的方向对应一致，大小都维持固定比例关系。即

$$\lambda_f = \frac{F_p}{F_p} \tag{5.8}$$

式中　p，m——原型和模型。

5.3.4 初始条件和边界条件相似

初始条件，适用于非恒定流。

边界条件，有几何、运动和动力三个方面的因素。如固体边界上的法线流速为零，自由液面上的压强为大气压强等。

所谓初始条件和边界条件相似是指原型及模型均满足上述条件。

5.4　相似准则

前面讨论了流动相似的基本理论，几何相似、运动相似、动力相似以及初始条件和边界条件的相似这些条件。一般来说几何相似是运动相似和动力相似的前提与依据；动力相似是决定两个流体运动相似的主导因素；运动相似是几何相似和动力相似的表现；凡流动相似的流动，必是几何相似、运动相似和动力相似的流动，相似原理是进行水力学模型试验的基础，它是指实现流动相似所必须遵循的基本关系和准则。在模型实验中，只要使其中起主导作用外力满足相似条件，就能够基本上反映出流体的运动状态。

设作用在液体上外力合力 F，液体质量 m，产生的加速度为 a，惯性力为 $-F = -ma$，则力的比尺为

$$\lambda_f = \frac{F_p}{F_m} = \frac{\rho_p V_p a_p}{\rho_m V_m a_m} = \lambda_\rho \lambda_v \lambda_a$$

因为

$$\lambda_v = \lambda_l^3, \quad \lambda_a = \lambda_l \lambda_t^{-2}$$

则

$$\lambda_f = \lambda_\rho \lambda_l^3 \lambda_l \lambda_t^{-2} = \lambda_\rho \lambda_l^2 \left(\frac{\lambda_l}{\lambda_t}\right)^2 = \lambda_\rho \lambda_l^2 \lambda_v^2$$

即

$$\frac{F_p}{F_m} = \frac{\rho_p l_p^2 v_p^2}{\rho_m l_m^2 v_m^2}$$

上式可写成

$$\frac{F_p}{\rho_p l_p^2 v_p^2} = \frac{F_m}{\rho_m l_m^2 v_m^2}$$

在相似原理中称为牛顿数 Ne，即

$$Ne = \frac{F}{\rho l^2 v^2} \tag{5.9}$$

用牛顿数表示为

$$(Ne)_p = (Ne)_m \tag{5.10}$$

上式说明，两个流动动力相似，它们的牛顿数相等；反之两个流动的牛顿数相等，则两个流动动力相似。

在相似原理中，两个动力相似流动中的无量纲数，如牛顿数，称为相似准数。动力相似条件（相似准数相等）称为相似准则。

下面分别介绍一些只考虑主要作用力的相似准则。

5.4.1 雷诺准则

作用在流体上的力主要是粘性力。根据牛顿内摩擦定律，粘性力：

$$T = \mu A \frac{\mathrm{d}u}{\mathrm{d}y} = \rho \nu A \frac{\mathrm{d}u}{\mathrm{d}y}$$

粘性力比尺

$$\lambda_T = \frac{T_p}{T_m} = \frac{\rho_p \nu_p A_p \dfrac{\mathrm{d}u_p}{\mathrm{d}y_p}}{\rho_m \nu_m A_m \dfrac{\mathrm{d}u_m}{\mathrm{d}y_m}} = \lambda_\rho \lambda_\nu \lambda_l \lambda_v$$

由于作用力仅考虑粘性力，$F = T$，即 $\lambda_f = \lambda_T$，于是

$$\lambda_\rho \lambda_l^2 \lambda_v^2 = \lambda_\rho \lambda_\nu \lambda_l \lambda_v$$

化简后

$$\frac{\lambda_l \lambda_v}{\lambda_\nu} = 1 \tag{5.11}$$

或者

$$\frac{v_p l_p}{\nu_p} = \frac{v_m l_m}{\nu_m} \tag{5.12}$$

其中无量纲数雷诺数，以 Re 表示

$$Re = \frac{v l}{\nu} \tag{5.13}$$

所以表示惯性力与粘滞力之比，用雷诺数表示为

$$(Re)_p = (Re)_m \tag{5.14}$$

上式说明，若作用在流体上的力主要是粘性力时，两个流动动力相似，它们的雷诺数应相等。反之，两个流动的雷诺数相等，则这两个流动一定是在粘性力作用下动力相似。

5.4.2 弗劳德准则

作用在流体上的力主要是重力，即重力

$$G = mg = \rho V G$$

重力比尺

$$\lambda_G = \frac{G_p}{G_m} = \frac{\rho_p V_p g_p}{\rho_m V_m g_m} = \lambda_\rho \lambda_g \lambda_l^3$$

由于作用力 F 中仅考虑重力 G，因而 $F=G$，即 $\lambda_f=\lambda_G$，于是

$$\lambda_\rho\lambda_l^2\lambda_v^2=\lambda_\rho\lambda_g\lambda_l^3$$

化简得

$$\frac{\lambda_v^2}{\lambda_g\lambda_l}=1 \tag{5.15}$$

或

$$\frac{v_p^2}{g_p l_p}=\frac{v_m^2}{g_m l_m} \tag{5.16}$$

其中无量纲数弗劳德数（Froude Number）以 Fr 表示，即

$$Fr=\frac{v^2}{gl} \tag{5.17}$$

所以惯性力与重力的对比关系，用弗劳德数表示为

$$(Fr)_p=(Fr)_m \tag{5.18}$$

上式说明，若作用在流体上主要是重力，两个流动动力相似，它们的弗劳德数相等，反之，两个流动的弗劳德数相等，则这两个流动一定是在重力作用下动力相似。

5.4.3　欧拉准则

作用在流体上的力主要是压力 P，即压力

$$P=pA$$

压力比尺

$$\lambda_p=\frac{P_p}{P_m}=\frac{p_p A_p}{p_m A_m}=\lambda_p\lambda_l^2$$

由于作用力 F 中仅考虑压力 P，因而 $F=P$，即 $\lambda_f=\lambda_p$，于是

$$\lambda_p\lambda_l^2\lambda_v^2=\lambda_p\lambda_l^2$$

化简得

$$\frac{\lambda_p}{\lambda_\rho\lambda_v^2}=1 \tag{5.19}$$

或

$$\frac{p_p}{\rho_p v_p^2}=\frac{p_m}{\rho_m v_m^2} \tag{5.20}$$

其中无量纲数欧拉数（Euler Number）以 Eu 表示。

$$Eu=\frac{p}{\rho v^2} \tag{5.21}$$

所以惯性力与压力的对比关系，用欧拉数表示为

$$(Eu)_p=(Eu)_m \tag{5.22}$$

上式说明，若作用在流体上的力主要是压力，两个流动动力相似，则它们的欧拉数应相等。反之，两个流动的欧拉数相等，则这两个流动一定是在压力作用下动力相似。

5.4.4　常用的相似准则的物理意义

令物体特征长度为 l，流体特征速度为 w，特征压力为 p，特征密度为 ρ，特征温度为 T，特征声速为 a，特征动力粘度为 μ，特征热传导系数为 λ，定压比热（常比热）为 C_p，重力加速度为 g，流体运动特征频率为 f，单位时间单位面积壁面放热为 q_w，壁面温度为 T_w，则流体力学中常用的几个相似准则及其物理意义如下。

（1）雷诺数（考虑粘性影响）：

$$\frac{惯性力}{粘性力}\sim\frac{wl\rho}{\mu}=Re \tag{5.23}$$

（2）欧拉数（考虑压力影响）：

$$\frac{压力}{惯性力}\sim\frac{p}{\rho w^2}=Eu \tag{5.24}$$

（3）马赫数（考虑压缩性影响）：

$$\frac{流体速度}{当地音速}\sim\frac{w}{\sqrt{p/\rho}}=Ma \tag{5.25}$$

（4）弗劳德数（具有自由面时考虑重力影响）：

$$\frac{惯性力}{重力}\sim\frac{w^2}{gl}=Fr \tag{5.26}$$

（5）斯特劳哈尔数（考虑具有特征频率的周期运动影响）：

$$\frac{当地惯性力}{迁移惯性力}\sim\frac{fl}{w}=St \tag{5.27}$$

（6）普朗特数：

$$\frac{对流热}{传导热}\sim\frac{\mu C_p}{\lambda}=Pr \tag{5.28}$$

（7）埃克特数：

$$\frac{粘性耗散热}{对流热}\sim\frac{w^2}{C_p\,(T_w-T)}=Ec \tag{5.29}$$

（8）努塞尔数：

$$\frac{固体壁面放热}{流体表面传导热}\sim\frac{q_w l}{\lambda\,(T_w-T)}=Nu \tag{5.30}$$

由此可见，量纲分析能够帮我们得到流动的相似准数，又可以将模型实验的数据和结论转换到原型上去。

5.5 流体力学模型试验

模型的设计，首先要解决模型与原型各种比尺的选择问题，即所谓模型律的问题。

5.5.1 模型律的选择

在进行模型设计时，根据原型的物理量确定模型的量值，这就是模型律的选择，模型律的选择应依据相似准则来确定。

现在仅考虑粘性力与重力同时满足相似。由雷诺准则

$$\frac{\lambda_l\lambda_v}{\lambda_v}=1$$

则

$$\lambda_v=\frac{\lambda_v}{\lambda_l} \tag{5.31}$$

由弗劳德准则

$$\frac{\lambda_v^2}{\lambda_g\lambda_l}=1$$

通常 $\lambda_g=1$，则上式为

$$\lambda_v=\sqrt{\lambda_l} \tag{5.32}$$

要同时满足雷诺准则和弗劳德准则两个条件，式（5.31）和式（5.32）相等，即得

$$\lambda_v=\lambda_l^{3/2} \tag{5.33}$$

要实现两流动相似，一是模型的流速应为原型流速的 $1/\sqrt{\lambda_l}$ 倍，二是必须按 $\lambda_v=\lambda_l^{3/2}$ 来选择运动粘度的比值，但通常这后一条件难于实现。

若模型与原型采用同一种介质，即 $\lambda_l = 1$，根据粘性力和重力的相似，由式（5.31）和式（5.32），有如下的条件：

$$\lambda_v = \frac{1}{\lambda_l}, \quad \lambda_v = \sqrt{\lambda_l}$$

显然，要同时满足以上两个条件，则 $\lambda_l = 1$，即模型不能缩小，失去了模型实验的价值。

从上述分析可见，一般情况下同时满足两个或两个以上作用力相似是难以实现的。

5.5.2 模型设计

进行模型设计，通常是先根据实验场地，模型制作和量测条件，定出长度比尺 λ_l，再以选定的比尺 λ_l 缩小原型的几何尺寸，得出模型区的几何边界；根据对流动受力情况的分析，满足对流动起主要作用的力相似，选择模型律；最后按所选用的相似准则，确定流速比尺及模型的流量。例如：

雷诺准则

$$\frac{\upsilon l}{\nu} = \frac{\upsilon_m l_m}{\nu_m}, \quad 如 \ \nu = \nu_m$$

$$\frac{\upsilon}{\upsilon_m} = \frac{l_m}{l} = \lambda_l^{-1} \tag{5.34}$$

弗劳德准则

$$\frac{\upsilon}{\sqrt{gl}} = \frac{\upsilon_m}{\sqrt{g_m l_m}}, \quad 如 \ g = g_m$$

$$\frac{\upsilon}{\upsilon_m} = \left(\frac{l}{l_m}\right)^{\frac{1}{2}} = \lambda_l^{\frac{1}{2}} \tag{5.35}$$

流量比

$$\frac{Q}{Q_m} = \frac{\upsilon A}{\upsilon_m A_m} = \lambda_v \lambda_l^2$$

$$Q_m = \frac{Q}{\lambda_v \lambda_l^2} \tag{5.36}$$

将速度比尺关系式（5.28）（5.29）分别代入上式，得模型流量。

雷诺准则模型

$$Q_m = \frac{Q}{\lambda_l^{-1} \lambda_l^2} = \frac{Q}{\lambda_l} \tag{5.37}$$

弗劳德准则模型

$$Q_m = \frac{Q}{\lambda_l^{\frac{1}{2}} \lambda_l^2} = \frac{Q}{\lambda_l^{2.5}} \tag{5.38}$$

按以上步骤，便可实现原型、模型流动在相应准则控制下的流动相似。

按雷诺准则和弗劳德准则导出各物理量比尺见表5.2。

表 5.2　模型比尺表

名称	比尺			名称	比尺		
	雷诺准则		弗劳德准则		雷诺准则		弗劳德准则
	$\lambda_v = 1$	$\lambda_v \neq 1$			$\lambda_v = 1$	$\lambda_v \neq 1$	
长度比尺 λ_l	λ_l	λ_l	λ_l	力的比尺 λ_F	λ_ρ	$\lambda_v^2 \lambda_\rho$	$\lambda_l^3 \lambda_\rho$
流速比尺 λ_v	λ_l^{-1}	$\lambda_v \lambda_l^{-1}$	$\lambda_l^{\frac{1}{2}}$	压强比尺 λ_ρ	$\lambda_l^{-2} \lambda_\rho$	$\lambda_v^2 \lambda_l^{-2} \lambda_\rho$	$\lambda_l \lambda_\rho$
加速度比尺 λ_a	λ_l^{-3}	$\lambda_v^2 \lambda_l^{-3}$	λ_l^0	功能比尺 λ_W	$\lambda_l \lambda_\rho$	$\lambda_v^2 \lambda_l \lambda_\rho$	$\lambda_l^4 \lambda_\rho$
流量比尺 λ_Q	λ_l	$\lambda_v \lambda_l$	$\lambda_l^{\frac{5}{2}}$	功率比尺 λ_N	$\lambda_l^{-1} \lambda_\rho$	$\lambda_v^3 \lambda_l^{-1} \lambda_\rho$	$\lambda_l^{\frac{7}{2}} \lambda_\rho$
时间比尺 λ_t	λ_l^2	$\lambda_v^{-1} \lambda_l^2$	$\lambda_l^{\frac{1}{2}}$				

【例 5.4】 一桥墩长 $l_p=24$ m，墩宽 $b_p=4.3$ m，水深 $h_p=8.2$ m，河中水流平均流速 $v_p=2.3$ m/s，两桥台的距离 $B_p=90$ m。取 $\lambda_l=50$ 来设计水工模型试验，试求模型各几何尺寸和模型中的平均流速和流量。

解 （1）模型的各几何尺寸由给定的 $\lambda_l=50$ 直接计算

桥墩长

$$l_m/m=\frac{l_p}{\lambda_l}=\frac{24}{50}=0.48$$

桥墩宽

$$b_m/m=\frac{b_p}{\lambda_l}=\frac{4.3}{50}=0.086$$

桥台距离

$$B_m/m=\frac{B_p}{\lambda_l}=\frac{90}{50}=1.80$$

水深

$$h_m/m=\frac{h_p}{\lambda_l}=\frac{8.2}{50}=0.164$$

（2）模型平均流速与流量。

对一般水工建筑物的流动，起主要作用的是重力，所以模型试验只需满足弗劳德准则，即

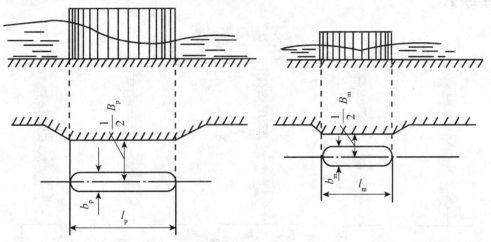

图 5.1 例 5.4 图

$$\frac{\lambda_v^2}{\lambda_g\lambda_l}=1$$

在此 $\lambda_g=1$，则 $\lambda_v=\sqrt{\lambda_l}$，模型的流速为

$$v_m/(m\cdot s^{-1})=\frac{v_p}{\sqrt{\lambda_l}}=\frac{2.3}{\sqrt{50}}=0.325$$

模型流量为

$$\frac{Q_p}{Q_m}=\frac{v_pA_p}{v_mA_m}=\lambda_l^2\frac{v_p}{v_m}$$

所以

$$Q_m/(m^3\cdot s^{-1})=\frac{Q_pv_m}{\lambda_l^2v_p}=\frac{2.3\times(90-4.3)\times8.2\times0.325}{50^2\times2.3}=0.091$$

【例 5.5】 汽车高 $h_p=1.5$ m，最大行速为 108 km/h，拟在风洞中测定其阻力。风洞的最大风速为 45 m/s，问模型的最小高度为多少？若模型中测得阻力为 1.50 kN，试求原型汽车所受的阻力。

解 (1) 求模型的最小高度 h_m。

对于分析气体阻力问题，可按雷诺准则计算。雷诺准则为

$$\frac{\lambda_l \lambda_v}{\lambda_\nu} = 1$$

由于 $\lambda_\nu = 1$，故

$$\lambda_l = \frac{1}{\lambda_v} = \frac{v_m}{v_p}$$

$$h_m / m = \frac{h_p}{\lambda_l} = h_p \frac{v_p}{v_m} = 1.5 \times \frac{108 \times 1\,000}{45 \times 3\,600} = 1$$

(2) 求原型汽车所受的阻力。

由在推导牛顿数得到的力的比尺为

$$\lambda_f = \lambda_\rho \lambda_l^2 \lambda_v^2$$

此处 $\lambda_\rho = 1$，$\lambda_v = \dfrac{1}{\lambda_l}$，则

$$\lambda_f = \lambda_l^2 \lambda_v^2 = \frac{\lambda_l^2}{\lambda_l^2} = 1$$

故 $F_p = F_m = 1.50$ kN。

【重点串联】

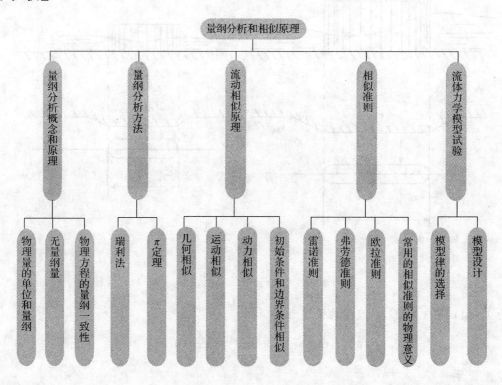

拓展与实训

职业能力训练

1. 何谓量纲？量纲和单位有何不同？

2. 量纲分析方法的理论根据是什么？

3. 怎样运用瑞利法建立物理方程？

4. 怎样运用定理建立物理方程？

5. 几何相似、运动相似、动力相似的含义是什么？

6. 何谓相似准则？模型实验怎样选择相似准则？

7. 各相似准数（Re、Fr、Eu）的物理意义是什么？

工程模拟训练

1. 假设自由落体的下落距离 s 与落体的质量 m、重力加速度 g 及下落时间 t 有关，试用瑞利法导出自由落体下落距离的关系式。

2. 水泵的轴功率 N 与泵轴的转矩 M、角速度 ω 有关，试用瑞利法导出轴功率表达式。

3. 已知文丘里流量计喉管流速 v 与流量计压强差 Δp、主管直径 d_1、喉管直径 d_2 以及流体的密度 ρ 和运动粘度 ν 有关，试用 π 定理确定流速关系式：

$$v=\sqrt{\frac{\Delta P}{\rho}}\Phi\left(Re,\frac{d_2}{d_1}\right)$$

4. 球形固体颗粒在流体中自由沉降速度 u_f 与颗粒直径 d、密度 ρ_s 以及流体的密度 ρ、动力粘度 μ、重力加速度 g 有关，试用 π 定理证明自由沉降速度关系式：

$$u_1=f\ (\rho_s/\rho,\ \rho u_f d/\mu)\ (gd)^{1/2}$$

5. 圆形孔口出流的流速可与作用水头 H、孔口直径 d、水的密度 ρ 和动力粘度 μ、重力加速度 g 有关，试用 π 定理推导孔口流量公式。

6. 如图 5.2 所示为用水管模拟输油管道，已知输油管直径 500 mm，管长 100 m，输油量 0.1 m³/s，油的运动粘度为 150×10^{-6} m²/s。水管直径 25 mm，水的运动粘度为 1.01×10^{-6} m²/s。试求：

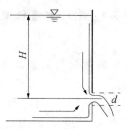

图 5.2　模拟训练题 6 图

（1）模型管道的长度和模型的流量。

（2）如模型上测得的压强差 $(\Delta p/\rho g)_m=2.35$ m 水柱，输油管上的压强差 $(\Delta p/\rho g)_p$ 是多少？（$Q_m=0.034$ L/s）

7. 为研究输水管道上直径 600 mm 阀门的阻力特性，采用直径 300 mm，几何相似的阀门用气流做模型实验。已知输水管道的流量为 0.283 m³/s，水的运动粘度 $\nu = 1 \times 10^{-6}$ m²/s，空气的运动粘度 $\nu = 1.6 \times 10^{-6}$ m²/s，试求模型的气流量。

8. 为研究汽车的空气动力特性，在风洞中进行模型实验。如图 5.3 所示，已知汽车高 $h_p = 1.5$ m，行车速度 $v_p = 108$ km/h，风洞风速 $v_m = 45$ m/s，测得模型车的阻力 $P_m = 14$ kN，试求模型车的高度 h_m 及汽车受到的阻力。

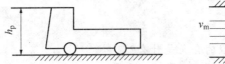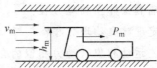

图 5.3 模拟训练题 8 图

9. 为研究风对高层建筑物的影响，在风洞中进行模型实验，当风速为 9 m/s 时，测得迎风面压强为 42 N/m²，背风面压强为 −20 N/m²。试求温度不变，风速增至 12 m/s 时，迎风面和背风面的压强。

10. 贮水池放水模型实验，已知模型长度比尺为 225，开闸后 10 min 水全部放空。试求放空贮水池所需时间。

11. 防浪堤模型实验，长度比尺为 40，测得浪压力为 130 N，试求作用在原型防浪堤上的浪压力。

12. 如图 5.4 所示，溢流坝泄流模型实验，模型长度比尺为 60，溢流坝的泄流量为 500 m³/s。试求：

(1) 模型的泄流量。

(2) 模型的堰上水头 $H_m = 6$ m，原型对应的堰上水头是多少？

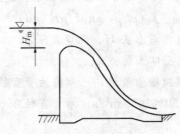

图 5.4 模拟训练题 12 图

链接执考

1. 速度 v、长度 L、重力加速度 g 的无量纲集合是（　　）。（2011 年）

A. lv/g 　　　　　　　　B. $v/(gl)$

C. $l/(gv)$ 　　　　　　　D. $v^2/(gl)$

2. 进行水力模型实验，要实现有压管流的动力相似，应选的相似准则是（　　）。（2012 年）

A. 雷诺准则　　　B. 弗劳德准则　　　C. 欧拉准则　　　D. 其他准则

3. 雷诺数的物理意义表示（　　）。（2010 年）

A. 粘滞力与重力之比　　　　　　　B. 重力与惯性力之比

C. 惯性力与粘滞力之比　　　　　　D. 压力与粘滞力之比

4. 明渠水流模型实验，长度比尺为 4，模型流量应为原型流量的（　　）。（2010 年）

A. 1/2　　　　B. 1/4　　　　C. 1/8　　　　D. 1/32

模块 6

恒定平面势流

【模块概述】

正如绪论所述，因为液体具有粘滞性，切应力在运动的流体中发展。对于一些常见的流体，例如空气和水，粘滞性很小，因此，假设在某些环境下简单地忽略粘滞性（或切应力）的影响是合理的。这种忽略了切应力的流场称为无粘性流体（理想流体）。

在流体运动学中，曾按流体微元有无转动运动，将流体运动分为有势流和有涡流。严格讲，只有无粘性流体（理想流体）的运动才有可能是有势流。因为理想流体没有粘性，作用在流体单元上的力只有重力和压力，不存在切应力，不能传递旋转（转动）运动；它既不能使不旋转的流体微元产生旋转，也不能使已旋转的流体微元停止旋转。因此，对于理想流体，如果部分流场是无旋流，那么在整个流动过程中，就不会有旋转的流体单元在流场中产生。理想流体若从静止状态开始运动，由于在静止时流场中每一条封闭曲线的速度环量等于零，而且没有涡，所以在流动后速度环量仍等于零，且没有涡，这样的流动将是有势流。

日常生活中，很多流动常常被视为有势流，例如地下水的流动（渗流）、边界层外的流体运动、流经闸孔的水流等。目前解决实际流体运动，特别是绕流运动问题的方法之一，是将流场划分为两个区间：一个是紧靠固体边界的粘性起作用的区间；形成粘性流体边界层理论，由专门的边界层理论知识分析；研究后一区间的理论，则是无粘性流体（理想流体）势流理论。势流理论，尤其是平面势流理论，在工程流体力学中有其实用意义。这一章将讨论有势流及其具体解法，范围限于恒定平面势流。

【知识目标】

1. 流函数和速度势的基本概念、表达式及相互关系。
2. 几种常见的简单平面势流。
3. 简单平面势流叠加原理及几种不同类型的叠加势流。

【技能目标】

1. 掌握速度势和流函数的基本性质和相互关系。
2. 掌握均匀直线流、源流和汇流、环流、偶极子等简单平面势流的流函数和速度势。
3. 理解平面势流的叠加原理和方法，了解几种常见的平面叠加势流。

【学习重点】

流函数和速度势的基本概念、特性、表达式及相互关系，几种常见的简单平面势流，平面势流叠加原理。

【课时建议】

4～6课时

　　水流以 5 m/s 的速度沿平面运动，一水泵通过该平面的一条细缝抽水。抽水流量为 0.1 m³/(s·m)。假设水流为不可压缩无粘性流体，流场中的驻点位于点 A，确定驻点的流线方程，水深 H 为多少时的流体不能被吸入到细缝中？

　　通过上面例子你明白什么是驻点的概念？流线的方程如何确定？流线方程遵循什么样的规律？如何将此水力学现象用数学表达式表示？

6.1 速度势

无旋流体的速度梯度有如下关系：

$$\frac{\partial v}{\partial x} = \frac{\partial u}{\partial y} \tag{6.1}$$

$$\frac{\partial w}{\partial y} = \frac{\partial v}{\partial z} \tag{6.2}$$

$$\frac{\partial u}{\partial z} = \frac{\partial w}{\partial x} \tag{6.3}$$

在无旋流体中，各方向速度分量可由一个标量函数 $\varphi(x, y, z, t)$ 的梯度表示成如下形式：

$$u = \frac{\partial \varphi}{\partial x}, \ v = \frac{\partial \varphi}{\partial y}, \ w = \frac{\partial \varphi}{\partial z} \tag{6.4}$$

　　式中 φ 称为速度势，将式（6.4）中的各项带入公式（6.1）、（6.2）和（6.3）可以证明公式（6.4）定义的流场为无旋流。公式（6.4）可表示成如下矢量形式：

$$\boldsymbol{V} = \nabla \varphi \tag{6.5}$$

　　无旋流的流场可以用速度势来表示，然而质量守恒定律可以用流线函数表示。一般的三维流动可以用速度势来定义；反之，二维流也可以用流线函数来表示。

　　不可压缩流体质量守恒定律表示如下：

$$\nabla \cdot \boldsymbol{V} = 0 \tag{6.6}$$

　　那么，不可压缩无旋流可表示为

$$\nabla^2 \varphi = 0 \tag{6.7}$$

　　式中 $\nabla^2(\ ) = \nabla \cdot \nabla(\ )$ 为 Laplacian 算子，用笛卡儿坐标系表示为

$$\frac{\partial^2 \varphi}{\partial x^2} + \frac{\partial^2 \varphi}{\partial y^2} + \frac{\partial^2 \varphi}{\partial z^2} = 0 \tag{6.8}$$

　　这个微分方程在物理和工程方面经常出现，被称为拉普拉斯方程（Laplace's Equation）。因此，无粘性不可压缩无旋流的控制方程为拉普拉斯方程。这种类型的流动通常称为有势流。对于某一问题的完整数学方程式的边界条件应该指定，通常给流场边界的速度。那么，如果流场的势函数可以确定，那么根据公式（6.4）就可以确定流场中每一点处的流速，同样根据伯努利方程也可以确定流场中每一点处的压力。虽然，速度势的概念适用于恒定流和非恒定流，但是本书中只限于恒定流的范围。

　　在圆柱坐标系统中，流速各项可表示为

$$v_r = \frac{\partial \varphi}{\partial r}, \ v_\theta = \frac{1}{r}\frac{\partial \varphi}{\partial \theta}, \ v_z = \frac{\partial \varphi}{\partial z} \tag{6.9}$$

　　同样，圆柱坐标系统下拉普拉斯方程为

$$\frac{1}{r}\frac{\partial}{\partial r}\left(r\frac{\partial\varphi}{\partial r}\right)+\frac{1}{r^2}\frac{\partial^2\varphi}{\partial\theta^2}+\frac{\partial^2\varphi}{\partial z^2}=0 \tag{6.10}$$

 ## 6.2 流函数

恒定不可压缩平面二维流是一种十分重要的简单流动。平面二维流只有两个速度分量 u 和 v，当流动发生在 $x-y$ 平面时，连续性方程简化为

$$\frac{\partial u}{\partial x}+\frac{\partial v}{\partial y}=0 \tag{6.11}$$

我们仍然有两个变量 u 和 v 需要求解，但是 u 和 v 必须满足上述公式（6.11）的相关性。公式（6.11）表明只要定义函数 $\psi(x,y)$，并且与流速满足下列关系：

$$u=\frac{\partial\psi}{\partial y},\ v=-\frac{\partial\psi}{\partial x} \tag{6.12}$$

那么也相应地满足连续性方程。函数 $\psi(x,y)$ 称为流函数。

因此，只要将速度分量定义为流函数的形式，连续性方程依然得到满足。当然，对于特性的问题，我们仍然不知道 $\psi(x,y)$ 的具体的表达式，但是至少我们将原来两个函数 $u(x,y)$ 和 $v(x,y)$ 简化为一个未知函数 $\psi(x,y)$，便于简化分析问题。

采用流函数的另外一个优点是流函数值相等的点连成的曲线称为等流函数线，即为流线。如前面章节所述，流场中与流速处处相切的线称为流线，如图 6.1 所示。根据流线定义，某一点处流线的坡度可表示为

$$\frac{\mathrm{d}y}{\mathrm{d}x}=\frac{v}{u} \tag{6.13}$$

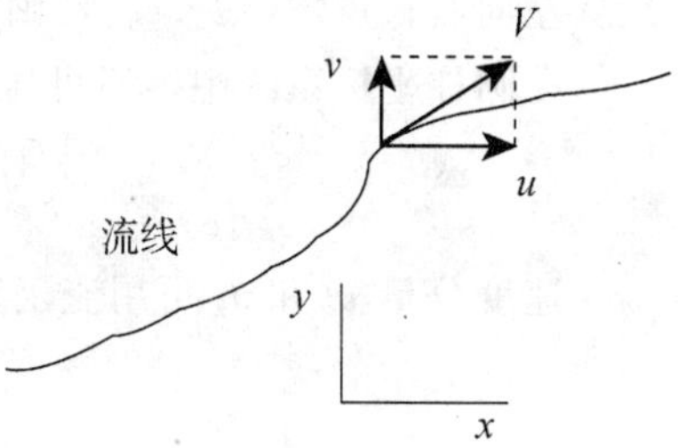

当从平面中一点 (x,y) 移动到附近另外一点 $(x+\mathrm{d}x,y+\mathrm{d}y)$ 时，流函数值的变化可表示为

图 6.1 沿流线速度和速度分量

$$\mathrm{d}\psi=\frac{\partial\psi}{\partial x}\mathrm{d}x+\frac{\partial\psi}{\partial y}\mathrm{d}y=-v\mathrm{d}x+u\mathrm{d}y \tag{6.14}$$

沿流线方向 ψ 为常数，$\mathrm{d}\psi=0$，则

$$-v\mathrm{d}x+u\mathrm{d}y=0$$

因此，沿等流函数线 ψ

$$\frac{\mathrm{d}y}{\mathrm{d}x}=\frac{v}{u}$$

上式即为流线方程式。因此，如果知道流函数 $\psi(x,y)$，便可以绘制出沿等流函数线 ψ，得到不同流线类型帮助分析不同的流动模式。因为每一个固定的流函数值 ψ 的流线可以绘制，则无限多的流线可以组成特性的流场。

流函数值 ψ 的变化与流量有关，两条位置接近的流线，如图 6.2（a）所示。下面一条流线的流函数为 ψ，上面一条流线的流函数为 $\psi+\mathrm{d}\psi$，$\mathrm{d}q$ 表示穿过两条流线之间的流向，根据流线的特性，流体不能够穿过流线。根据质量守恒定律，流进任意过流断面 AC 的流量 $\mathrm{d}q$ 应等于过流断面 AB 和 BC 流出的流量。因此

$$\mathrm{d}q=u\mathrm{d}y-v\mathrm{d}x$$

或用流函数表示为

$$\mathrm{d}q=\frac{\partial\psi}{\partial y}\mathrm{d}y+\frac{\partial\psi}{\partial x}\mathrm{d}x \tag{6.15}$$

式（6.15）等号右侧可表示为 $\mathrm{d}\psi$，那么

$$\mathrm{d}q = \mathrm{d}\psi \tag{6.16}$$

因此，如图 6.2 （b） 所示，通过对式 （6.16） 进行积分，可得到流函数 φ_1 和 φ_2 所对应的两条流线之间的流量 q，即

$$q = \int_{\psi_1}^{\psi_2} \mathrm{d}\psi = \psi_2 - \psi_1 \tag{6.17}$$

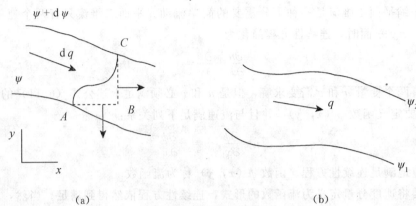

图 6.2 两条流线间流动

如果，上面一条流线 ψ_2 的值大于下面一条流线 ψ_1 的值，那么，流量 q 为正，表明流体的流动方向是从左向右；反之，$\psi_1 > \psi_2$，则流体从右向左流动。

在圆柱坐标系统中，不可压缩平面二维流的连续性方程可表示为

$$\frac{1}{r}\frac{\partial (rv_r)}{\partial r} + \frac{1}{r}\frac{\partial v_\theta}{\partial \theta} = 0 \tag{6.18}$$

速度分量 v_r 和 v_θ 可用流函数 $\psi(r, \theta)$ 来表示：

$$v_r = \frac{1}{r}\frac{\partial \psi}{\partial \theta}, \quad v_\theta = -\frac{\partial \psi}{\partial r} \tag{6.19}$$

流函数的概念可扩展到如管流的对称流体，二维可压缩流体，但是不能应用到一般三维流。

【知识拓展】

速度势和流函数在数学分析中称柯西-黎曼条件，满足这种关系的两个函数称为共轭函数，只要知道其中一个共轭函数，利用上述关系可推求另一共轭函数。

 # 6.3 几种简单的平面势流

因为拉普拉斯方程是一个线性偏微分方程，所以可以通过已知解叠加求得其他解的形式。例如 $\varphi_1(x, y, z)$ 和 $\varphi_2(x, y, z)$ 是拉普拉斯方程的两个解，那么 $\varphi_3 = \varphi_1 + \varphi_2$ 同样也是方程的解。这个结果最实际的应用是如果得到一些简单平面势流的解，就可以将简单势流进行组合得到复杂和关注的势流解。本节中将给出描述简单流动的速度势，下一节将讲述将简单平面势流组合叠加成复杂流动。

如前所述，笛卡儿坐标系中二维平面势流表示为

$$u = \frac{\partial \varphi}{\partial x}$$

$$v = \frac{\partial \varphi}{\partial y} \tag{6.20}$$

或圆柱坐标系统下：

$$v_r = \frac{\partial \varphi}{\partial r}$$

$$v_\theta = \frac{1}{r}\frac{\partial \varphi}{\partial \theta} \qquad (6.21)$$

因为在平面流中定义了流函数，所以可得到

$$u = \frac{\partial \psi}{\partial y}$$

$$v = -\frac{\partial \psi}{\partial x} \qquad (6.22)$$

或

$$v_r = \frac{1}{r}\frac{\partial \psi}{\partial \theta}$$

$$v_\theta = -\frac{\partial \psi}{\partial r} \qquad (6.23)$$

如前所述，把流速用流函数表示，同样满足连续性方程。对于无旋流体

$$\frac{\partial u}{\partial y} = \frac{\partial v}{\partial x} \qquad (6.24)$$

用流函数表示为

$$\frac{\partial}{\partial y}\left(\frac{\partial \psi}{\partial y}\right) = \frac{\partial v}{\partial x}\left(-\frac{\partial \psi}{\partial x}\right)$$

或

$$\frac{\partial^2 \psi}{\partial x^2} + \frac{\partial^2 \psi}{\partial y^2} = 0$$

因此，平面二维无旋流体不论是用流函数还是速度势表示都满足二维拉普拉斯方程。从以上的结论中明显看出速度势和流函数有某种关系，上节讲过常数 ψ 的线就是流线，那么

$$\left.\frac{\mathrm{d}y}{\mathrm{d}x}\right|_{沿\psi=C} = \frac{v}{u} \qquad (6.25)$$

从一点 (x, y) 移动到附近另外一点 $(x+\mathrm{d}x, y+\mathrm{d}y)$ 时，φ 的变化可表示成

$$\mathrm{d}\varphi = \frac{\partial \varphi}{\partial x}\mathrm{d}x + \frac{\partial \varphi}{\partial y}\mathrm{d}y = u\mathrm{d}x + v\mathrm{d}y$$

沿常数 φ 的线（等势线），$\mathrm{d}\varphi = 0$，因此

$$\left.\frac{\mathrm{d}y}{\mathrm{d}x}\right|_{沿\varphi=C} = -\frac{u}{v} \qquad (6.26)$$

比较公式（6.25）和式（6.26），常数 φ 的线（等势线）和常数 ψ 的线（流线）在相交点处正交。一组流线和等势线组成势流场的流网。通过绘制等势线和流线，使其在交点处正交可绘制出的流网，流网可反应流动类型并得到图像解。通过如图 6.3 的所示流网可估计出流速值，因为流速的大小和流线间距是呈反比的，所以从图 6.3 可知，弯道内侧的流速大于弯道外侧流速值。

6.3.1　均匀流

流速值是常数，流线顺直且平行的流场是最简单的平面流。这种流动称为均匀流，如图6.4（a）所示沿 x 正方向的均匀流，$u = U$，$v = 0$，流速势的各项表示为

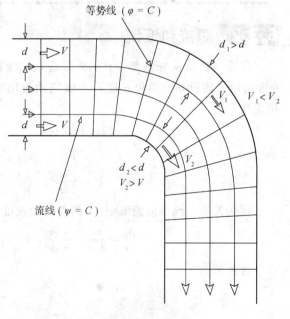

图 6.3　90°弯管流网图

$$\frac{\partial \varphi}{\partial x}=U, \quad \frac{\partial \varphi}{\partial y}=0$$

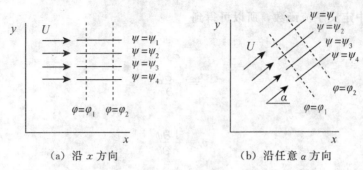

（a）沿 x 方向 （b）沿任意 α 方向

图 6.4 均匀流

上述两方程积分为

$$\varphi=Ux+C$$

式中 C 为任意常数，当 C 等于零时，沿 x 正方向的均匀流表示为

$$\varphi=Ux \tag{6.27}$$

对应流函数表示为

$$\frac{\partial \psi}{\partial y}=U, \quad \frac{\partial \psi}{\partial x}=0$$

因此

$$\psi=Uy \tag{6.28}$$

对于图 6.4（b）所示，与 x 方向成 α 角度均匀流的速度势和流函数分别为

$$\varphi=U(x\cos \alpha+y\sin \alpha) \tag{6.29}$$
$$\psi=U(y\cos \alpha-x\sin \alpha) \tag{6.30}$$

技术提示

　　固体边界是边界流线，所以均匀直线流绕过顺流放置的无限薄平板时，将具有上述流函数和速度势。

6.3.2 源流和汇流

　　假设一流动从一条与 $x-y$ 平面垂直的线径向的向外流，如图 6.5 所示。假设 m（单位长度）为该流动流出的流量，根据质量守恒定律

$$(2\pi r)v_r=m$$

或

$$v_r=\frac{m}{2\pi r}$$

因为流动是纯径向流 $v_\theta=0$，其对应的速度势通过积分下列方程

$$\frac{\partial \varphi}{\partial r}=\frac{m}{2\pi r}, \quad \frac{1}{r}\frac{\partial \varphi}{\partial \theta}=0$$

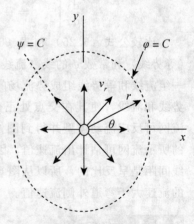

图 6.5 源流示意图

速度势为

$$\varphi=\frac{m}{2\pi}\ln r \tag{6.31}$$

如果 m 为正，流动径向向外流，这种流动称为源流，例如泉眼向各方向的流动可作为源流的例

子，又如，离心式水泵，在某种情况下，叶轮内的流体运动可视为源流等。如果 m 为负，流动流向源，这种流动称为汇流，例如地下水向井中的流动可作为汇流的例子。流量 m 表示源流和汇流的强度。

在 $r=0$ 的源流，流速无限大，这在物理上不合理。所以源流和汇流在实际流体中不存在，所以产生源流和汇流的与 $x-y$ 平面垂直的线是数学上的奇异点，但是在远离源点的实际流体可近似看作源流和汇流。同样，速度势表明这种假定的流动可看成其他简单速度势的组合来表述实际流场，同理，通过积分

$$\frac{1}{r}\frac{\partial \psi}{\partial \theta}=\frac{m}{2\pi r} \qquad \frac{\partial \psi}{\partial r}=0$$

也可以得到流函数

$$\psi=\frac{m}{2\pi}\theta \qquad\qquad (6.32)$$

公式（6.32）表示流线是径向线，从公式（6.31）表明等势线为圆心在源的同心圆。

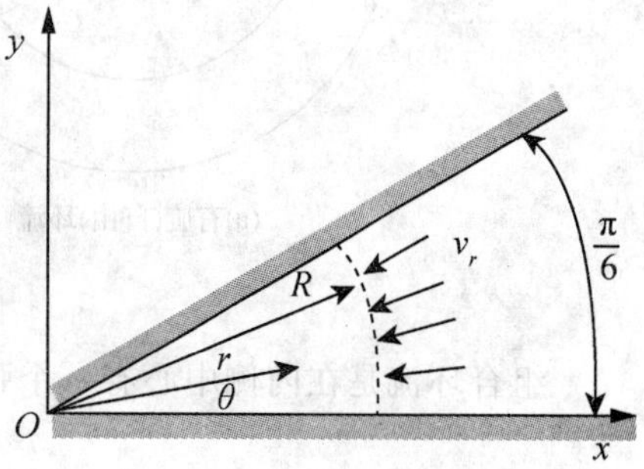

【例 6.1】 如图 6.6 所示，不可压缩无粘性流体从两楔形墙间缺口内流入，其速度势为

$$\varphi=-2\ln r$$

确定流入缺口的单宽流量。

解 流速各项分别为

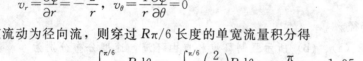

$$v_r=\frac{\partial \varphi}{\partial r}=-\frac{2}{r}, \quad v_\theta=\frac{1}{r}\frac{\partial \varphi}{\partial \theta}=0$$

以说明该流动为径向流，则穿过 $R\pi/6$ 长度的单宽流量积分得

$$q=\int_0^{\pi/6}v_r R\,\mathrm{d}\theta=-\int_0^{\pi/6}\left(\frac{2}{R}\right)R\,\mathrm{d}\theta=-\frac{\pi}{3}=-1.05$$

因为穿过两墙之间任意曲线的流量相同，所以 R 为任意取值，负号表明流动是从缺口流进。

图 6.6 例 6.1 图

6.3.3 环流

环流是指流线为同心圆的流场，交换源的速度势和流函数，得

$$\varphi=K\theta \qquad\qquad (6.33)$$
$$\psi=-K\ln r \qquad\qquad (6.34)$$

式中 K 是常数，上述方程的流线是如图 6.7 所示的同心圆，其中

$$v_r=0$$
$$v_\theta=\frac{1}{r}\frac{\partial \varphi}{\partial \theta}=-\frac{\partial \psi}{\partial r}=\frac{K}{r} \qquad (6.35)$$

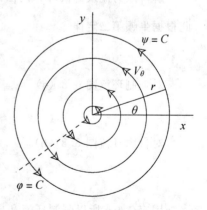

图 6.7 环流流线图

上式表明切向速度与源的半径呈反比，在半径 $r=0$ 处存在奇异点。

看起来环流好像是旋流，但是，有旋流是指流体单元的方向发生旋转，而不是流体单元的路径是旋转的，因此，环流是无旋流。如图 6.8 所示，如果将一对小木棍放在流场点 A 处，小木棍将旋转地运动到点 B。和流线相切的木棍运动轨迹为圆环并沿逆方向时针旋转。

与流线垂直的木棍，因靠近源的一侧运动快于远离源的一侧，该木棍沿顺时针方向旋转。虽然两木棍都发生旋转，但是两木棍的平均角速度等于零，所以该流动为无旋流。

如果流体像刚体一样旋转，其中 $v_\theta=K_1 r$，K_1 为常数。那么木棍如图 6.8（b）所示在流场中旋转。这种形式的环流为有旋流，不可以表述成速度势的形式。旋转的环流通常称为强制环流，无

旋的环流称为自由环流。例如浴缸中的水从底下的泄水孔流出为自由环流，而容器中的水以一定角速度 ω 绕中心轴旋转为强制环流。

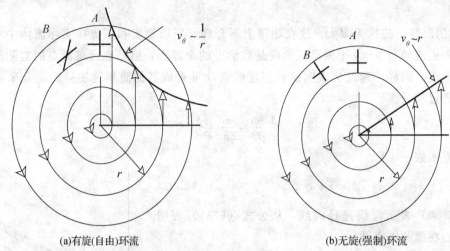

图 6.8 从 A 到 B 流体单元的运动

组合环流是在内侧中心有一个强制环流，在外侧有一个自由环流。因此，对于组合环流

$$v_\theta = \omega r, \quad r \leqslant r_0 \tag{6.36}$$

$$v_\theta = \frac{K}{r}, \quad r > r_0 \tag{6.37}$$

式中 K，ω——常数；

r_0——自圆心的半径。

【例 6.2】 如图 6.8（a）、（b）所示强制环流和自由环流，速度分布分别为

$$V(r) = C_1 r$$

$$V(r) = \frac{C_2}{r}$$

式中 C_1 和 C_2 为常数，确定强制环流和自由环流的压强分布 $p = p(r)$，其中在 $r = r_0$ 处 $p = p_0$。

解 因为流线为圆环，内法向方向 n 和半径 r 方向相反，则 $\frac{\partial}{\partial n} = -\frac{\partial}{\partial r}$，当曲率半径 $R = r$，因此根据牛顿第二定律

$$-r\frac{dz}{dn} - \frac{\partial p}{\partial n} = \frac{\partial p}{\partial r} = \frac{\rho V^2}{r}$$

对强制环流图 6.8（a）

$$\frac{\partial p}{\partial r} = \rho C_1^2 r$$

对自由环流图 6.8（b）

$$\frac{\partial p}{\partial r} = \frac{\rho C_2^2}{r^3}$$

因 $\frac{\partial p}{\partial r} > 0$，所以强制环流和自由环流的压强都随 r 的增加而增加。上面两式对 r 进行积分，并带入边界条件 $r = r_0$ 处 $p = p_0$，得到强制环流的压强分布为

$$p = \frac{1}{2}\rho C_1^2 (r^2 - r_0^2) + p_0$$

自由环流的压强分布为

$$p = \frac{1}{2}\rho C_2^2 \left(\frac{1}{r_0^2} - \frac{1}{r^2}\right) + p_0$$

压强分布与离心力分布相互平衡，因为强制环流和自由环流的流速分布不同，所以二者的压强分布不同。虽然强制环流和自由环流流线都为环流，但强制环流在 $r \to \infty$ 时压强也趋向无穷大，而自由环流在 $r \to \infty$ 时，压强趋向一个极限值。

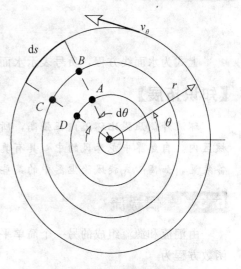

数学中将环流用环量来表示，环量 Γ 表示对流场中一封闭曲线沿速度切线方向进行线积分，用方程表示为

$$\Gamma = \oint_C V \cdot \mathrm{d}s \qquad (6.38)$$

式中 $\mathrm{d}s$ 是封闭曲线中一微元段，对于无旋流，$V = \nabla \varphi$，则 $V \cdot \mathrm{d}s = \nabla \varphi \cdot \mathrm{d}s = \mathrm{d}\varphi$，因此

$$\Gamma = \oint_C \mathrm{d}\varphi = 0$$

上式表明，无旋流的环量为零，但在环流曲线奇异点处

图 6.9　自由环流中的任意封闭曲线

的环量不为零。例如，自由环流 $v_\theta = \dfrac{K}{r}$，半径为 r 圆环路径环量为

$$\Gamma = \int_0^{2\pi} \frac{K}{r}(r\mathrm{d}\theta) = 2\pi K$$

上式表明通量不为零，常数 $K = \Gamma/2\pi$。但是不包含源特征点的任何路径的环流都等于零。通过对图 6.9 所示流场沿不包含源的封闭路径 $ABCD$ 进行积分证明。

自由环流的速度势和流函数用环量表示为

$$\varphi = \frac{\Gamma}{2\pi}\theta \qquad (6.39)$$

$$\psi = -\frac{\Gamma}{2\pi}\ln r \qquad (6.40)$$

环量的概念对于计算浸没在运动液体中物体上的力非常有用。

【例 6.3】　如图 6.10 所示，一大型容器通过底部一小孔排水，远离小孔的流速分布可通过环流来表示，自由环流的速度势为

$$\varphi = \frac{\Gamma}{2\pi}\theta$$

当环流强度为 Γ 时，确定沿半径方向的水面线形状。

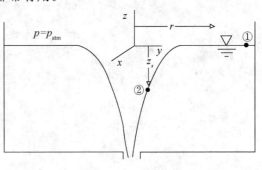

图 6.10　例 6.3 图

解　自由环流为无旋流，任意两点的伯努利方程为

$$\frac{p_1}{\gamma} + \frac{V_1^2}{2g} + z_1 = \frac{p_2}{\gamma} + \frac{V_2^2}{2g} + z_2$$

在自由表面时，$p_1 = p_2 = 0$，则

$$\frac{V_1^2}{2g} = \frac{V_2^2}{2g} + z_s$$

z_s 为从某一基准高程算起，点①处的表面高程。

流速可表示为

$$v_\theta = \frac{1}{r}\frac{\partial \varphi}{\partial \theta} = \frac{\Gamma}{2\pi r}$$

距离源较远的点①处 $V_1 = v_\theta = 0$，则公式（1）变为

$$z_s = -\frac{\Gamma 2}{8\pi^2 r^2 g}$$

上式为水面线方程，负号表示水面线是逐渐降低的。

【知识拓展】

环流外侧压强比环流内压强高，所以环流有抽吸作用，能把势流旋转区内的部分流体抽吸到涡核区内。自然界中龙卷风的中心具有真空抽力，能把尘土等物吸入龙卷风的中心，以及一些工业设备装置，如离心式旋风除尘器中的某些气流现象，就是由于抽吸作用的原因。

6.3.4 偶极流

由汇流和源流组成的另一个简单平面势流为偶极流。汇流和源流的强度相同时，则偶极流的流函数方程为

$$\psi = -\frac{m}{2\pi}(\theta_1 - \theta_2)$$

也可写成

$$\tan\left(-\frac{2\pi\psi}{m}\right) = \tan(\theta_1 - \theta_2) = \frac{\tan\theta_1 - \tan\theta_2}{1 + \tan\theta_1 \tan\theta_2} \tag{6.41}$$

从图 6.11 中可以看出

$$\tan\theta_1 = \frac{r\sin\theta}{r\cos\theta - a}, \quad \tan\theta_2 = \frac{r\sin\theta}{r\cos\theta + a}$$

将上式带入式（6.41）中得

$$\tan\left(-\frac{2\pi\psi}{m}\right) = \frac{2ar\sin\theta}{r^2 - a^2}$$

则

$$\psi = -\frac{m}{2\pi}\tan^{-1}\left(\frac{2ar\sin\theta}{r^2 - a^2}\right) \tag{6.42}$$

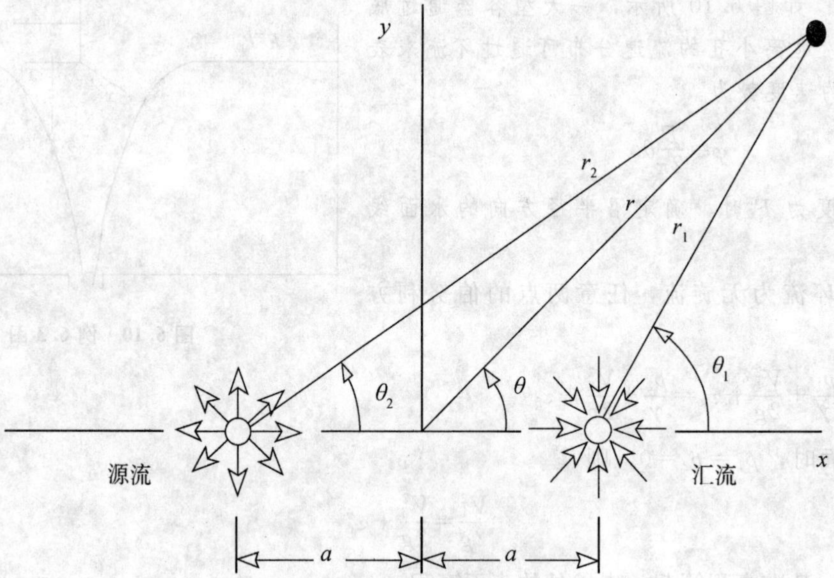

图 6.11 x 轴等强度源流和汇流组合

当 a 值很小时，角度很小的正切值和角度的值近似相等。

$$\psi = -\frac{m}{2\pi}\frac{2ar\sin\theta}{r^2 - a^2} = -\frac{mar\sin\theta}{\pi(r^2 - a^2)} \tag{6.43}$$

当 m 值增大，a 趋向于零时，源流和汇流彼此靠近于一点，ma/π 仍为常数。此时 $r/(r^2-a^2) \to 1/r$，式（6.43）简化为

$$\psi = -\frac{K\sin\theta}{r} \qquad (6.44)$$

式中，K 等于常数 ma/π，称为偶极流的强度。对应的偶极流速度势为

$$\varphi = \frac{K\cos\theta}{r}$$

绘制常数 ψ 的流函数线，得到偶极流的流线为如图 6.12 所示的与 x 轴相切的一组圆环。因为源流和汇流在物理中不存在，所以偶极流在实际中也不存在。但是偶极流与其他基本的势流相叠加可以得到实际生活中的一些流场。例如将偶极流和均匀流叠加可以得到后面讲到的圆柱绕流。表 6.1 总结了前面讲过的几种简单的平面势流。

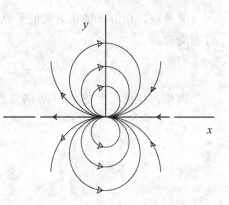

图 6.12　偶极子流线图

表 6.1　简单平面势流总结

流场	速度势	流函数	各流速项
与 x 轴呈 α 角度的均匀流	$\varphi = U(x\cos\alpha + y\sin\alpha)$	$\psi = U(y\cos\alpha - x\sin\alpha)$	$u = U\cos\alpha$ $v = U\sin\alpha$
源流和汇流 $m>0$ 源流 $m<0$ 汇流	$\varphi = \dfrac{m}{2\pi}\ln r$	$\psi = \dfrac{m}{2\pi}\theta$	$v_r = \dfrac{m}{2\pi r}$ $v_\theta = 0$
自由环流 $\Gamma>0$ 逆时针运动 $\Gamma<0$ 顺时针运动	$\varphi = \dfrac{\Gamma}{2\pi}\theta$	$\psi = -\dfrac{\Gamma}{2\pi}\ln r$	$v_r = 0$ $v_\theta = \dfrac{\Gamma}{2\pi r}$
偶极流	$\varphi = \dfrac{K\cos\theta}{r}$	$\psi = -\dfrac{K\sin\theta}{r}$	$v_r = -\dfrac{K\cos\theta}{r^2}$ $v_\theta = -\dfrac{K\sin\theta}{r^2}$

其中 $u = \dfrac{\partial\varphi}{\partial x} = \dfrac{\partial\psi}{\partial y}$，$v = \dfrac{\partial\varphi}{\partial y} = -\dfrac{\partial\psi}{\partial x}$，$v_r = \dfrac{\partial\varphi}{\partial r} = \dfrac{1}{r}\dfrac{\partial\psi}{\partial\theta}$，$v_\theta = \dfrac{1}{r}\dfrac{\partial\varphi}{\partial\theta} = -\dfrac{\partial\psi}{\partial r}$。

6.4　简单平面势流叠加

如前所述，势流满足线性偏微分拉普拉斯方程。各种简单的速度势和流函数叠加可以得到新的势函数和流函数。在无粘性流场中，任何流线可以被认为是刚体边界，因为沿刚体边界或流线没有流体穿过边界或流线。因此，如果将简单的速度势和流函数叠加产生特殊边界形状下的流线，这种叠加可以描述边界周围流体的细节。这种解决流体问题的方法称为叠加原理。

6.4.1　源流和均匀流的叠加

如图 6.13（a）所示，一个源流和一个均匀流叠加，叠加后的流函数表示为

$$\psi = \psi_{均匀流} + \psi_{源流} = Ur\sin\theta + \frac{m}{2\pi}\theta \qquad (6.45)$$

对应速度势为

$$\varphi = Ur\cos\theta + \frac{m}{2\pi}\ln r \qquad (6.46)$$

明显地，在沿 x 轴负方向的某点处，源流的速度和均匀流的速度相互抵消，这样点称为驻点。
对源流来讲

$$v_r = \frac{m}{2\pi r}$$

因此，驻点发生在 $x=-b$ 的位置处，该点处

$$U = \frac{m}{2\pi b}$$

或

$$b = \frac{m}{2\pi U} \tag{6.47}$$

驻点处的流函数值在 $r=b$，$\theta=\pi$ 时由公式（6.45）得

$$\psi_{\text{驻点}} = \frac{m}{2}$$

由公式的 $\frac{m}{2} = \pi b U$，通过驻点的流量方程为

$$\pi b U = U r \sin\theta + b U \theta$$

或

$$r = \frac{b(\pi - \theta)}{\sin\theta} \tag{6.48}$$

式中 θ 的取值范围为 $0\sim 2\pi$ 之间。驻点处的流线如图 6.13（b）所示，如果用刚体边界代替驻点的
流线，那么源流和均匀流的叠加可以看成是流体流过放置在均匀流流场的刚体。这个刚体一直到下
游末端方向是开口的，在流体力学中称为兰金半体。在式（6.45）中，设定 ψ 得常数，绘制出流场
中的其他流线。源流和均匀流叠加流线如图 6.13（b）所示。尽管刚体内部是有流线的，但是在这
种情况下这些流线并没有什么意义，因为关注的重点是刚体外部的流动。源流中心的奇异点在刚体
内部，在刚体外部的流场中没有奇异点。

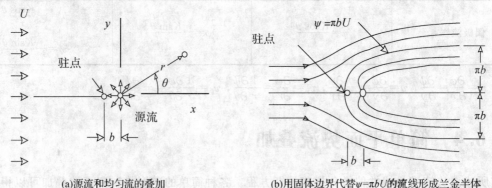

(a)源流和均匀流的叠加　　　　(b)用固体边界代替 $\psi = \pi b U$ 的流线形成兰金半体

图 6.13　兰金半体流动

对称的兰金半体的宽度为 $2\pi b$，这个结论可以根据式（6.48）得到

$$y = b(\pi - \theta)$$

因此，当 $\theta \to 0$ 或 $\theta \to 2\pi$ 时，兰金半体一半的宽度为 $\pm b\pi$。根据流函数（或速度势）可以得到流
场中任意点速度各项。对于兰金半体，根据流函数式（6.45）得

$$v_r = \frac{1}{r}\frac{\partial\psi}{\partial\theta} = U\cos\theta + \frac{m}{2\pi r}$$

$$v_\theta = -\frac{\partial\psi}{\partial r} = -U\sin\theta$$

因此，任意点处流速值的大小平方为

$$V^2 = v_r^2 + v_\theta^2 = U^2 + \frac{Um\cos\theta}{\pi r} + \left(\frac{m}{2\pi r}\right)^2$$

因为

$$b = \frac{m}{2\pi U}$$

$$V^2 = U^2\left(1 + 2\frac{b}{r}\cos\theta + \frac{b^2}{r^2}\right) \tag{6.49}$$

若流速已知，因势流是无旋流，根据任意两点的伯努利方程可以得到流场中某点处的压强。因此，应用伯努利方程时，在距刚体较远的地方一点处的压强为 p_0，速度为 U，任意一点出的压强为 p，速度为 V。伯努利方程为

$$p_0 + \frac{1}{2}\rho U^2 = p + \frac{1}{2}\rho V^2 \tag{6.50}$$

式中忽略高程的变化，将方程（6.49）带入到方程（6.50）中可得到用参考压强 p_0 和速度 U 表示的任意点处的压强。

这种流体流过流线刚体的简单势流对流体研究非常有用，例如河流中水流过河道中的桥墩或支墩的情况。值得注意的一点是，因为势流中忽略了水流的粘滞性，所以刚体边界上水流切向流速不等于零。实际流体中，在流动边界上流体粘附在边界上，这种边界称为"无滑移边界"。所有的势流和实际流体在这些方面是不同的，没有精确反映出实际流体在边界附近的流速分布。但是，在边界层以外的区域，如果流体没有分离，势流的理论可以应用到实际流体的流速分布，同样，因边界层厚度很小，压力在边界层内的变化不大，所以沿表面压力的分布也十分接近实际流体压力的分布。事实上，根据相关的边界层理论，从势流理论得到的压力分布经常用于实际流体压力的分布。

【例 6.4】 如图 6.14 所示，平地前方有一座小山可近似看成是兰金半体，山的高度为 60.96 m。

（1）当风以 64.36 km/h 的速度吹向小山，试确定小山上②点处风速的大小。

（2）试确定②点的高程和②点处和①点处的压强差。假设空气的密度为 1.29 kg/m³。

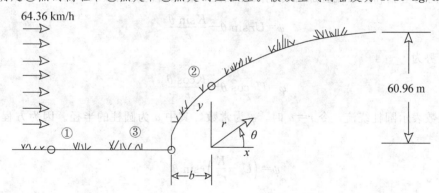

图 6.14 例 6.4 图

解 （1）根据方程（6.49）得到流速表达式为

$$V^2 = U^2\left(1 + 2\frac{b}{r}\cos\theta + \frac{b^2}{r^2}\right)$$

②点处的 $\theta = \frac{\pi}{2}$，因为该点在山的表面上，所以

$$r = \frac{b(\pi - \theta)}{\sin\theta} = \frac{\pi b}{2} \tag{1}$$

因此

$$V^2 = U^2\left[1 + \frac{b^2}{\left(\frac{\pi b}{2}\right)^2}\right] = U^2\left(1 + \frac{b^2}{\pi^2}\right)$$

当空气速度为 64.36 km/h 时，点②处风速的大小为

$$V = 64.36 \times \left(1 + \frac{4^2}{\pi^2}\right) = 104.23 \text{ km/h}$$

（2）根据公式①得到点②的高程为

$$y_2 = \frac{\pi b}{2}$$

因为山高为 60.96 m，山高等于 πb，得到

$$y_2/\text{m} = \frac{60.96}{2} = 30.48$$

根据伯努利方程

$$\frac{p_1}{\gamma} + \frac{V_1^2}{2g} + y_1 = \frac{p_2}{\gamma} + \frac{V_2^2}{2g} + y_2$$

因此

$$p_1 - p_2 = \frac{\rho}{2}(V_2^2 - V_1^2) + \gamma(y_2 - y_1)$$

其中 $V_1 = 64.36$ km/h $= 17.88$ m/s，$V_1 = 104.23$ km/h $= 28.95$ m/s，得到

$$(p_1 - p_2)/\text{Pa} = \frac{1.29}{2}(28.95^2 - 17.88^2) + 12.94 \times (60.96 - 0) = 1\,105.2$$

上式表明山上②点处的压强略微低于平原处①点的压强。其中因为高程变化影响的压强是 770.65 Pa，因为流速增加影响的压强是 334.53 Pa。

沿小山表面流速最大的地方不在②点，而是在 $\theta = 63°$ 的地方，此处的流速 $V = 1.26U$。流速最小 $V = 0$，压力最大的地方是驻点③。

6.4.2 均匀流和偶极流的叠加——圆柱绕流

x 正方向的均匀流和偶极流叠加可得到圆柱绕流，叠加后的流函数表示为

$$\psi = Ur\sin\theta - \frac{K\sin\theta}{r} \tag{6.51}$$

对应速度势为

$$\varphi = Ur\cos\theta + \frac{K\cos\theta}{r} \tag{6.52}$$

为用流函数表示圆柱绕流，令 $r = a$ 时，ψ 为常数，其中 a 为圆柱的半径。因为方程（6.51）可写为

$$\psi = \left(U - \frac{K}{r^2}\right)r\sin\theta$$

当 $r = a$ 时，ψ 等于零时

$$U - \frac{K}{a^2} = 0$$

上式表明偶极子的强度 K 必须等于 Ua^2，因此圆柱绕流的流函数表示为

$$\psi = Ur\left(1 - \frac{a^2}{r^2}\right)\sin\theta \tag{6.53}$$

对应的势函数表示为

$$\varphi = Ur\left(1 + \frac{a^2}{r^2}\right)\cos\theta \tag{6.54}$$

根据方程（6.53）和方程（6.54）可以得到流速各项分别为

$$v_r = \frac{\partial\varphi}{\partial r} = \frac{1}{r}\frac{\partial\psi}{\partial\theta} = U\left(1 - \frac{a^2}{r^2}\right)\cos\theta \tag{6.55}$$

$$v_\theta = \frac{1}{r}\frac{\partial \varphi}{\partial \theta} = -\frac{\partial \psi}{\partial r} = -U\left(1+\frac{a^2}{r^2}\right)\sin\theta \qquad (6.56)$$

在圆柱表面（$r=a$），根据方程（6.55）和方程（6.56）得到 $v_r=0$ 和 $v_\theta = -2U\sin\theta$。v_r 表示切向流速，v_θ 表示法向流速。根据以上结果，得到最大流速发生在圆柱的顶部和底部位置（$\theta = \pm\pi/2$），最大流速的数值为 2 倍的 U。图 6.15 显示沿圆柱边界流速的变化。

根据伯努利方程可以得到圆柱表面压强的分布，在距圆柱体较远的地方一点处的压强为 p_0，速度为 U。伯努利方程为

$$p_0 + \frac{1}{2}\rho U^2 = p_s + \frac{1}{2}\rho v_\theta^2$$

式中 p_s ——表面压强，高程的变化可忽略；因为 $v_\theta = -2U\sin\theta$，圆柱表面压强为

$$p_s = p_0 + \frac{1}{2}\rho U^2 (1-4\sin^2\theta) \qquad (6.57)$$

图 6.16 给出了圆柱绕流无量纲对称压强分布的实验值和理论值。从图中可以明显看出，在圆柱绕流的上游压强分布的实验值和理论值吻合较好，但是由于粘性边界在圆柱体上的发展，主流在圆柱体表面分离，导致了圆柱体下游压强分布的实验值和无粘性流体（势流）理论值的差异增大。

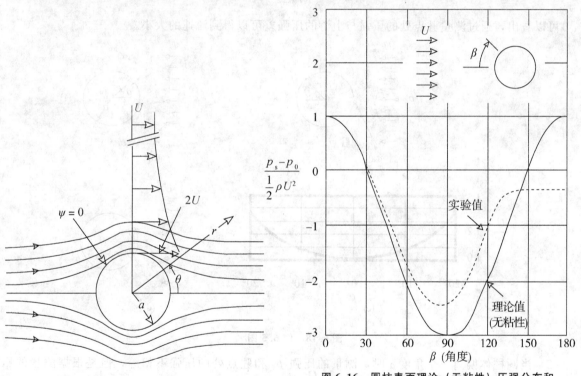

图 6.15　圆柱绕流

图 6.16　圆柱表面理论（无粘性）压强分布和
实验压强分布对比图

通过对圆柱体表面压力的积分可以得到因为圆柱体上的合力，如图 6.17 所示。

$$F_x = -\int_0^{2\pi} p_s \cos\theta\, a\, d\theta \qquad (6.58)$$

$$F_y = -\int_0^{2\pi} p_s \sin\theta\, a\, d\theta \qquad (6.59)$$

式中 F_x 为拖曳力（力的方向平行于均匀流方向），F_y 为升力（力的方向垂直于均匀流方向）。将方程（6.57）中的 p_s 带入到上式，得到 $F_x=0$ 和 $F_y=0$。

上述结果表明，正如势流理论预测的那样，因为压强沿圆柱体是对称分布的，所以放置在均匀流中的圆柱体的拖曳力和升力都为零。但是，通过实际实验得知，放置在运动流体中的圆柱体有明

显的拖曳力。这种矛盾称为达朗贝尔悖论。

【例 6.5】 如图 6.18 (a) 所示,一圆柱放置在均匀流中,在圆柱体上有一驻点。如果在驻点处有一小孔,测量驻点处的压强 p_{stag} 可以确定出均匀流的流速 U。

(1) 确定 p_{stag} 和 U 的关系;

(2) 如果圆柱体偏离一个角度 α,但是测量的压强仍然为驻点处的压强,试确定真实流速 U 和预测流速 U' 之比。并绘制 α 在角度在 $-20° \leqslant \alpha \leqslant 20°$ 时和 $\dfrac{U}{U'}$ 的关系图。

解 (1) 因为驻点处的流速等于零,则驻点处和圆柱体上游某点处的伯努利方程为

$$\frac{p_0}{\gamma} + \frac{U^2}{2g} = \frac{p_{驻点}}{\gamma}$$

因此

$$U = \frac{2}{\rho}(p_{驻点} - p_0)$$

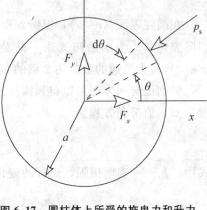

图 6.17 圆柱体上所受的拖曳力和升力

可以看出,通过测量驻点处的压强与上游的压强差可以得到流速的大小。

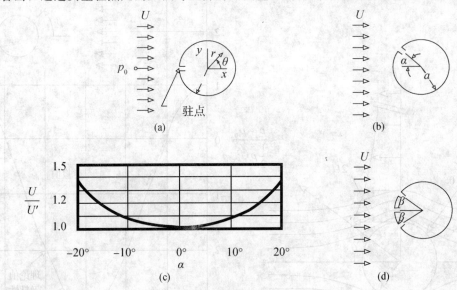

图 6.18 例 6.5 图

(2) 当圆柱体偏离一个角度 α 时,测量的压强 p_a 和驻点处的压强不相等,但是根据测量的压强 p_a 可以计算出上游的偏离流速。

$$U' = \left[\frac{2}{\rho}(p_a - p_0) \right]$$

因此

$$\frac{U_{真实}}{U'} = \left(\frac{p_{驻点} - p_0}{p_a - p_0} \right)^{\frac{1}{2}}$$

在 $r = a$ 处,根据方程(6.56)圆柱体表面的流速 v_θ 为

$$v_\theta = -2U\sin\theta$$

在 $r = a$、$\theta = \alpha$ 处和圆柱体上游某点处的伯努利方程为

$$p_0 + \frac{1}{2}\rho U^2 = p_a + \frac{1}{2}\rho(-2U\sin\alpha)^2$$

因此

$$p_a - p_0 = -\frac{1}{2}\rho U^2 (1 - 4\sin^2\alpha)$$

因为 $p_{驻点} - p_0 = \frac{1}{2}\rho U^2$，所以

$$\frac{U_{真实}}{U'} = (1 - 4\sin^2\alpha)^{\frac{1}{2}}$$

用偏转角度 α 表示速度的比值如图 6.18 (c) 所示。

可以看出如果驻点的压强测量没有在驻点的流线上时，压强测量的误差将增大。如图6.18 (d) 所示，如果在圆柱体上有两个对称的孔，圆柱体的方向将会被调整，圆柱体会发生旋转直到两个对称孔的压力相等，说明中心孔和驻点的流线一致。当角度 $\beta = 30°$ 时，两个孔位置处的压力理论上等于上游压力 p_0，测量该点和驻点处的压强差可以确定流速 U。

另外一种叠加的势流是自由环流绕圆柱流动，其流函数和速度势分别为

$$\psi = Ur\left(1 - \frac{a^2}{r^2}\right)\sin\theta - \frac{\Gamma}{2\pi}\ln r \tag{6.60}$$

$$\varphi = Ur\left(1 + \frac{a^2}{r^2}\right)\cos\theta + \frac{\Gamma}{2\pi}\theta \tag{6.61}$$

式中 Γ 是环量，因为自由环流的流线是圆环，所以在 $r = a$ 处的流线可以看成一个固体圆柱。因此，圆柱体表面切向流速为

$$v_\theta = -\frac{\partial\psi}{\partial r}\bigg|_{r=a} = -2U\sin\theta + \frac{\Gamma}{2\pi a} \tag{6.62}$$

这种流场可以看成一个旋转的圆柱体放置在均匀流场中。因为实际流体具有粘性，所以与圆柱体相邻的液体具有和圆柱体相同的流速。因此，这种流场可以看成是流过圆柱体的均匀流和自由环流的叠加。

随着环量 Γ 的强度不同，流线的类型也发生变化。例如根据公式 (6.62) 可以确定在圆柱体表面上的驻点。该点处 $\theta = \theta_{驻点}$，$v_\theta = 0$，因此公式 (6.62) 可写成

$$\sin\theta_{驻点} = \frac{\Gamma}{4\pi Ua} \tag{6.63}$$

当 $\Gamma = 0$ 时，$\theta_{驻点}$ 等于 0 或 π，如图 6.19 (a) 所示，驻点在圆柱体的前端和后端，但是如果 $-1 \leqslant \frac{\Gamma}{4\pi Ua} \leqslant 1$ 时，如图 6.19 (b)、6.19 (c) 所示，驻点可能发生在圆柱体表面的其他位置，如果 $\frac{\Gamma}{4\pi Ua}$ 大于 1 时，则不能满足方程 (6.63)，如图 6.19 (d) 所示，驻点发生在远离圆柱体的位置。

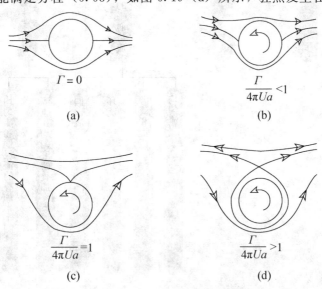

图 6.19　圆柱绕流驻点的位置

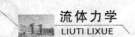
通过对压力沿圆柱表面的积分可以得到圆柱体所受的单位上长度的力。根据伯努利方程可以得到圆柱体表面压强为

$$p_0 + \frac{1}{2}\rho U^2 = p_s + \frac{1}{2}\rho\left(-2U\sin\theta + \frac{\Gamma}{2\pi a}\right)^2$$

则

$$p_s = p_0 + \frac{1}{2}\rho U^2\left(1 - 4\sin^2\theta + \frac{2\Gamma\sin\theta}{\pi a U} - \frac{\Gamma^2}{4\pi^2 a^2 U^2}\right) \tag{6.64}$$

将方程（6.64）带入方程（6.58）进行积分，得到拖曳力

$$F_x = 0$$

因此，对于旋转的圆柱体，沿均匀流方向不受力。但是将方程（6.64）带入方程（6.59）进行积分，得到升力

$$F_y = -\rho U\Gamma \tag{6.65}$$

所以对于圆柱体所受到的升力与流体密度、上游流速和环量有关。如图 6.19 所示 U 和 Γ 为正值时，公式中负号表示 F_y 的方向向下。当然，如果圆柱体沿顺时针旋转，F_y 的方向向上。升力的方向和流体运动的方向垂直，这就是为什么旋转的网球或高尔夫球行动轨迹为曲线的原因。这种旋转物体受到升力的作用称为马格努斯效应。

技术提示

　　离心式水泵叶轮内流体，当叶轮不转，供水管供水时，叶轮内的流动运动可视为源流；当叶轮转动，供水管不供水时，叶轮内的流体运动可视为环流；当叶轮转动，供水管供水时，叶轮内的流体运动可视为源流和环流的叠加组合。为了避免流体在叶轮内流动时与叶轮发生碰撞，离心式水泵的叶轮、水泵的机壳做成螺旋线状的箱体。

【重点串联】

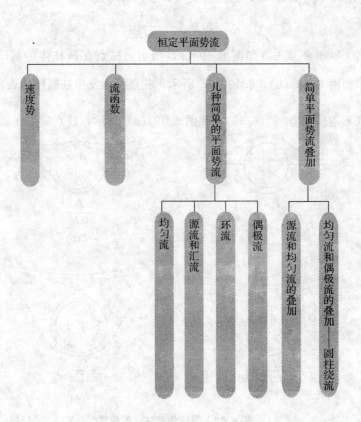

【知识链接】

1. 边界层理论
2. Rouse H. Advanced Mechanics of Fluids. Wiley, New York, 1984.
3. 生活中的弧线球原理

拓展与实训

职业能力训练

一、填空题

1. 同一流线上各点的流函数值应_____。

2. 速度势 φ 对任意方向 m 的偏导数, 等于速度 u 在该方向的_____。

3. 速度势值相等的点所连成的空间曲面称为_____, 与流线相_____。

4. 速度势满足_____方程。

5. 任意两条流线的流函数之差 $\psi_2 - \psi_1$, 等于该两条流线间所通过的_____。

二、单选题

1. 等流函数线与等速度势线互相 (　　)。

　　A. 平行　　　　　　　　　　　　B. 垂直

　　C. 异面　　　　　　　　　　　　D. 以上皆不对

2. 偶极流可以看出是 (　　) 的组合。

　　A. 源流和环流　　　　　　　　　B. 汇流和环流

　　C. 环流和均匀流　　　　　　　　D. 等强度源流和汇流

3. 兰金半体可以看成哪两种平面简单势流组合 (　　)。

　　A. 均匀流和源流　　　　　　　　B. 均匀流和汇流

　　C. 源流和汇流　　　　　　　　　D. 环流和均匀流

4. 圆柱绕流可以看成哪两种平面简单势流组合 (　　)。

　　A. 汇流和环流　　　　　　　　　B. 等强度源流和汇流

　　C. 均匀流和偶极流　　　　　　　D. 偶极流和环流

5. 圆柱绕流沿圆柱体表面流速最小的点位于 (　　)。

　　A. 圆柱体的前端和后端　　　　　B. 圆柱体的上端和下端

　　C. 圆柱体的内部　　　　　　　　D. 圆柱体外部很远的距离

6. 圆柱绕流沿圆柱体表面压强最小的点位于 (　　)。

　　A. 圆柱体的前端和后端　　　　　B. 圆柱体的上端和下端

　　C. 圆柱体的内部　　　　　　　　D. 圆柱体外部很远的距离

三、简答题

1. 什么是有势流?

2. 速度势的性质有哪些?

3. 流函数的性质有哪些?

4. 势流的叠加原理是什么?

工程模拟训练

1. 已知 $u_x = \dfrac{-y}{x^2+y^2}$，$u_y = \dfrac{x}{x^2+y^2}$，$u_z = 0$，试求该流动的速度势函数，并检查速度势函数是否满足拉普拉斯方程。

2. 已知 $u_x = \dfrac{-y}{x^2+y^2}$，$u_y = \dfrac{x}{x^2+y^2}$，$u_z = 0$，试求该流动的速度势流函数 ψ 和流线方程。

3. 已知 $u_x = 4x$，$u_y = -4y$，试求该流动的势函数和流函数，并绘制流动图形。

4. 已知 $\varphi = a(x^2+y^2)$，式中 a 为实数且大于零。试求该流动的流函数 ψ。

5. 已知流函数 $\psi = 3x^2y - y^3$，试判别是有势流还是涡流。证明任一点的流速大小仅取决于它与坐标原点的距离 r。

6. 如章节 6.3 中的图 6.3 所示直角弯头中的流动，设为平面势流，已知弯头内、外侧壁的曲率半径 r_1、r_2 分别为 0.4 m 和 1.4 m，直段中均匀流的流速为 10 m/s，流体的密度为 1.2 kg/m³，试求弯头内外侧壁处的流速和内外侧壁的压强差。

7. 已知：(1) $u_r = 0$，$u_\theta = \dfrac{k}{r}$，k 是不为零的常数；(2) $u_r = 0$，$u_\theta = \omega^2 r$，ω 为常数。试求上述两流场中半径为 r_1 和 r_2 的两条流线间流量的表示式。

8. 源流和汇流的强度 q 均为 60 m²/s，分为位于 x 轴上的点 $(-a, 0)$、$(a, 0)$，a 为 3 m。计算通过 $(0, 4)$ 点的流线的流函数值，并求该点的流速。

模块 7

流动阻力和水头损失

【模块概述】

本模块主要叙述流体在通道（管道、渠道）内流动的阻力和水头损失规律。实际流体具有粘性，在通道内流动时，流体内流层之间存在相对运动和流动阻力。流动阻力做功，使流体的一部分机械能不可逆地转化为热能而散发，从流体具有的机械能来看是一种损失。总流单位重量流体的平均机械能损失称为水头损失，只有解决了水头损失的计算问题，才能使伯努利方程式能真正用于解决实际工程问题。

在学习中，首先应从雷诺实验出发，认识流体流动的两种不同流态——层流和紊流以及产生不同流态的条件和影响因素，然后着重分析两种液流的内部机理和特征，在此基础上掌握液流水头损失的计算方法。

【知识目标】

1. 流体流动的两种状态与雷诺数之间的关系。
2. 圆管层流基本规律。
3. 紊流的机理和脉动、时均化以及混合长度理论。
4. 紊流流速分布和紊流阻力分析。

【技能目标】

1. 雷诺实验过程及层流、紊流的流态特点。
2. 掌握雷诺数及流态判别，圆管层流运动规律。
3. 掌握流动阻力的两种形式，阻力系数的确定方法。
4. 掌握沿程阻力系数的确定，沿程损失和局部损失计算。

【学习重点】

两种状态与雷诺数之间的关系，沿程水头损失和局部水头损失的计算。

【课时建议】

8～12课时。

7.1 流动阻力和水头损失的关系

7.1.1 水头损失的分类

在边壁沿程无变化（边壁形状、尺寸、过流方向均无变化）的均匀流及渐变流流段上，产生的流动阻力称为沿程阻力或摩擦阻力。由于沿程阻力做功而引起的水头损失称为沿程水头损失。沿程水头损失均匀分布在整个流段上，与流段的长度成比例。流体在等直径的直管中流动的水头损失就是沿程水头损失，以 h_f 表示。

在边壁沿程急剧变化，流速分布发生变化的局部区段上，集中产生的流动阻力称为局部阻力。由局部阻力引起的水头损失，称为局部水头损失。发生在管道入口、异径管、弯管、三通、阀门等各种管件处的水头损失，都是局部水头损失，以 h_j 表示。

实际流体中，整个流程既存在着各种局部水头损失，又有各流段的沿程水头损失。对于某一流段，其全部水头损失 h_w 等于各流段沿程水损失与局部水头损失之和，即

$$h_w = \sum h_j + \sum h_f \tag{7.1}$$

如图 7.1 所示的管道流动，渐变流处只有沿程水头损失；管道进口、管径突然扩大，管径突然缩小及阀门处产生局部水头损失。整个管道的水头损失 h_w 等于各管段的沿程水头损失和所有局部水头损失的总和。

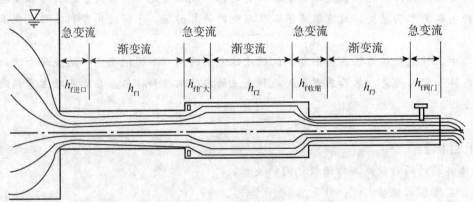

图 7.1 流动形态图

$$h_w = \sum h_j + \sum h_f = h_{f1} + h_{f2} + h_{f3} + h_{进口} + h_{扩大} + h_{收缩} + h_{j阀门}$$

气体管流的机械能计损失用压强损失计算，即

$$p_w = \sum p_j + \sum p_f \tag{7.2}$$

压强损失同水头损失的关系为

$$p_w = \rho g h_w \tag{7.3}$$

$$p_f = \rho g h_f \tag{7.4}$$

$$p_j = \rho g h_j \tag{7.5}$$

7.1.2 水头损失的计算公式

1. 沿程阻力损失

$$h_f = \lambda \frac{l}{d} \frac{v^2}{2g} \tag{7.6}$$

对于圆管：

$$h_f = \lambda \frac{l}{d} \frac{v^2}{2g} \qquad (7.7)$$

式中　l——管长；

　　　R——水力半径；

　　　d——管径；

　　　v——断面平均流速；

　　　g——重力加速度；

　　　λ——沿程阻力系数，也称达西系数。一般由实验确定。

　　上式是达西于 1857 年根据前人的观测资料和实践经验而总结归纳出来的一个通用公式。这个公式对于计算各种流态下的管道沿程损失都适用。式中的无量纲系数 λ 不是一个常数，它与流体的性质、管道的粗糙程度以及流速和流态有关，公式的特点是把求阻力损失问题转化为求无量纲阻力系数问题，比较方便通用。同时，公式中把沿程损失表达为流速水头的倍数形式是恰当的。因为在大多数工程问题中，h_f 确实与 v^2 成正比。此外，这样做可以把阻力损失和流速水头合并在一起，便于计算。经过一个多世纪以来的理论研究和实践检验都证明，达西公式在结构上是合理的，在使用上是方便的。

　　2. 局部水头损失

　　图 7.1 表明，在管道入口、管径收缩和阀门等处，都存在局部阻力损失。

$$h_j = \zeta \frac{v^2}{2g} \qquad (7.8)$$

式中　ζ——局部阻力系数，一般由实验确定。整个管道的阻力损失，应该等于各管段的沿程损失和所有局部损失的总和。

　　上述公式是长期工程实践的经验总结，其核心问题是各种流动条件下沿程阻力系数和局部阻力系数的计算。这两个系数并不是常数，不同的水流、不同的边界及其变化对其都有影响。

7.1.3　液流边界几何条件对水头损失的影响

　　产生水头损失的根源是实际流体具有粘滞性，但固体边界纵横向的几何条件（即边界轮廓的形状和尺寸）对水头损失也有很大影响。

　　1. 液流边界横向轮廓的形状和尺寸对水头损失的影响

　　液流边界横向轮廓的形状和尺寸对水流的影响，可用过水断面的水力要素来表示，如过水断面面积 A、湿周 X 及水力半径 R 等。液流过水断面与固体边界接触的周界叫作湿周，常用 X 表示。例如两个不同形状的断面，一个为正方形，一个为扁长矩形，如其过水断面面积相等，水流条件也相同，但扁长矩形渠槽中的液流的湿周要长些，所受到的阻力就要大些，因而水头损失也要大些。这是因为扁长矩形渠槽中的液流与固体边界接触的周界要大些。因此，湿周也是过水断面的重要水力要素之一。湿周越大，水流阻力及水头损失也越大。

　　两个过水断面的湿周相等，而形状不同，过水断面面积一般是不相等的。当通过同样大小的流量时，水流阻力和水头损失也不相等，因为面积较小的过水断面液流通过的流速较大，相应的水流阻力及水头损失也较大。

　　所以，用过水断面面积 A 或湿周 X 中的任何一个水力要素单独来表示过水断面的水力特征都是不全面的，只有把二者相互结合起来才较为全面。过水断面面积 A 与湿周 X 的比值称为水力半径，即

$$R = \frac{A}{X} \qquad (7.9)$$

　　水力半径是过水断面的一个非常重要的水力要素，单位为米（m）或厘米（cm）。直径为 d 的

圆管，当充满液流时，$A=\dfrac{1}{4}\pi d^{2}$，$\chi=\pi d$，故水力半径 $R=\dfrac{1}{4}d$。

2. 液流边界纵向轮廓对水头损失的影响

根据边界纵向轮廓的不同，有两种不同的液流：均匀流与非均匀流。均匀流中沿程各过水断面的水力要素及断面平均流速都是不变的。所以，均匀流时只有沿程水头损失。非均匀渐变流时局部水头损失可忽略不计，非均匀急变流时两种水头损失都有。

7.2 粘性流体的两种流动形态

19世纪初科学工作者就已经发现圆管中液体流动时水头损失和流速有一定关系。在流速很小时，水头损失和流速的一次方成正比；在流速较大时，水头损失则和流速的二次方或接近二次方成正比。直到1883年由于雷诺的试验，才使人们认识到水头损失与流速间的关系之所以不同，是因为粘性流体的运动存在着两种形态：层流（Laminar flow）和紊流（Turbulent flow）。流体力学书中称涡流。

7.2.1 雷诺试验

图7.2为雷诺试验装置的示意图。从水箱引出一根直径为 d 的长玻璃管，进口为喇叭口形，以便使水流平顺。水箱有溢流设备，以保持水流为恒定流。出口处设有阀门 A，控制管道流速 v。所盛有色液体的容器略高于水箱液面的位置，用细管将有色液体导入喇叭口管道的中心，以观察有色液体的运动轨迹。细管上端设阀门，以控制有色液体的注入量。

试验开始时，先将试验管末端的阀门 A 慢慢开启，使试验段管中水流的流动速度较小，然后打开装有颜色液体的细管上的阀门 B，此时，在试验段的玻璃管内出现一条细而直的鲜明的着色流束，此着色流束并不与管内不着色的水流相混掺，如图7.3（a）所示。

将阀门 A 逐渐开大，试验管段中水流的流速也相应地逐渐增大，此时可以看到，玻璃管中的着色流束开始颤动，并弯曲成波形，如图7.3（b）所示。随着阀门 A 的继续开大，着色的波状流束先在个别地方出现断裂，失去了着色流束的清晰形状。最后，在流速达到某一定值时，着色流束便完全破裂，形成旋涡，并很快地扩散到整个试验管子而使管中水流全部着色，如图7.3（c）所示，此时液体质点的轨迹及其紊乱，水质点相互混杂与碰撞。

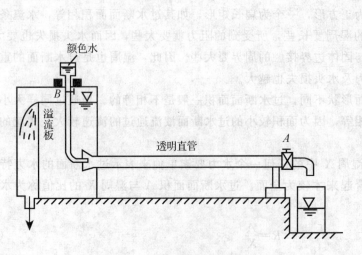

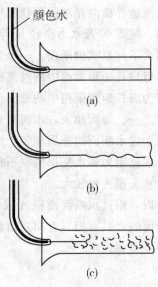

图7.2 雷诺实验装置示意图　　图7.3 雷诺实验结果图

上述试验表明，在管中流动的水流，当其流速不同时，水流具有两种不同的流动形态。当流速较小时，各流层的水流质点是有条不紊互不混掺地分层流动，水流的这种流动形态称为层流。当水流中的流速较大时，各流层中的水流质点已形成旋涡，在流动中互相混掺，这种流动形态的水流为紊流。

若玻璃管中的流速由大慢慢地变小，则玻璃管中的水流也会由紊流状态变为层流状态。试验结果表明，由紊流转变成为层流时的流速 v_c 小于由层流转变成紊流时的流速 v'_c。

流态转变的流速 v'_c 和 v_c 分别称为上临界流速和下临界流速。实验发现，上临界流速 v'_c 是不稳定的，受起始扰动的影响很大。在水箱水位恒定、管道入口平顺、管壁光滑、阀门开启轻缓的条件下，v'_c 可比 v_c 大许多。下临界流速 v_c 是稳定的，不受起始扰动的影响，对任何起始紊流，当流速 v 小于 v_c 值，只要管道足够长，流动终将发展为层流。实际流动中，扰动难以避免，实用上把下临界流速 v_c 作为流态转变的临界流速：$v < v_c$ 流动是层流；$v > v_c$ 流动是紊流。

7.2.2 水流流动形态和水头损失关系

层流和紊流质点运动的方式不同，因而水头损失的规律不同。首先通过测量玻璃管不同流速的测压管水头差，即两个测压管之间的沿程水头损失，来分析恒定均与流情况下，层流和紊流流动形态的沿程水头损失 h_f 与管道平均流速 v 的关系。

在雷诺试验装置中，将水平放置的玻璃管段两端各接一根测压管，测量管段两端断面 $1-1$ 和 $2-2$ 之间的沿程水头损失 h_f，如图 7.4 所示。

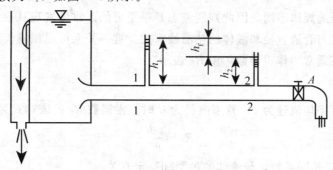

图 7.4 沿程水头损失与测压管液面高差之间的关系

对过水断面 $1-1$ 和 $2-2$ 列能量方程，得

$$z_1 + \frac{p_1}{\rho g} + \frac{\alpha_1 v_1^2}{2g} = z_2 + \frac{p_2}{\rho g} + \frac{\alpha_2 v_2^2}{2g} + h_f$$

由图 7.4 可知 $z_1 = z_2$，$\frac{\alpha_1 v_1^2}{2g} = \frac{\alpha_2 v_2^2}{2g}$，上式可简化为

$$h_f = \frac{p_1}{\rho g} - \frac{p_2}{\rho g} = h_1 - h_2 = \Delta h$$

由上式可知，两测压管中的水位差，即是两过水断面之间的沿程水头损失。

流量可以用体积法量测。用量杯量出一定时间 t 内流出液体的体积 V，则 $Q = \dfrac{V}{t}$。由流量可以算出流速，$v = \dfrac{Q}{A} = \dfrac{Q}{\dfrac{\pi d^2}{4}}$。以阀门调节流量 可以得到不同的 h_f 和 v 值，根据测得的 h_f 和相应的 v 值可以分析 h_f 和 v 的关系。分析时将 h_f 和 v 的相应值分别点绘在双对数坐标纸上，取 $\lg h_f$ 为纵坐标，$\lg v$ 为横坐标，如图 7.5 所示。从图 7.5 可看出，在层流时（即相应于 AB 段），试验点分布在一条与坐标轴成 $45°$ 的斜线上。这说明层流中 h_f 与 v 成正比，即水头损失与流速的一次方成正比。在紊流时（即相应于 DE 段），试验点分布在一条倾角较大的斜线上，h_f 与 v 成比例，其中指数在

1.75～2.0 之间。在充分发展的紊流中，水头损失与流速的平方成正比。从图中还可看出，在水流从层流向紊流的转变过程中存在一个过渡区。当流速由小逐渐加大时，试验点由图 7.5 中的点 A 向点 C 移动，当流速增大到点 C 时，h_f 有一个突然的增加，颜色水将与周围的清水混掺，这个点就相应从层流到紊流的转换点，此时流速为上临界流速。当流速由大变小时，试验点由 E 向 D 移动，到达点 D 时水流开始由紊流向层流过渡，而只有到达点 B 才完全变为层流，这点的流速即为下临界流速。在层、紊流之间的过渡区中，试验点是分散的，至今尚未找到一个联系变量 h_f 与 v 的明确的规律。上述沿程水头损失与流速的关系，可用统一的指数形式的公式表示，即

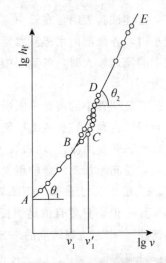

$$h_f = kv^m \qquad (7.10)$$

当水流为层流时，指数 $m=1$；当水流为紊流时，指数 $m=$ 1.75～2.0。

图 7.5　沿程水头损失与管道平均流速之间的关系图

由此可见，m 值随流态而不同。我们的目的是为了确定水头损失，而以上分析表明，不同流态的沿程水头损失有不同的变化规律。因此，必须首先判定液流形态是层流还是紊流。

7.2.3　水流形态的判别——雷诺数

层流和紊流所遵循的规律不同，因此判别流态是很重要的。雷诺发现从层流到紊流转变，不仅取决于管道流速，而且与管道直径和液体的粘滞性有关。这一关系可以用液流的惯性力与粘滞力的比值来描述，这个比值通常叫作雷诺数，用 Re 表示。

1. 圆管流雷诺数

对于圆管流，管道平均流速为 v，管道内径为 d 时，雷诺数 Re 的表达式为

$$Re = \frac{vd}{v} \qquad (7.11)$$

式中　v——流体的运动粘滞系数，与流体的种类和稳定有关。

以上实验表明，在层流向紊流过渡或从紊流向层流转化的过程中，存在两个临界流速，即上临界流速和下临界流速，与其相对应的也存在有两个雷诺数。紊流变层流时的雷诺数称为下临界雷诺数。层流变紊流的雷诺数称为上临界雷诺数。

下临界雷诺数

$$Re_c = \frac{v_c d}{v} \qquad (7.12)$$

上临界雷诺数

$$Re_c' = \frac{v_c d'}{v} \qquad (7.13)$$

上临界雷诺数的数值极不稳定，随着流动的起始条件和试验条件不同，外界干扰程度不同，其值差异很大，而大量的试验证明，下临界雷诺数是一个比较稳定的固定值，通常取

$$Re_c = 2\,300 \qquad (7.14)$$

实践中只根据下临界雷诺数判别流态。实际判别液体流态时，当液流的雷诺数 $Re < Re_c = 2\,300$ 时为层流；当液流的雷诺数 $Re > Re_c = 2\,300$ 时则为紊流。

2. 非圆通道雷诺数

对于明渠水流和非圆断面管流，同样可以用雷诺数判别流态。这里我们需要引入一个能够综合反映断面大小和几何形状对流动影响的特征长度，代替圆管雷诺数中的直径 d。这个特征长度就是

我们前面介绍过的水力半径 R。以水力半径 R 为特征长度，相应的雷诺数为

$$Re = \frac{vR}{\upsilon}$$

前面介绍过对于原管流 $R = \frac{1}{4}d$，所以相应的临界雷诺数为

$$Re_c = \frac{v_c d}{\upsilon} = \frac{2\,300}{4} = 575 \tag{7.15}$$

这一水力半径表达的临界雷诺数，即可用于管流，亦可用于明渠水流，是更为普遍的表达形式。即 $Re < 575$，层流；$Re > 575$，紊流。

【例 7.1】 试判别下述液流的流动形态。①输水管管径 $d = 0.1$ m，通过流量 $Q = 5$ L/s，水温 20 ℃；②输油管管径 $d = 0.1$ m，通过流量 $Q = 3$ L/s，已知油的运动粘滞系数 $\upsilon = 4 \times 10^{-5}$ m²/s。

解 （1）输水管 $d = 0.1$ m。

$$A/\text{m}^2 = \frac{1}{4}\pi d^2 = \frac{3.14}{4} \times 0.1^2 = 7.85 \times 10^{-3}$$

$$V/(\text{m} \cdot \text{s}^{-1}) = \frac{Q}{A} = \frac{5 \times 10^{-3}}{7.85 \times 10^{-3}} = 0.637$$

由表查得当水温为 20 ℃时，$\upsilon = 1.003 \times 10^{-6}$ m²/s，则

$$Re = \frac{vd}{\upsilon} = \frac{0.637 \times 0.1}{1.003 \times 10^{-6}} = 63\,509 > Re_c = 2\,300$$

因此，输水管内水流为紊流。

（2）输油管 $d = 0.1$ m，$A = 7.85 \times 10^{-3}$。

$$V/(\text{m} \cdot \text{s}^{-1}) = \frac{Q}{A} = \frac{3 \times 10^{-3}}{7.85 \times 10^{-3}} = 0.382$$

$$Re = \frac{vd}{\upsilon} = \frac{0.382 \times 0.1}{4 \times 10^{-5}} = 955 < Re_c = 2\,300$$

因此输油管内液流为层流。

【例 7.2】 某实验室的矩形试验明槽，底宽为 $b = 0.2$ m，水深 $h = 0.1$ m，今测得其断面平均流速 $v = 0.15$ m/s。室内的水温为 20 ℃。试判别槽内水流的流态。

解 （1）计算明槽过水断面的水力要素。

$$A/\text{m}^2 = bh = 0.2 \times 0.1 = 0.02$$
$$\chi/\text{m} = b + 2h = 0.2 + 2 \times 0.1 = 0.4$$
$$R/\text{m} = \frac{A}{\chi} = \frac{0.02}{0.4} = 0.05$$

（2）判别水流的流态。

由表查得当水温为 20 ℃时，$\upsilon = 1.003 \times 10^{-6}$ m²/s。

$$Re = \frac{vR}{\upsilon} = \frac{0.15 \times 0.05}{1.003 \times 10^{-6}} = 7\,478 > 575$$

因为 $Re > 575$，则明槽中的水流为紊流。

7.2.4 雷诺数的物理意义

雷诺数可理解为液流惯性力和粘性力作用的对比关系。这一点可以通过对两种力各物理量的量纲分析加以说明。

惯性力为质量 m 和加速度 a 的乘积，即 $ma = \rho V \dfrac{\mathrm{d}v}{\mathrm{d}t}$，其量纲为

$$[\text{F}] = [\rho] \cdot [\text{L}^3]\frac{[\text{V}]}{[\text{T}]}$$

粘性力由牛顿内摩擦定律确定，即

$$T = \mu A \frac{\mathrm{d}u}{\mathrm{d}y}$$

其量纲为

$$[T] = [\mu][L^2]\frac{[V]}{[L]} = [\mu][L][V]$$

惯性力和粘性力的比值的量纲关系为

$$\frac{惯性力}{粘性力} = \frac{[\rho][L^3]\frac{[V]}{[T]}}{[\mu][L][V]} = \frac{[\rho][L^2]}{[\mu][T]} = \frac{[V][L]}{[\upsilon]} \tag{7.16}$$

上述量纲式与雷诺数的量纲相同。式中，$[L]$ 为粘特征长度，$[V]$ 为特征流速，$[\upsilon]$ 为运动粘滞系数。

从上式我们可以看出，当雷诺数 Re 较小时，意味着粘滞力的作用大，而惯性力的作用小，粘滞力对液流质点的运动起抑制作用，雷诺数小到一定程度后，液流呈层流状态。反正，雷诺数较大时，意味着惯性力的作用大，而粘滞力的作用小，惯性力对液流质点的运动起推动作用，因此液流呈紊流状态。

7.3 沿程水头损失与剪应力的关系

7.3.1 均匀流基本方程

在均匀流中，由于流线是平行直线，流层间的粘性阻力（切应力）是造成沿程水头损失的直接原因，所以水头损失只有沿程水头损失。在管道或明渠均匀流里，任取一段总流来分析（图 7.6）。设管道的中心线与水平面的夹角为 α，流段长度为 L，过水断面面积为 A。用 p_1 和 p_2 分别表示作用在流段两过水断面 1—1、2—2 形心点上的动水压强，Z_1 和 Z_2 为该两断面形心点距基准面的高度，则作用在该流段上的外力有：

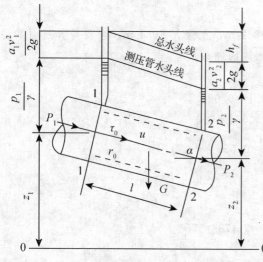
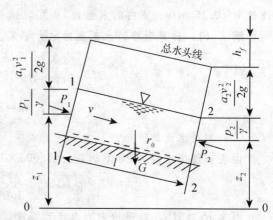

图 7.6 圆管均匀流

（1）动水压力。作用在断面 1—1 上的动水压力可按静水总压力公式计算，即 $P_1 = p_1 A$；作用在断面 2—2 上的动水压力为 $P_2 = p_2 A$。两力的方向都是垂直指向作用面。

（2）重力。重力为 $G = \gamma A L$，方向竖直向下。

（3）摩擦阻力。设 τ_0 为流段的固体边界作用于水流上的平均切应力，则整个流段固体边界作用于水流的总摩擦阻力为 $T = \tau_0 \chi L$（χ 为湿周），摩擦阻力与水流的方向相反。

由于所研究的均匀流处于平衡状态，则作用在该流段上的各外力沿流向必须符合力的平衡条件，即

$$P_1 - P_2 + G\sin \alpha - T = 0$$

带入可得
$$p_1 A - p_2 A + \gamma A L \sin \alpha - \tau_0 \chi L = 0$$

由图 7.6 可知

$$\sin \alpha = \frac{z_1 - z_2}{L}$$

将式中各项除以 γA，整理后得

$$\left(Z_1 + \frac{p_1}{\gamma}\right) - \left(Z_2 + \frac{p_2}{\gamma}\right) = \frac{L\chi}{A} \cdot \frac{\tau_0}{\gamma}$$

由于过水断面 1—1 和 2—2 的流速水头相等，对这两个过水断面列能量方程得

$$\left(Z_1 + \frac{p_1}{\gamma}\right) - \left(Z_2 + \frac{p_2}{\gamma}\right) = h_f$$

将上式及 $R = \frac{A}{\chi}$ 代入得

$$h_f = \frac{L\chi}{A} \cdot \frac{\tau_0}{\gamma} = \frac{L}{R} \cdot \frac{\tau_0}{\gamma} \tag{7.17}$$

单位长度上的水头损失称为水力坡度，用 J 表示。即把 $J = \frac{h_f}{L}$ 代入上式，故上式又可写作

$$\tau_0 = \gamma R J \tag{7.18}$$

以上两个式子都称为恒定均匀流的基本方程，它建立了切应力与沿程水头损失之间的关系。该式无论对层流还是紊流都是适用的，而且对截面为任意形状的均匀流均适用。

应当指出，均匀流基本方程反映了表面切应力与沿程水头损失的关系。但是并不能就此理解为机械能损失就是边界上的切应力造成的。实际上，作为一个研究体系，存在外力和内力两种状态。虽然液体内部切应力成对出现，但他们所做的功并不等于零。这是由于液体是变形体两层流的切向位移不等，故内部切应力所做的功不能相互抵消。

7.3.2　圆管均匀流切应力的分布

液流各流层之间均有内摩擦切应力 τ 存在，在均匀流中任意取一流束按上述方法可求得
$$\tau = \gamma R' J$$

式中　R'——流束的水力半径；

J——均匀总流的水力坡度。

与式（7.18）相比可得

$$\frac{\tau}{\tau_0} = \frac{R'}{R}$$

对圆管均匀流来说，$R = \frac{1}{4}d = \frac{r_0}{2}$，式中 r_0 为圆管的半径，则距管轴 r 处的切应力为

$$\tau = \frac{r}{r_0}\tau_0 \tag{7.19}$$

所以圆管均匀流过水断面上切应力是按直线分布的，圆管中心的切应力为零，沿半径方向逐渐扩大，到管壁处为 τ_0。

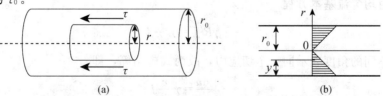

(a) 　　　　　　　　　　(b)

图 7.7　圆管均匀流切应力分布图

用同样方法，可求得水深为 h 的宽浅明渠均匀流切应力的分布规律为

$$\tau = \left(1 - \frac{y}{h}\right)\tau_0 \tag{7.20}$$

所以在宽浅的明渠均匀流中，过水断面上的切应力也是按直线分布的，水面上的切应力为零，离渠底 y 处的切应力为 τ，至渠底为 τ_0。

7.3.3 壁剪切速度

下面在均匀流基本方程的基础上，推导沿程摩阻系数 λ 和壁面剪应力的关系。

将 $J = \lambda \dfrac{l}{d}\dfrac{v^2}{2g}$ 代入均匀流基本方程（7.18），整理得

$$\sqrt{\frac{\tau_0}{\rho}} = v\sqrt{\frac{\lambda}{8}} \tag{7.21}$$

定义 $v_* = \sqrt{\dfrac{\tau_0}{\rho}}$ 具有速度的量纲，称为壁剪切速度（摩阻流速），则

$$v_* = v\sqrt{\frac{\lambda}{8}} \tag{7.22}$$

式（7.22）是沿程摩阻系数和壁面切应力的关系式，该式在紊流的研究中被广为引用。

7.4 圆管中层流运动

7.4.1 圆管中层流运动的流动特征及流速分布

如前述，层流各流层质点互不掺混，对于圆管来说，各层质点沿平行管轴线方向运动。与管壁接触的一层速度为零，管轴线上速度最大，整个管流如同无数薄壁圆筒一个套着一个滑动。

由牛顿内摩擦定律知，半径为 r 处的表面切应力为

$$\tau = -\mu\frac{du}{dr}$$

式中 $\dfrac{du}{dr}$——半径 r 处的流速梯度。

如图 7.8 所示，当 $r = r_0$ 时，由于液流粘附于管壁，此处的点流速 $u = 0$，而管轴处 $r = 0$，$u = u_{max}$。μ 随 r 的增大而减小，所以 $\dfrac{du}{dr} < 0$。因切应力的大小以正值表示，故上式右端取负号。

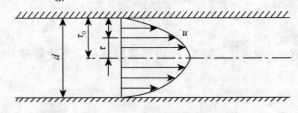

图 7.8 圆管中的层流流速分布

另一方面，由均匀流基本方程

$$\tau = \gamma R'J = \gamma \frac{r}{2}J \tag{7.23}$$

这两式是从不同的角度表示同一个切应力，故两式应相等，即

$$-\mu\frac{du}{dr} = \gamma\frac{r}{2}J$$

分离变量得

$$\mathrm{d}u = -\frac{\gamma J}{2\mu} r \mathrm{d}r$$

积分得

$$u = -\frac{\gamma J}{4\mu} r^2 + C$$

利用管壁上的边界条件，确定上式中的积分常数 C。

当 $r = r_0$ 时 $u = 0$，得

$$C = \frac{\gamma J}{4\mu} r_0^2$$

将积分常数代回原式得

$$\mu = \frac{\gamma J}{4\mu}(r_0^2 - r^2) \tag{7.24}$$

上式表明，圆管中均匀层流的流速分布是一个旋转抛物面，如图 7.8 所示。过流断面上流速呈抛物面分布，这是圆管层流的重要特征之一。

将 $r = 0$ 代入上式，得到管轴处最大流速为

$$u_{\max} = \frac{\gamma J}{4\mu} r_0^2 \tag{7.25}$$

任一点流速与最大流速的关系为

$$u = u_{\max} - \frac{\gamma J}{4\mu} r_0^2 \tag{7.26}$$

7.4.2 圆管中层流运动的流量

根据流量的定义，$Q = \int_A u \mathrm{d}A = vA$，选取微分面积为环形面积，即 $\mathrm{d}A = 2\pi r \mathrm{d}r$，则通过 $\mathrm{d}A$ 的流量为

$$\mathrm{d}Q = u\mathrm{d}A = \frac{\gamma J}{4\mu}(r_0^2 - r^2) 2\pi r \mathrm{d}r$$

积分上式，流量为

$$Q = \int_A u \mathrm{d}A = \int_0^{r_0} \frac{\rho g J}{4\mu}(r_0{}^2 - r^2) 2\pi r \mathrm{d}r = \frac{\rho g J}{8\mu} \pi r_0{}^4 = \frac{\rho g J}{128\mu} \pi d^4 \tag{7.27}$$

上式表明，圆管层流的流量 Q 与管径 d 的四次方成比例，这一定律称为哈根-泊肃叶定律。

7.4.3 断面平均流速

$$v = \frac{Q}{A} = \frac{\int_A u \mathrm{d}A}{A} = \frac{\int_0^r 2\pi r \mathrm{d}r}{\pi r_0^2} = \frac{1}{\pi r_0^2} \int_0^r \frac{\gamma J(r_0^2 - r^2)}{4\mu} 2\pi r \mathrm{d}r = \frac{\gamma J}{8\mu} r_0^2 \tag{7.28}$$

比较式（7.28）与式（7.25），可知，$v = u_{\max}/2$，即圆管层流的平均流速为最大流速的一半。

7.4.4 动能修正系数和动量修正系数

利用以上推得的点流速和断面平均流速公式，即可求得原管层流时，能量方程中的动能修正系数 α 及动量修正系数 β。

圆管层流中计算动能修正系数为

$$\alpha = \frac{\int_A u^3 \mathrm{d}A}{v^3 A} = \frac{\int_0^r \left[\frac{\gamma J}{4\mu}(r_0^2 - r^2)\right]^3 2\pi r \mathrm{d}r}{\left(\frac{\gamma J}{8\mu} r_0^2\right)^3 \pi r_0^2} = 2 \tag{7.29}$$

用类似的方法可算得动量修正系数 $\alpha'=1.33$，两者的数值比 1.0 大许多，说明流速分布很不均匀。

7.4.5 圆管层流的沿程阻力损失

将直径 d 代替圆管层流断面平均流速中的 $2r_0$，可得

$$v=\frac{\gamma J}{8\mu}\left(\frac{d}{2}\right)^2=\frac{\gamma J}{32\mu}d^2 \tag{7.30}$$

进而可得水力坡度

$$J=\frac{32\mu}{\gamma \mathrm{d}^2}v \tag{7.31}$$

以 $J=h_\mathrm{f}/l$ 代入上式，可得沿程阻力损失为

$$h_\mathrm{f}=\frac{32\mu l}{\gamma \mathrm{d}^2}v \tag{7.32}$$

这就从理论上证明了圆管的均匀层流中沿程阻力损失 h_f 与平均流速 v 的一次方成正比，这与雷诺实验的结果相符。

上式还可以进一步改写成达西公式的形式，即

$$h_\mathrm{f}=\frac{32\mu \mathrm{d}}{\gamma \mathrm{d}^2}v=\frac{64}{\dfrac{\rho v d}{\mu}}\frac{l}{d}\frac{v^2}{2g}=\frac{64}{Re}\frac{l}{d}\frac{v^2}{2g}=\lambda\frac{l}{d}\frac{v^2}{2g} \tag{7.33}$$

由上式可得

$$\lambda=\frac{64}{Re} \tag{7.34}$$

该式为达西和魏斯巴哈提出的著名公式，此公式表明圆管层流中的沿程阻力系数 λ 只是雷诺数的函数，与管壁粗糙情况无关。

7.5 紊流运动

7.5.1 紊流的形成过程

根据雷诺实验，层流与紊流的主要区别在于，紊流时各流层质点有不断的相互混掺作用，而层流则无这个现象。从水流内部的结构来看，紊流中有很多大小尺寸不等的涡体做无规则的运动。所以从层流状态转化为紊流状态，必须具备下列两个条件：①涡体的形成；②形成后的涡体，脱离原来的流层或流束，掺入邻近的流层或流束。

涡体的形成以流体具有粘滞性为基本前提。由于液体的粘滞性和边界面上的滞水作用，液流过水断面上的流速分布常常是不均匀的。在各流层或各微小流束的相对运动中，由于粘滞性的作用，在相邻各流层间将产生切应力。对于某一选定的流层来说，流速较大的邻层作用于它的切应力是顺流向的；流速较小的邻层作用于它的切应力是逆流向的，因此，选定流层所承受的切应力，有构成力偶并促使涡体产生的倾向。由于外界的微小干扰或来流中残存的扰动，该流层将不可避免地出现局部性的波动，随同这种波动而来的是局部流速和压强的重新调整。如图 7.9（a）所示，波峰附近由于发生流线间距变化，在波峰上面，微小流束过水断面减小，流速增大，根据伯努力方程，压强降低；在波峰下面，微小流束过水断面增加，流速减小，压强增大；在波谷附近流速和压强也有相应的变化，但与波峰处的情况相反。在波谷附近流速和压强也有相应的变化，但与波峰处的情况相反。这样，便使发生轻微波动的流层承受不同方向的横向动水压力。显然，这种动水压力将使波峰越凸，波谷越凹，促使这个流层的波幅更加增大，如图 7.9（b）所示。波幅增大到一定程度之后，

由于横向动水压力和切力的综合作用，将促使涡体形成如图 7.9（c）所示。涡体形成之后，如果不能脱离原流层，也不会发生紊流。涡体形成之后，涡体旋转方向与水流流速方向一致的一边流速增大，相反的一边流速变小。流速大的一边压强小，流速小的一边压强大。涡体两边的压差，形成作用于涡体的升力。这种升力就有可能推动涡体脱离层流而掺入流速较高的邻层，从而扰动邻层进一步产生新的涡体。如此发展下去，层流即转换为紊流。

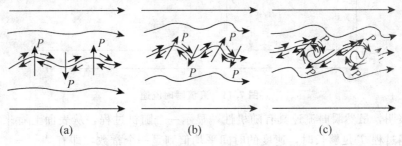

（a）　　　　　　（b）　　　　　　（c）

图 7.9　涡体的形成过程

涡体形成并不一定就能形成紊流。一方面因为涡体由于惯性保持其本身运动的倾向；另一方面因为液体是有粘滞性的，粘滞作用又要约束涡体运动，所以涡体能否脱离原流层而掺入邻层，就要看惯性作用与粘滞作用两者的对比关系。只有当惯性作用与粘滞作用相比强大到一定程度时，才能形成紊流，如图 7.10 所示。所以雷诺数是表征惯性力与粘滞力的比值，这就是可以用雷诺数来判别液流形态的道理。

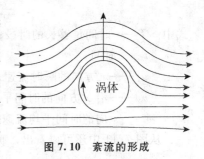

涡体

图 7.10　紊流的形成

7.5.2　紊流的特征与时均化

上面的描述已表明，虽然紊流至今没有严格的定义。但紊流的特征还是比较明显的，有以下几方面。

1. 不规则性

紊流流动是由大小不等的涡体所组成的无规则的随机运动，它的最本质的特征是"紊动"，即随机的脉动。它的速度场和压力场都是随机的。由于紊流运动的不规则性，使得不可能将运动作为时间和空间坐标的函数进行描述，但仍可能用统计的方法得出各种量，如速度、压力、温度等各自的平均值。

2. 紊流扩散

紊流扩散性是所有紊流运动的另一个重要特征。紊流混掺扩散增加了动量、热量和质量的传递率。例如紊流中沿过流断面上的流速分布，就比层流情况下要均匀得多。

3. 能量耗损

紊流中小涡体的运动，通过粘性作用大量耗损能量，实验表明紊流中的能量损失要比同条件下层流中的能量损失大得多。

4. 高雷诺数

这一点是显而易见的，因为下临界雷诺数 Re 就是流体两种流态判别的准则，雷诺数实际上反映了惯性力与粘性力之比，雷诺数越大，表明惯性力越大，而粘性限制作用则越小，所以紊流的紊动特征就会越明显，就是说紊动强度与高雷诺数有关。

5. 运动参数的时均化

若取水流中（管流或明渠流等）某一固定空间点来观察，在恒定紊流中，x 方向的瞬时流速 u_x

随时间的变化可以通过脉动流速仪测定记录下来，其示意图如图 7.11 所示。

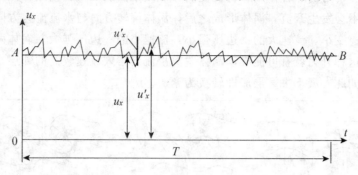

图 7.11　紊流瞬时流速

试验研究表明，虽然瞬时流速具有随机性，显示一个随机过程，从表面上看来没有确定的规律性，但是当时间过程 T 足够长时，速度的时间平均值则是一个常数，即有

$$\bar{u}_x = \frac{1}{T}\int_0^T u_x \mathrm{d}t \tag{7.35}$$

式中　T——时间足够长的时段；

　　　t——时间；

　　　u_x——x 方向的瞬时流速；

　　　$\bar{u}_x$——沿 x 方向的时间平均流速，简称时均速度，是一常数。在图 7.11 中，AB 线代表 x 方向的时间平均流速分布线。

从图 7.11 中还可以看出，瞬时流速 u_x 可以视为由时均流速 $\bar{u}_x$ 与脉动流速 u'_x 两部分构成，即

$$u_x = \bar{u}_x + u'_x \tag{7.36}$$

上式中 u'_x 是以 AB 线为基准的，在该线上方时 u'_x 为正，在该线下方时 u'_x 为负，其值随时间而变，故称为脉动流速。显然，在足够长的时间内，u'_x 的时间平均值 $\bar{u}'_x$ 为零。关于这一点可作以下证明，将式（7.35）代入式（7.36）中进行计算，得

$$u_x = \frac{1}{T}\int_0^T (\bar{u}_x + u'_x)\mathrm{d}t = \frac{1}{T}\int_0^T \bar{u}_x \mathrm{d}t + \frac{1}{T}\int_0^T u'_x \mathrm{d}t = \bar{u}_x + \bar{u}'_x$$

由此得

$$\bar{u}'_x = \frac{1}{T}\int_0^T u'_x \mathrm{d}t = 0$$

对于其他的流动要素，均可采用上述的方法，将瞬时值视为由瞬时值和脉动量所构成，即

$$u_y = \bar{u}_y + u'_y$$
$$u_z = \bar{u}_z + u'_z$$
$$p = \bar{p} + p'$$

显然，在一元流动（如管流）中，$\bar{u}_y$ 和 $\bar{u}_z$ 应该为零，u_y 和 u_z 应分别等于 u_y' 和 u'（注意不等于零，这一点与层流情况不同），但另一方面，脉动量的时均值 u_x、u_y、u_z 和 p 则均将为零。

从以上分析可以看出，尽管在紊流流场中任一定点的瞬时流速和瞬时压强是随机变化的，然而，在时间平均的情况下仍然是有规律的。对于恒定紊流来说，空间任一定点的时均流速和时均压强仍然是常数。紊流运动要素时均值存在的这种规律性，给紊流的研究带来了很大的方便。只要建立了时均的概念，则本书前面所建立的一些概念和分析流体运动规律的方法，在紊流中仍然适用。如流线、元流、恒定流等概念，对紊流来说仍然存在，只是都具有"时均"的意义。另外，根据恒定流导出的流体动力学基本方程，同样也适合紊流中时均恒定流。

这里需要指出的是，上述研究紊流的方法，只是将紊流运动分为时均流动和脉动分别加以研究，而不是意味着脉动部分可以忽略。实际上，紊流中的脉动对时均运动有很大影响，主要反映在流体能量方面。此外，脉动对工程还有特殊的影响，例如脉动流速对挟沙水流的作用，脉动压力对建筑物荷载、振动及空化空蚀的影响等，这些都需要专门研究。

7.5.3 粘性底层

在紊流运动中，并不是整个流场都是紊流。由于流体具有粘滞性，紧贴管壁或槽壁的流体质点将贴附在固体边界上，无相对滑移，流速为零，继而它们又影响到邻近的流体速度也随之变小，从而在紧靠近面体边界的流层里有显著的流速梯度，粘滞切应力很大，但紊动则趋于零。各层质点不产生混掺，也就是说，在取近面体边界表面有厚度极薄的层流层存在，称它为粘性底层，如图 7.12 所示。在层流底层之外，还有一层很薄的过渡层。在此之外才是紊层，称为紊流核心区。

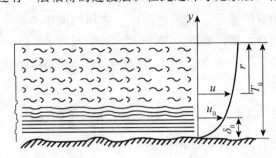

图 7.12 粘性底层

层流底层具有层流性质，切应力取壁面切应力 $\tau_0 = \mu \dfrac{\mathrm{d}u}{\mathrm{d}y}$，积分上式

$$u = \frac{\tau_0}{\mu} y + c$$

由边界条件，壁面上 $y=0$，$u=0$，积分常数 $c=0$，得

$$u = \frac{\tau_0}{\mu} y \tag{7.37}$$

或以 $\mu = \rho v$，$v_* = \sqrt{\dfrac{\tau_0}{\rho}}$ 代入上式整理得

$$\frac{u}{u_*} = \frac{v_* y}{v} \tag{7.38}$$

式（7.37）和式（7.38）表明，在粘性底层中，速度按线性分布，在壁面上速度为零。粘性底层虽然很薄，但它对紊流的流速分布和流速阻力却有重大的影响。

7.5.4 混合长度理论

紊流的混合长度理论（也即动量传递理论及掺长假设）是普朗特在 1925 年提出来的，这是一种半经验理论。推导过程简单，所得流速分布规律与实验检验结果符合良好，是工程中应用最广的半经验公式。

我们已经知道，在层流运动中，由于流层间的相对运动所引起的粘滞切应力可由牛顿内摩擦定律计算。但紊流运动不同，除流层间有相对运动外，还有竖向和横向的质点混掺。因此，应用时均概念计算紊流切应力时，应将紊流的时均切应力 τ 看作是由两部分所组成的。一部分为相邻两流层间时间平均流速相对运动所产生的粘滞切应力 $\bar{\tau}_1$，另一部分为由脉动流速所引起的时均附加切应力 $\bar{\tau}_2$（又称为紊动切应力），即

$$\bar{\tau} = \bar{\tau}_1 + \bar{\tau}_2 \tag{7.39}$$

紊流的时均粘滞切应力与层流时一样计算，其公式为

$$\bar{\tau}_1 = \mu \frac{\mathrm{d}\bar{u}}{\mathrm{d}y} \tag{7.40}$$

紊流的附加切应力（即紊动切应力）$\bar{\tau}_2$ 的计算公式可由普朗特的动量传递理论进行推导，其结果为

$$\bar{\tau}_2 = -\rho \overline{u_x' u_y'} \tag{7.41}$$

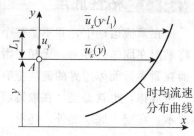

图 7.13 . 混合长的概念

上式的右边有负号是因为由连续条件得知，u_x' 和 u_y' 总是方向相反，为使 $\bar{\tau}_2$ 以正值出现，所以要加上负号。上式还表明，紊动切应力 $\bar{\tau}_2$ 与粘滞切应力 $\bar{\tau}_1$ 不同，它只是与流体的密度和脉动流速有关，与流体的粘滞性无关，所以，$\bar{\tau}_2$ 又称为雷诺应力或惯性切应力。

在接下去的推导中，须采用普朗特的假设，流体质点因横向脉动流速作用，在横向运动到距离为 l_1 的空间点上，才同周围质点发生动量交换。l_1 称为混合长度，如图 7.13 所示。如空间点 A 处质点 x 方向的时均流速为 u_x (y)，距点 A l_1 处质点 x 方向的时均流速为 $\bar{u}_x$ $(y+l_1)$，这两个空间点上质点的时均流速差为

$$\Delta u = \bar{u}_x \ (y+l_1) \ - \bar{u}_x \ (y) = \bar{u}_x \ (y) + l_1 \frac{\mathrm{d}\bar{u}_x}{\mathrm{d}y} - \bar{u}_x \ (y) = l_1 \frac{\mathrm{d}\bar{u}_x}{\mathrm{d}y} \tag{7.42}$$

设脉动流速的绝对值与时间流速差成比例关系，则

$$\left| \bar{u}_x' \right| = c_1 \frac{\mathrm{d}\bar{u}_x}{\mathrm{d}y} l_1$$

又知 $\left| \bar{u}_x' \right|$ 与 $\left| \bar{u}_y' \right|$ 成比例，即

$$\left| \bar{u}_y' \right| = c_2 c_1 \frac{\mathrm{d}\bar{u}_x}{\mathrm{d}y} l_1$$

虽然 $\left| \bar{u}_x' \right| \cdot \left| \bar{u}_y' \right|$ 与 $\left| \bar{u}_x' u_y' \right|$ 不等，但两者存在比例关系，则

$$-\overline{u_x' u_y'} = c_2 \bar{u}_x' \cdot \bar{u}_y' = c_1 c_2 l_1^2 \left(\frac{\mathrm{d}\bar{u}_x}{\mathrm{d}y} \right)^2 \tag{7.43}$$

代入式（7.41）中，可得

$$\bar{u}_2 = -\rho \overline{u_x' u_y'} = \rho l^2 \left(\frac{\mathrm{d}\bar{u}}{\mathrm{d}y} \right)^2 \tag{7.44}$$

式中 c_1 与 c_2 均为比例常数。令

$$l^2 = c_1 c_2 l_1^2$$

则

$$\tau_2 = \rho l^2 \left(\frac{\mathrm{d}u}{\mathrm{d}y} \right)^2 \tag{7.45}$$

上式就是由混合长度理论得到的附加切应力的表达式，式中 l 亦称为混合长度，但已无直接物理意义。

最后可得

$$\bar{\tau} = \bar{\tau}_1 - \bar{\tau}_2 = \mu \frac{\mathrm{d}\bar{u}_x}{\mathrm{d}y} + \rho l^2 \left(\frac{\mathrm{d}\bar{u}_x}{\mathrm{d}y} \right)^2 \tag{7.46}$$

上式两部分应力的大小随流动的情况而有所不同，当雷诺数较小，$\bar{\tau}_1$ 占主导地位，随着雷诺数增加，$\bar{\tau}_2$ 作用逐渐加大，当雷诺数很大时，即充分发展的紊流时，$\bar{\tau}_1$ 可以忽略不计，则上式简化为

$$\bar{\tau} = \rho l^2 \left(\frac{\mathrm{d}\bar{u}_x}{\mathrm{d}y} \right)^2 \tag{7.47}$$

下面根据式（7.46）来讨论紊流的流速分布，对于管流情况，假设管壁附近紊流切应力就等于壁面处的切应力，即

$$\tau = \tau_0$$

上式中为了简便，省去了时均符号。进一步假设混合长度 l' 与质点到管壁的距离成正比，即

$$l' = ky$$

式中 k 为可由实验确定的常数，通常称为卡门通用常数。于是式（7.45）可以变换为

$$\frac{\mathrm{d}u}{\mathrm{d}y}=\frac{1}{ky}\sqrt{\frac{\tau_0}{\rho}}=\frac{1}{ky}v \tag{7.48}$$

其中 $v_*=\sqrt{\dfrac{\tau_0}{\rho}}$ 为摩阻流速，对上式积分，得

$$u=\frac{v_*}{l}\ln y+c \tag{7.49}$$

上式就是混合长度理论下推导所得的在管壁附近紊流流速分布规律，此式实际上也适用于圆管全部断面（层流底层除外），此式又称为普朗特-卡门对数分布规律。紊流过流断面上流速成对数曲线分布，同层流过流断面上流速成抛物线分布相比，紊流的流速分布均匀很多。

 # 7.6 非圆管的沿程损失

前面讨论的都是圆管内流体在两种不同流态时的压力损失的计算方法。但是在工程中也常用到非圆管的情况，例如通风、空调系统中的风道，有很多就是采用了矩形断面。如果能把非圆管折合成圆管来计算，那么根据圆管的计算公式和图表也就适用于非圆管了。在工程中通常采用水力半径的概念，建立非圆管的当量直径来实现的。

7.6.1 水力半径

水力半径定义为过流断面面积和湿周之比：

$$R=\frac{A}{\chi} \tag{7.50}$$

式中　R——水力半径，m；

　　　A——过流断面面积，m^2；

　　　χ——湿周，m。

影响沿程损失的两个主要因素是过流断面的面积和湿周。在紊流中，由于断面的流速变化主要集中在邻近管壁的流层内，沿程损失主要集中在这里。因此，流体所接触壁面的大小，也即湿周的大小是影响能量损失的主要外在条件。若两种不同的断面形式具有相同的湿周和相同的流速（平均流速），则 A 越大，通过流体的数量也就越多，因而单位重量流体的能量损失就越小。所以，沿程损失和水力半径成反比，水力半径是一个基本上能反映过流断面大小、形状对沿程损失综合影响的物理量。

圆管的水力半径为

$$R=\frac{A}{\chi}=\frac{\dfrac{\pi d^2}{4}}{\pi d}=\frac{d}{4} \tag{7.51}$$

边长分别为 a 和 b 的矩形断面水力半径为

$$R=\frac{A}{\chi}=\frac{ab}{2(a+b)} \tag{7.52}$$

7.6.2 当量直径

根据上述分析，引入当量直径的概念。令非圆管的水力半径和圆管的水力半径相等，即得到当量直径的计算公式：

$$d_e=4R \tag{7.53}$$

当量直径为水力半径的 4 倍。

因此，矩形管道的当量直径为

$$d_e = 4R = 4\,\frac{ab}{2(a+b)} = \frac{2ab}{a+b} \tag{7.54}$$

方形管道的当量直径为

$$d_e = 4R = 4\,\frac{a^2}{4a} = a \tag{7.55}$$

有了当量直径，只要用 d_e 代替 d，就可以用圆管的计算公式来计算非圆管的沿程损失，即

$$h_f = \lambda\,\frac{l}{d_e}\cdot\frac{v^2}{2g} \tag{7.56}$$

也可用当量相对粗糙度代入沿程损失系数公式中求取 λ 值。计算非圆管的 Re 时，同样可以用当量直径 d_e 代替式中的 d，即

$$Re = \frac{vd_e}{\nu} = \frac{v\,(4R)}{\nu} \tag{7.57}$$

这个 Re 可以近似地用来判别非圆管中的流态，其临界雷诺数仍取 2 300。

必须指出，采用当量直径计算非圆管沿程损失的方法，并不适用于所有情况。计算时需要注意以下两个方面：

（1）实验表明，形状与圆管差别很大的非圆管，如长条缝形断面，应用当量直径会产生较大的误差。也就是说只有当非圆管的形状与圆管偏差越小，计算的准确率才越高。

（2）用当量直径计算非圆管的沿程损失只适用于紊流流态，而不适用于层流。这是因为层流的流速分布不同于紊流，沿程损失不像紊流那样集中在管壁附近，这样单纯考虑湿周大小作为影响能量损失的主要外因条件，对层流来说就不充分了。因此，在层流中应用当量直径进行计算时，将会造成较大误差。

【例 7.3】 某钢板制风道，断面尺寸宽 $a=0.2\ \mathrm{m}$，高 $b=0.4\ \mathrm{m}$，管长 80 m，管道内平均风速为 $v=10\ \mathrm{m/s}$，空气温度 $t=20\ ℃$，求风道压强损失是多少？

解 （1）当量直径

$$d_e/\mathrm{m} = \frac{2ab}{a+b} = \frac{2\times0.2\times0.4}{0.2+0.4} = 0.267$$

（2）求 Re 查表，$t=20\ ℃$ 时，$\nu=15.7\times10^{-6}\ \mathrm{m^2/s}$。

$$Re = \frac{vd_e}{\nu} = \frac{10\times0.267}{15.7\times10^{-6}} = 1.7\times10^5$$

（3）求 K/d 钢板制风道，$K=0.15\ \mathrm{mm}$。

$$\frac{K}{d} = \frac{0.15\times10^{-3}}{0.267} = 5.62\times10^{-4}$$

查图可得 $\lambda=0.019\,5$。

（4）计算压强损失：

$$p_f/\,(\mathrm{N\cdot m^{-2}}) = \lambda\,\frac{l}{d_e}\cdot\frac{\rho v^2}{2} = 0.019\,5\times\frac{80}{0.267}\times\frac{1.2\times10^2}{2} = 350$$

 # 7.7　局部损失

实际管道都要安装阀门、弯头、三通等管件，用来控制和调节管道内的流动。当流体流过这些管件时，由于管壁和流量的改变，使得均匀流状态在这一局部区域遭到破坏，引起流速的大小、方向和分布的变化。由此而产生的能量损失，称为局部损失。

局部损失的种类繁多，形状各异，其管壁的变化大多比较复杂，多数局部损失的计算还没有从理论上解决，必须通过实验来测定局部阻力系数，以解决管路中的水力计算问题。

7.7.1 局部损失的一般分析

和沿程损失相似，局部损失一般也用流速水头的倍数来表示，其计算公式为

$$h_{\mathrm{j}} = \zeta \frac{v^2}{2g} \tag{7.58}$$

式中　ζ——局部阻力系数。

由上式可以得知，求 h_{j} 的问题转化为求 ζ 的问题了。

局部损失和沿程损失一样，不同的流态有着不同的规律可循。若流体以层流经过局部阻碍，而且受干扰后仍能以层流状态流动，局部损失也就是各层流层之间的粘性切应力引起的。由于管壁的变化，使得管内流速分布重新调整，流体质点产生剧烈变形，加强了相邻流层之间的相对运动，所以加大了这一区域的能量损失。这种情况下，局部阻力系数与雷诺成反比，即

$$\zeta = \frac{B}{Re} \tag{7.59}$$

式中，B 是随局部阻碍的形状而异的常数。上式表明，层流的局部损失与流速的一次方成正比。

但是，要想使得局部阻碍处受管壁的强烈干扰后仍能保持层流，那么只有当 Re 远小于 2 300 才有可能。这样小的 Re 在实际管道中是很少遇到的，因此，我们本节主要介绍紊流的局部损失。

局部损失的种类虽多，分析其流动的特征，主要也就是过流断面的扩大或者收缩，流动方向的改变，流量的合入与分出等几种基本形式，以及这几种基本形式的不同组合。为了研究局部损失的成因，我们选取了几种典型的流动（图 7.14），分析局部阻碍附近的流动情况，得出了引起局部损失的主要原因为流体的流动边界发生变化。

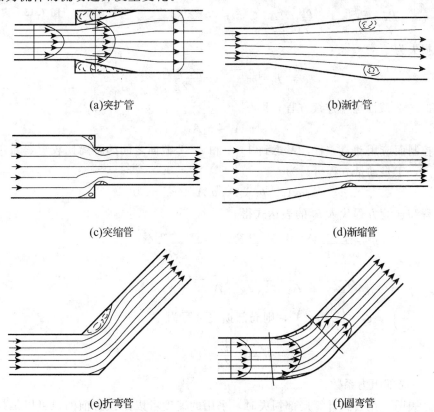

(a)突扩管　　　　　　　　　　　　　　(b)渐扩管

(c)突缩管　　　　　　　　　　　　　　(d)渐缩管

(e)折弯管　　　　　　　　　　　　　　(f)圆弯管

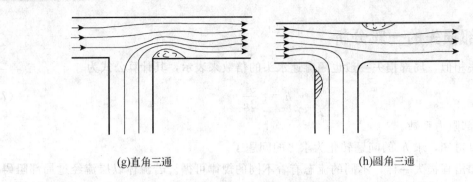

(g)直角三通   (h)圆角三通

图 7.14　几种典型的局部阻碍

7.7.2　变管径的局部损失

以下分别讨论几种典型的局部损失，首先是改变流速大小的各种变管径的能量损失。

1. 突扩管

有少数外形简单的管件，可以借助于基本方程求得它的局部阻力系数，突扩管就是其中的一个。图 7.15 为一倾斜圆管突然扩大的局部管件。对于突然扩大的情况，可以通过理论推导得到局部损失的计算公式。流体在突然扩大的管道内流动，由于流体的碰撞、惯性和附面层的影响，在拐角区形成了旋涡，引起能量损失。取 $1-1$ 和 $2-2$ 截面以及侧表面为控制体，并设截面 1 处的面积为 A_1，参数为 p_1、v_1；截面 2 处的面积为 A_2，参数为 p_2、v_2，则根据伯努利方程，有

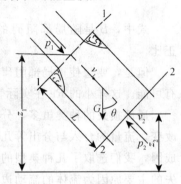

图 7.15　突然扩大

$$\frac{p_1}{\gamma}+\frac{v_1^2}{2g}+z_1=\frac{p_2}{\gamma}+\frac{v_2^2}{2g}+z_2+h_\mathrm{j}$$

于是局部损失为

$$h_\mathrm{j}=\frac{p_1-p_2}{\gamma}+\frac{v_1^2-v_2^2}{2g}$$

对 $1-1$ 和 $2-2$ 截面运用连续方程，即

$$v_1A_1=v_2A_2$$

对所取得控制面应用动量方程，考虑到 $1-1$ 和 $2-2$ 截面之间的距离比较短，通常可以不计侧表面上的表面力，于是动量方程可写为

$$p_1A_1-p_2A_2=\rho v_2A_2（v_2-v_1）$$

将动量方程和连续方程代入 h_j 的表达式得

$$h_\mathrm{j}=\frac{v_2^2-v_1v_2}{g}+\frac{v_1^2-v_2^2}{2g}=\frac{(v_1-v_2)^2}{2g}=$$

$$\frac{v_1^2}{2g}（1-\frac{A_1}{A_2}）^2=\frac{v_2^2}{2g}（\frac{A_2}{A_1}-1）^2$$

令 $\zeta_1=\left(1-\dfrac{A_1}{A_2}\right)^2$，$\zeta_2=\left(\dfrac{A_2}{A_1}-1\right)^2$，则局部损失可写为

$$h_\mathrm{j}=\zeta_1\frac{v_1^2}{2g}=\zeta_2\frac{v_2^2}{2g} \tag{7.60}$$

式中　ζ_1，ζ_2——局部阻力系数。

式（7.60）表明，用公式计算局部损失时，采用的速度可以是损失前的也可以是损失后的，但局部阻力系数也不同。由式（7.60）及局部阻力系数的表达式可以看出，突然扩大的局部阻力系数仅与管道的面积比有关而与雷诺数无关，实际上根据实验结果可知，在雷诺数不大时，局部阻力系数随着雷诺数的增大而减小，只有当雷诺数足够大（流动进入阻力平方区）后，局部阻力系数才与

雷诺数无关。

2. 渐扩管

流体流过逐渐扩张的管道时，由于管道截面积逐渐扩大，使得流速沿流向减小，压强增高，且由于粘性的影响。在靠近壁面处，由于流速小，以至于动量不足以克服逆压的倒推作用，因而在靠近壁面处出现倒流现象从而引起旋涡，产生能量损失。渐扩管的扩散角 θ 越大，旋涡产生的能量损失也越大，θ 越小，要达到一定的面积比所需的管道也越长，因而产生的

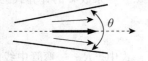

图 7.16　渐扩管

摩擦损失也越大。所以存在着一个最佳的扩散角 θ。在工程中，一般取 $\theta = 6° \sim 12°$，其能量损失最小。θ 在 60° 左右损失最大。渐扩管的局部损失系数为

$$\zeta = \frac{\lambda}{8\sin\frac{\theta}{2}}\left[1 - \left(\frac{A_1}{A_2}\right)^2\right] + K\left(1 - \frac{A_1}{A_2}\right)^2 \tag{7.61}$$

3. 突缩管

流体在突然缩小的管道中流动如图 7.17 所示，当管道的截面积突然收缩时，流体首先在大管的拐角处发生分离，形成分离区，然后在小管内也形成一个分离区。最后才占据管道的整个截面。局部阻力系数的确定可以根据实验确定。对于不可压缩流动，实验结果为

$$\zeta = 0.5\left(1 - \frac{A_2}{A_1}\right) \tag{7.62}$$

在特殊情况下，A_2/A_1 趋于 0，即流体从一个大容器进入管道且进口处具有尖锐的边缘时，局部阻力系数为 $\zeta = 0.5$。若将进口处的尖锐边缘改成圆角后，则局部损失系数 ζ 随着进口的圆滑程度而大大降低，对于圆形匀滑的边缘 $\zeta = 0.2$，入口极圆滑时 $\zeta = 0.05$。

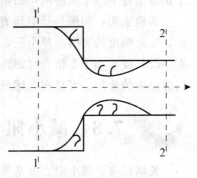

图 7.17　突然缩小的管道

4. 渐缩管

为了减小突然缩小的流动损失，通常采用渐缩管。在渐缩管中，流线不会脱离壁面，因此流动阻力主要是沿流程的摩擦引起的。对应于缩小后的流速的局部损失系数为 $\zeta = 0.05 \sim 0.06$，由此可见，在渐缩管中的流动损失很小。

7.7.3 弯管的局部损失

在弯管内的流动由于流体的惯性，流体在流过弯管时内外壁面的压力分布不同而流线发生弯曲，流体受到向心力的作用，这样弯管外侧的压强就高于内侧的压强，如图 7.18 所示。图中 AB 区域内，流体压强升高，点 B 以后，流体的压强渐渐降低。与此同时，在弯管内侧的 $A'B'$ 区域内，流体作增速降压的流动，$B'C'$ 区域内是增压减速流动。在 AB 和 $B'C'$ 这两个区域内，由于流动是减速增压的，会引起流体脱离壁面，形成旋涡区，造成损失。此外，由于粘性的作用，管壁附近的流体速度小，在内外压力差的作用下，会沿管壁从外侧向内侧流动。

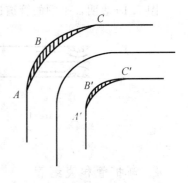

图 7.18　流体在弯管内的流动

同时，由于连续性，管中心流体会向外侧壁面流去，从而形成一个双旋涡形状的横向流动，整个流动呈螺旋状。横向流动的出现，也会引起流体能量的损失。弯管的局部损失系数可按下列经验公式计算：

$$\zeta = k \frac{\theta}{90} \tag{7.63}$$

系数 k 的计算式为

$$k = 0.131 + 0.159 \left(\frac{D}{R}\right)^{3.5} \tag{7.64}$$

式中　R——弯管中线的曲率半径；

　　　D——管径。

7.7.4　局部阻力之间的相互干扰

以上给出的局部阻力系数值，是在局部阻碍前后都有足够长的直管段的条件下，由实验测定的。测得局部损失也不仅仅是局部阻碍范围内的损失，还包括它下游一段长度因紊流脉动加剧而引起附加损失。如果局部阻碍之间相距很近，流出前一个局部阻碍的流动，在流速分布和紊流脉动还未达到正常均匀流之前又流入后一个局部阻碍，这样连在一起的两个局部阻碍，其阻力系数不等于正常条件下两个局部阻碍的阻力系数之和。

实验表明，如果局部阻碍直接连接、相互干扰的结果，局部损失可能出现大幅度的增大或减小，变化幅度约为所有单个正常局部损失总和的 0.5～3 倍。同时实验表明，如果局部阻碍之间都有一段长度不小于 3 倍直径的连接管，干扰的结果将使总的局部损失小于按正常条件下计算出的各局部损失的叠加。可见在上述条件下，如不考虑相互干扰的影响，计算结果一般是偏于安全的。

7.8　减小阻力的措施

长期以来，减小阻力就是流体力学中的一个重要研究课题。这方面的研究成果，对国民经济和国防建设等很多部门都有十分重要的意义。例如，对于在流体中航行的各种运输工具，减小阻力就意味着减小发动机的功率和节省燃料的消耗，或者在可能提供动力条件下提高飞行速度，这一点在军事上具有突出意义。对于运转的管道系统，减小阻力在节约能源上的意义是非常可观的。因此，近年来对减小阻力的研究，大家日趋重视。

减小管道中流体运动的阻力有两种完全不同的方式：一是通过改变流体边界条件来减小阻力；二是通过流体中加入少量添加剂，使其影响流体运动的内部结构实现减小阻力的目的。

1. 管道进口

图 7.19 表明，平顺的管道进口可以大幅度减小进口处的局部阻力系数，可以达到 90％以上。

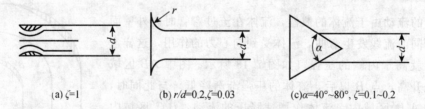

(a) $\zeta = 1$　　　　(b) $r/d = 0.2, \zeta = 0.03$　　　　(c) $\alpha = 40° \sim 80°, \zeta = 0.1 \sim 0.2$

图 7.19　几种管道进口的阻力系数

2. 渐扩管和突缩管

渐扩管的阻力系数随扩散角的大小而增减，如渐扩管制成如图 7.20（a）所示的形式，其阻力系数大约可以减小到一半左右。对突然扩大的管件制成如图 7.20（b）所示的台阶式，阻力系数也能有所减小。

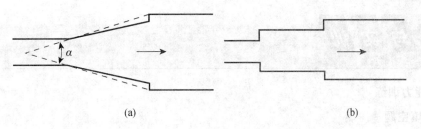

(a)   (b)

图 7.20　复合式渐扩管和台阶式突扩管

3. 弯管

弯管阻力系数在一定范围内随曲率半径 R 的增大而减小。表 7.1 给出了 90°弯管在不同的 R/d 时的 ζ 值。

表 7.1　不同 R/d 时 90°弯管的 ζ 值（$Re=10^6$）

R/d	0	0.5	1	2	3	4	6	10
ζ	1.14	1.00	0.246	0.159	0.145	0.167	0.20	0.24

从表中可以看出，在 $R/d<1$ 时，ζ 值随 R/d 的增大而急剧减小。但在 $R/d>3$ 之后，ζ 值又随 R/d 的增大而增加。这是因为随 R/d 的增加，弯管长度增大，管道的摩阻增大造成的，所以弯管 R 最好选在 $(1\sim4)\,d$ 的范围内。

4. 三通

尽可能地减小支管与合流管之间的夹角，如将正三通改为斜三通或顺水三通，都能改进三通的工作，减小局部阻力系数。配件之间的不合衔接，也会使局部阻力增大，例如在既要 90°，又要扩大断面的流动中采用先弯后扩的水头损失要比先扩后弯的水头损失大数倍，因此，如果没有其他原因，先弯后扩是不合理的。

【重点串联】

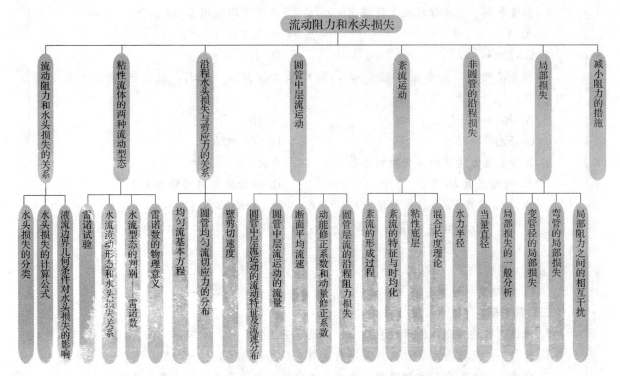

拓展与实训

职业能力训练

一、填空题

1. 水头损失包括_____损失和_____损失。

2. 粘性流体的运动存在的两种形态是_____和_____。

3. 有压管路中直径一定时，随着流量增大雷诺数 Re 将变_____；当流量一定时，随着管径增大，雷诺数 Re 将变_____。

4. 在半径为 R 的管道中，流体作层流流动，流速恰好等于管内平均流速的地方与管轴之间的距离 R 等于_____。

5. 欲使镀锌铁管内雷诺数 $Re=3.5\times10^5$ 的流动是水力光滑的，管子的直径至少要等于_____。

6. 当 $Re=10^5$ 时，直径为_____m 的镀锌铁管的沿程损失系数与 30 cm 直径铸铁管的相同。

7. 运动粘度 $\nu=4\times10^{-5}$ m^2/s 的流体在直径 $L=1$ cm 的管内以 $V=4$ m/s 的速度流动，每米管长的沿程损失为_____。

8. 有一管径 $d=25$ mm 的室内上水管，如管中流速 $v=1.0$ m/s，水温 10 ℃，管中的流态为_____，管内保持层流状态的最大流速是_____。

二、单选题

1. 在圆管中，层流的断面流速分布符合（　　）。

    A. 均匀规律　　　　　　　　　　　　B. 直线变化规律

    C. 抛物线规律　　　　　　　　　　　D. 对数曲线规律

2. 圆管层流，实测管轴线上流速为 4 m/s，则断面平均流速为（　　）。

    A. 4 m/s　　　　　　　　　　　　　　B. 3.2 m/s

    C. 2 m/s　　　　　　　　　　　　　　D. 1.0 m/s

3. 变直径管流，细断面直径为 d_1，粗断面直径为 $d_2=2d_1$，粗细断面雷诺数关系是（　　）。

    A. $Re_1=0.5Re_2$　　　　　　　　　　B. $Re_1=Re_2$

    C. $Re_1=1.5Re_2$　　　　　　　　　　D. $Re_1=2Re_2$

4. 圆管紊流过渡区的沿程摩阻系数 λ（　　）有关。

    A. 与雷诺数 Re 有关　　　　　　　　B. 与管壁相对粗糙度有关

    C. 与雷诺数 Re 及粗糙程度有关　　　D. 与 Re 和管长有关

5. 内径 $d=6$ mm 的水管，水温 20 ℃，管中流量为 0.02 L/s，则管中水流的流态为（　　）。

    A. 层流　　　　　　　　　　　　　　B. 紊流

    C. 均匀流　　　　　　　　　　　　　D. 非均匀流

三、简答题

1. 怎样判别粘性流体的两种液态——层流和紊流？

2. 为何不能直接用临界流速作为判别液态（层流和紊流）的标准？

3. 常温下，水和空气在相同的直径的管道中以相同的速度流动，哪种流体易为紊流？

4. 紊流不同阻力区（光滑区、过渡区、粗糙区）沿程摩擦阻力系数 λ 的影响因素有何不同？

5. 什么是当量粗糙？当量粗糙高度是怎样得到的？

6. 造成局部水头损失的主要原因是什么？

工程模拟训练

1. 钢筋混凝土输水管直径为 300 mm，长度为 500 m，沿程水头损失为 1 m，试用谢才公式求管道中流速。

2. 通风管径直径为 250 mm，输送的空气温度为 20 ℃，试求保持层流的最大流量。若输送空气的质量流量为 200 kg/h，其流态是层流还是紊流？

3. 有一矩形断面的小排水沟，水深 15 cm，底宽 20 cm，流速 0.15 m/s，水温 10℃，试判别流态。

4. 输油管的直径 $d=150$ mm，$Q=16.3$ m³/h，油的运动粘度 $\nu=0.2$ cm²/s，试求每千米管长的沿程水头损失。

5. 为了测定圆管内径，在管内通过运动粘度 ν 为 0.013 cm²/s 的水，实测流量为 35 cm³/s，长 15 m 管段上的水头损失为 2 cm 水柱，试求此圆管的内径。

6. 自来水管长 600 m，直径 300 mm，铸铁管道，通过流量 60 m³/h，试用穆迪图计算沿程水头损失。

链接执考

[2006 年度全国勘探设计注册工程师执业资格考试基础试卷（单选题）]

粘性流体总水头线沿程变化是（   ）。

A. 沿程下降　　　　　　　　　　　B. 沿程上升

C. 保持水平　　　　　　　　　　　D. 前三种都有可能

[2009 年度全国勘探设计注册工程师执业资格考试基础试卷（单选题）]

以下哪项措施不能有效减小管道中流体的流动阻力（   ）。

A. 改进流体的外部边界

B. 提高流速

C. 减小对流体的扰动

D. 在流体内加极少量的添加剂改善流体运动的内部结构

模块 8

有压管流

【模块概述】

管道是水利水电、给水排水、市政建设、建筑环境与设备、交通运输等工程中常见的流体输送设施。当管道内没有自由液面，整个过流断面都被流体充满，过流断面上各点的动水压强高于或低于大气压强时称为有压管流，当输送流体的管道没有被流体所充满而存在自由液面，且液面上为大气压强时，称为无压管流。有压管道是生产和生活输水系统、通风燃气输配系统、水电站压力引水系统等的重要组成部分，研究有压管流具有重要的实际意义。本章将应用以上各章讨论的流体运动的基本规律对实际工程中常见的有压管流问题进行分析和计算。

在有压管流计算中确定水头损失是重要内容之一。水头损失包括沿程水头损失和局部水头损失两部分。在实际计算过程中通常按沿程水头损失与局部水头损失在总水头损失中所占的比重而将管道分为长管和短管两类：长管是指水头损失以沿程水头损失为主，其局部水头损失和流速水头在总水头损失中所占比重很小（一般不超过沿程水头损失的 5%），计算时忽略不计仍能满足工程要求的管道；短管是指局部水头损失和流速水头在总水头损失中所占比重较大（比如大于沿程水头损失的5%）计算时不能忽略的管道。一般来说，市政的给水干管按照长管来计算，而虹吸管、水泵的吸水管、混凝土坝内的压力泄水管等都按照短管来计算。

在实际工程中的有压管道，根据管道的布置形式可分为简单管道与复杂管道两类：前者指粗糙度相同没有分支的等直径管道，后者指由两条以上管径不同的管道组成的管系。复杂管道又分为串联管道和并联管道等。简单管道是复杂管道的组成部分，是各种管道水力计算的基础。

【知识目标】

1. 短管水力计算的方法及基本计算问题。
2. 简单长管水力计算的方法。
3. 复杂管道水力计算的问题。
4. 管网水力计算基础。
5. 水击的传播过程，压强的计算。

【技能目标】

1. 掌握短管水力计算方法与应用。
2. 掌握简单长管水力计算方法与应用。
3. 理解并联管道水力计算的基础。
4. 了解枝状管网与环状管网的计算方法。
5. 理解水击产生过程、水击压强的计算和水击的预防措施。

【学习重点】

短管水力计算及应用，简单长管的水力计算及应用，并联管道水力计算的基础、水击的产生及预防措施。

【课时建议】

3～10 课时

河北张家口市财富中心写字楼，建筑面积 16 万 m^2，主体建筑 10 层，建筑高度 41.5 m，给水工程根据建筑高度分为低区和高区，低区为 1～4 层，由市政管网（水源来自市区的南水源地，由深井水泵供水，选用球墨铸铁管，管径 DN500，供水压力 0.35 MPa，管线长度约 1 000 m，接至城市管网）直接供给，高区为 5～10 层，由设置在建筑内的加压泵组供水，高区供水管道采用钢塑复合管，供水压力 0.6 MPa；大厦供水系统为枝状管网布置。在高区供水系统运行时存在如下问题：公共卫生间用水时，其他房间均能听到水流声响，关闭阀门时水流声响停止，并伴有管道振动。

通过上面例子你明白水源地供水应选用什么样的管道系统吗？市政供水管网除了枝状管网以外还有什么样的管网吗？阀门关闭管道振动会有什么情况发生吗？

8.1 短管的水力计算

前面几章涉及的有关能量方程的许多例题和习题，实际上都属于短管的水力计算问题。工程中要求按照短管计算的有压管道一般都属于简单管道。本节将在恒定流条件下，对简单短管的水力计算问题进行分析，并结合实际问题进行讨论。根据短管的出流情况可将其分为自由出流和淹没出流加以讨论。

8.1.1 自由出流

水流经管道出口流入大气，水股四周受大气压作用的情况为自由出流，如图 8.1 所示为一简单短管，上游与水池相接，末端流入大气。管道长度为 l，管径为 d，在管道中装有一个弯头和一个闸门。

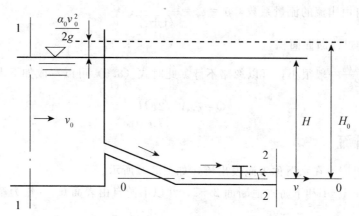

图 8.1 短管自由出流示意图

在水池中离管道入口一定距离处取断面 1—1 和管道出口处过流断面 2—2，以通过管道出口断面 2—2 形心点的水平面 0—0 为基准面，对上述两断面列能量方程：

$$H + \frac{\alpha_0 v_0^2}{2g} = 0 + \frac{\alpha_2 v^2}{2g} + h_w$$

令

$$H + \frac{\alpha_0 v_0^2}{2g} = H_0$$

可得

$$H_0 = \frac{\alpha_2 v^2}{2g} + h_w \tag{8.1}$$

式中 v——管道内断面的平均流速；

v_0——水池中的流速，又称为行进流速；

H——管道出口断面中心与水池水面的高差，称为管道的水头；

H_0——包括行进流速水头在内的总水头。

式（8.1）说明短管水流在自由出流的情况下，它的作用水头 H_0 除了用作由于克服水流阻力而引起的能量损失（包括局部和沿程两种水头损失）外，还有一部分变成动能 $\dfrac{\alpha_2 v^2}{2g}$ 被水流带到大气中去。

总的水头损失为

$$h_w = \sum h_f + \sum h_m = \sum \lambda \frac{l}{d} \frac{v^2}{2g} + \sum \zeta \frac{v^2}{2g} = \zeta_c \frac{v^2}{2g} \tag{8.2}$$

式中 ζ——局部阻力系数；

$\sum \zeta$——管中各局部阻力系数的之和（$\sum \zeta = \zeta_1 + \zeta_2 + \zeta_3$，$\zeta_1$、$\zeta_2$、$\zeta_3$ 分别表示在管道进口、弯头及闸门处的局部阻力系数）；

ζ_c——短管的总阻力系数，$\zeta_c = \sum \lambda \dfrac{l}{d} + \sum \zeta$。

将式（8.2）代入式（8.1）中，得

$$H_0 = (\zeta_c + \alpha_2) \frac{v^2}{2g} \tag{8.3}$$

取 $\alpha_2 \approx 1$ 得 $v = \dfrac{1}{\sqrt{1+\zeta_c}} \sqrt{2gH_0}$，令 $\varphi_c = \dfrac{1}{\sqrt{1+\zeta_c}}$，将其称为短管自由出流的流速系数，则

$$v = \varphi_c \sqrt{2gH_0} \tag{8.4}$$

短管自由出流的流量为

$$Q = Av = \varphi_c A \sqrt{2gH_0} = \mu_c A \sqrt{2gH_0} \tag{8.5}$$

式中 μ_c——短管自由出流的流量系数，$\mu_c = \varphi_c = \dfrac{1}{\sqrt{1+\zeta_c}}$；

A——短管的过流断面面积。

行进流速水头 $\dfrac{\alpha_0 v_0^2}{2g}$ 一般很小，可以忽略不计。此时式（8.5）可以写成如下形式：

$$Q = \mu_c A \sqrt{2gH} \tag{8.6}$$

8.1.2 淹没出流

管道的出口如果淹没在水下称为淹没出流，如图8.2所示。

取上游水池断面 1-1 和下游水池断面 2-2，并以下游自由表面 0-0 作为基准面，列能量方程如下：

$$H + \frac{\alpha_0 v_0^2}{2g} = 0 + \frac{\alpha_2 v_2^2}{2g} + h_w$$

令

$$H_0 = H + \frac{\alpha_0 v_0^2}{2g} - \frac{\alpha_2 v_2^2}{2g}$$

相对于管道过流断面面积来说，A_2 一般都很大，所以 $\dfrac{\alpha_2 v_2^2}{2g}$ 可以忽略不计，则 $H_0 = H + \dfrac{\alpha_0 v_0^2}{2g}$，由上式得

$$H_0 = h_w \tag{8.7}$$

式（8.7）说明短管水流在淹没出流的情况下，它的作用水头 H_0 完全消耗在克服水流所遇到的

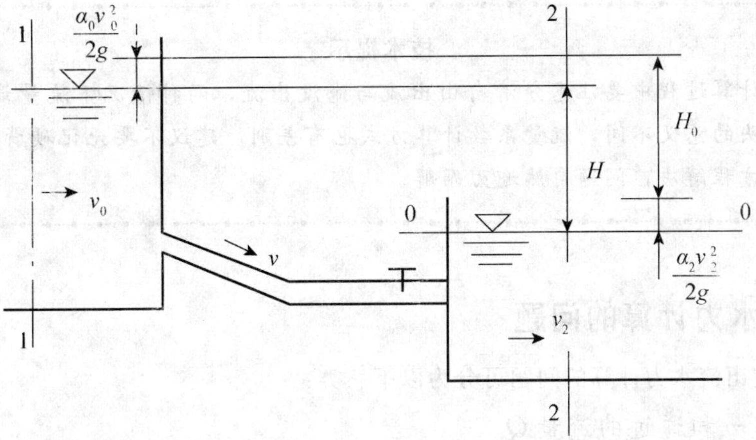

图 8.2 短管淹没出流示意图

沿程阻力和局部阻力上。

式 (8.7) 中的水头损失为

$$h_w = \sum h_f + \sum h_m = \left(\sum \lambda \frac{l}{d} + \sum \zeta \right) \frac{v^2}{2g} \tag{8.8}$$

式 (8.8) 中的 ζ 和 ζ_c 的意义与式 (8.2) 中所表示的相同。在图 8.2 中

$$\sum \zeta = \zeta_1 + \zeta_2 + \zeta_3 + \zeta_4$$

式中 ζ_1，ζ_2，ζ_3，ζ_4 ——分别在管道进口、弯头、闸门及管道出口处的局部阻力系数。

将式 (8.8) 代入式 (8.7) 中得

$$H_0 = \left(\sum \lambda \frac{e}{d} + \sum \zeta \right) \frac{v^2}{2g}$$

令 $\varphi_c = \dfrac{1}{\sqrt{\zeta_c}}$，将其称为短管淹没出流的流速系数，则

$$v = \varphi_c \sqrt{2gH_0} \tag{8.9}$$

短管淹没出流的流量为

$$Q = vA = \varphi_c A \sqrt{2gH_0} = \mu_c A \sqrt{2gH_0} \tag{8.10}$$

式中 μ_c——短管淹没出流的流量系数，$\mu_c = \varphi_c = \dfrac{1}{\sqrt{\sum \lambda \dfrac{e}{d} + \sum \zeta}}$；

A——短管的过流断面面积。

当行进流速水头 $\dfrac{\alpha_0 v_0^2}{2g}$ 可以忽略不计。此时式 (8.10) 可以写成如下形式：

$$Q = \mu_c A \sqrt{2gH} \tag{8.11}$$

比较式 (8.6) 和式 (8.10) 可以看出，短管在自由出流时的有效水头是出口断面形心点以上的水头 H，淹没出流时是上下游水位差；其次，两种情况下流量系数 μ_c 的计算公式虽然不同，但是数值是相等的。因为淹没出流时，μ_c 计算公式的分母上虽然较自由出流时少了一项 α_2（取 $\alpha_2 \approx 1$），但是后者的 $\sum \zeta$ 中比前者的 $\sum \zeta$ 中多了一个出口局部阻力系数 ζ_4，在淹没出流时这个系数恰为 1，故其他条件相同时两者的 μ_c 值实际上是相等的。

8.1.3　短管水力计算的问题

简单短管恒定出流水力计算的问题可分为以下三类:

1. 计算流速 v 和通过的流量 Q

给定作用水头和管道的参数,这类问题多属校核性质,验算过流能力或者是验算流速大小是否满足经济流速的要求。

2. 计算作用水头 H

如设计水箱或水塔水位标高,确定水泵扬程的问题。

3. 设计管径 d

这类问题直接用公式求解有困难,因为公式中的流量系数和过流断面面积均包含待求的管径,这属于不定解问题。在实际工作中,通常是根据流量和管道经济流速,先求出管径,再按管道统一规格选择相应标准管径。

8.1.4　短管水力计算的应用

1. 虹吸管的水力计算

虹吸管是部分管轴线高于上游水源自由水面的输水管道。在给排水工程中有广泛的用途,虹吸管工作时,必须由真空泵或水射器将虹吸管内空气抽出,形成部分真空,水在上游水面大气压强作用下进入虹吸管并充满它,之后在上、下游水头差的作用下,使水不断流向下游集水井或水池。虹吸管高出上游水面的部分,是在真空状态下工作的,只要虹吸管内真空不被破坏,并使上下游自由水面保持一定的高差,虹吸管就能连续输水。但是当真空度达到某一限值时,将使溶解在水中的空气分离出来,随真空度的加大,空气量增加。大量气体集结在虹吸管顶部,缩小了有效过流断面从而阻碍流动,破坏液体连续输送,以致虹吸管不能正常工作。所以在工程上为了保证虹吸管能正常工作,一般限制管内的最大真空度不得超过允许值 $[h_v]=7\sim8\text{ mH}_2\text{O}$。虹吸管水力计算的主要任务除了选择管径、确定安装高度、通过流量外,还需求出最高点处的最大真空值,看它是否小于允许的真空高度 $[h_v]$。

【例8.1】　有一渠道用直径 $d=1\,000$ mm 的混凝土虹吸管来跨越山丘,如图8.3所示,渠道上、下游水面高程差 $z=1.00$ m,虹吸管长度 $l_1=13.00$ m,$l_2=20.00$ m,$l_3=15.00$ m,沿程阻力系数各段相同 $\lambda_1=\lambda_2=\lambda_3=0.024$,每个弯头局部阻力系数 $\zeta_1=0.183$,进口局部阻力系数 $\zeta_2=0.5$,出口局部阻力系数 $\zeta_3=1.0$。试求:

(1) 虹吸管的流量;

(2) 当虹吸管中的最大允许真空度 $h_v=7.00$ mH$_2$O 时虹吸管的安装高度。

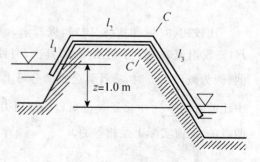

图8.3　虹吸管示意图

解 （1）由题意知该装置为淹没出流问题，利用式（8.11）计算流量即可。

流量系数计算如下：

$$\mu_c = \frac{1}{\sqrt{\sum \lambda \dfrac{l}{d} + \sum \zeta}} = \frac{1}{\sqrt{\lambda \left(\dfrac{l_1 + l_2 + l_3}{d} \right) + \zeta_2 + \zeta_3 + 2\zeta_1}} =$$

$$\frac{1}{\sqrt{0.024 \left(\dfrac{13 + 20 + 15}{1} \right) + 0.5 + 1.0 + 2 \times 0.183}} =$$

$$0.575$$

虹吸管的流量为

$$Q/(\mathrm{m^3 \cdot s^{-1}}) = \mu_c A \sqrt{2gz} = 0.575 \times 3.14 \times \left(\frac{1}{2} \right)^2 \times \sqrt{2 \times 9.8 \times 1.00} = 1.999$$

（2）最大真空度发生在第二个弯头 $C-C$ 断面处，以上游水面为基准面，令 $C-C$ 断面至上游水面高差为 z_2，列能量方程得

$$\frac{p_a}{\rho g} = z_2 + \frac{p_c}{\rho g} + \frac{\alpha v^2}{2g} + h_w$$

式中 $l_c = l_1 + l_2$，将 $h_w = \left(\alpha + \lambda \dfrac{l_c}{d} + \zeta_2 + 2\zeta_1 \right) \dfrac{v^2}{2g}$ 代入上式得

$$\frac{p_a - p_c}{\rho g} = z_2 + \left(\alpha + \lambda \frac{l_c}{d} + \zeta_2 + 2\zeta_1 \right) \frac{v^2}{2g} \leqslant h_v$$

$$z_2 \leqslant h_v - \left(\alpha + \lambda \frac{l_c}{d} + \zeta_2 + 2\zeta_1 \right) \frac{v^2}{2g}$$

式中，局部阻力系数

$$\zeta_2 + 2\zeta_1 = 0.5 + 2 \times 0.183 = 0.866$$

$$流速\ v/(\mathrm{m \cdot s^{-1}}) = \frac{4Q}{\pi d^2} = \frac{4 \times 1.999}{\pi \times 1^2} = 2.55$$

将数据代入上式得最大安装高度：

$$z_2/\mathrm{m} \leqslant 7.0 - \left(1 + 0.024 \frac{13 + 20}{1} + 0.866 \right) \frac{2.55^2}{2 \times 9.8} = 6.12$$

2. 水泵吸水管的水力计算

水泵是将动力机的机械能转化为被输送液体机械能的水力机械。水泵吸水管是指取水点至水泵进口的管道，吸水管长度一般较短，管道配件多，局部水头损失不能忽略，所以通常按短管计算。由于水泵叶轮旋转，使水泵进口处形成真空，水泵进口处的真空高度是有限制的。当进口压强降低至该温度下的汽化压强时，水因汽化而生成大量气泡，形成气蚀，破坏水泵正常工作。为了防止气蚀发生，通常由实验确定水泵进口的允许真空高度。当水泵进口断面真空高度等于允许真空高度 $[h_v]$ 时，就可根据抽水量和吸水管道的情况确定水泵的允许安装高度。结合例题说明如下：

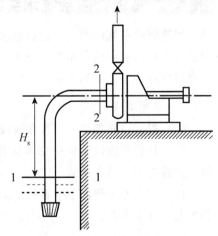

图 8.4　离心泵装置示意图

【例 8.2】　某离心泵装置如图 8.4 所示，已知泵的抽水量 $Q = 0.008\ \mathrm{m^3/s}$，提水高度 10 m，吸水管长度 $l = 7.5$ m，直径 $d = 100$ mm，沿程阻力系数 $\lambda = 0.045$，局部阻力系数：吸水滤网 $\zeta_1 = 7.0$，弯头 $\zeta_2 = 0.25$。如水泵最大允许真空高度 $[h_v] = 5.7\ \mathrm{mH_2O}$，试确定水泵的允许安装高度 $[H_s]$。

解 以水源水面为基准面，并忽略吸水源水面流速，取水源水面 1—1 和水泵进口 2—2 面列能量方程，得

$$0 = H_s + \frac{p_2}{\rho g} + \frac{\alpha v^2}{2g} + h_w$$

将 $h_w = \lambda \frac{l}{d} \frac{v^2}{2g} + \sum \zeta \frac{v^2}{2g}$ 代入上式，得

$$H_s = \frac{-p_2}{\rho g} - \left(\alpha + \lambda \frac{l}{d} + \sum \zeta\right) \frac{v^2}{2g} = h_v - \left(\alpha + \lambda \frac{l}{d} + \sum \zeta\right) \frac{v^2}{2g}$$

$$[H_s] = [h_v] - \left(\alpha + \lambda \frac{l}{d} + \sum \zeta\right) \frac{v^2}{2g}$$

式中局部阻力系数总和 $\sum \zeta = 7 + 0.25 = 7.25$，流速

$$v/(\mathrm{m \cdot s^{-1}}) = \frac{4Q}{\pi d^2} = \frac{4 \times 0.008}{\pi \times 0.1^2} = 1.02$$

将数据代入上式得水泵的允许安装高度：

$$[H_s]/\mathrm{m} = 5.7 - \left(1 + 0.045 \frac{7.5}{0.1} + 7.25\right) \frac{1.02^2}{2 \times 9.8} = 5.08$$

技术提示

以上讨论的水力计算问题，都是在管内流动处于湍流粗糙区的前提下得出的。假如在实际工程中流动处于光滑区或过渡区，阻力系数与雷诺数有关，都需要重新计算。

【知识拓展】

① 在虹吸管的最高处和水泵吸水管内都存在负压，当负压值超过允许的真空值时，将发生汽化现象，破坏水流的连续性，导致水流运动的停止。因此限制管道或水泵的安装高度，从而限制管道内产生的真空值，保证管道和水泵的正常工作是虹吸管和水泵装置设计中必须予以考虑的问题。

② 在工程实际中，确定一个在符合技术要求的前提下，使供水成本最低的流速称为经济流速 v_e，作为确定管径的依据，由于影响经济流速的因素较多，情况比较复杂，所以这一流速的规定要从经济技术两个方面来考虑，各种输水管道的经济流速范围可查阅相关的设计手册。

8.1.5 短管管道系统水头线的绘制

短管管道系统的水头线包括总水头线和测压管水头线。有关两种水头线的含义和绘制方法，在前面章节中已有介绍，本节结合短管自由出流和淹没出流将总水头线和测压管水头线的绘制步骤及注意事项进一步总结如下：

1. 绘制步骤

（1）根据已知条件，计算各管段的沿程水头损失和各项局部水头损失。

（2）从管道进口断面的总水头开始，沿流程依次减去各项水头损失，得各相应断面的总水头值，并连接得到总水头线。

（3）由总水头线向下平移一个沿流程相应断面的流速水头值，即可得到测压管水头值，并连接得到测压管水头线。

2. 注意事项

（1）局部水头损失发生的位置。局部水头损失实际是发生在局部构件前后不太长的流段内的，但绘制总水头线时，可将局部水头损失等效地集中绘制在局部构件所在断面上。

（2）水头线的上升和下降。实际液流的总水头线永远是沿流程下降的（除非有外加能量），任意两过流断面间总水头的下降值即为这个断面间液流的水头损失；测压管水头线则可以沿流程下降、上升或水平。

（3）管道出口的边界条件。如图8.5所示，对于自由出流，液流在出口断面处没有局部水头损失，测压管水头线的终点应落在出口断面的形心上（图8.5（a））；对于淹没出流，当管道下游为敞口容器，并忽略容器内流速时，容器内的自由液面同时是出口断面的总水头和测压管水头，所以测压管水头线的终点应在容器的自由液面上，而出口断面的总水头则应以与流速水头等值的局部水头损失落在同一液面上（图8.5（b））。

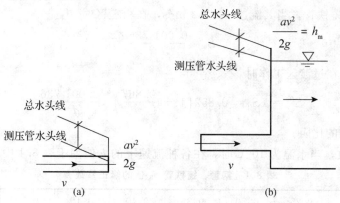

图8.5　水头线示意图

8.2　长管的水力计算

上节讨论的是短管计算的问题，如果管道较长，局部水头损失及流速水头可以忽略，计算将大为简化。当行近流速水头 $\dfrac{\alpha_0 v_0^2}{2g}$ 可以忽略不计时，式（8.1）可写成如下形式：

$$H = h_f = \lambda \frac{l}{d} \frac{v^2}{2g} \tag{8.12}$$

式（8.12）即为简单长管的基本计算公式。它表明：无论是自由出流还是淹没出流，简单长管全部作用水头都消耗于沿程水头损失；只要作用水头恒定，无论管道如何布置，它的总水头线都是与测压管水头线重合并且坡度沿流程不变的直线，如图8.6所示。

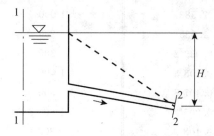

图8.6　简单长管示意图

在实际的水力计算中常将式（8.12）按下述的方式进行计算。

8.2.1　按比阻计算

将 $v = \dfrac{4Q}{\pi \cdot d^2}$ 代入式（8.12）可得

$$H = \frac{8\lambda}{g\pi^2 d^5} l Q^2$$

或
$$H = S_0 l Q^2 \qquad (8.13)$$

上式即为简单长管按比阻计算的基本公式。

式中，S_0 为管道的比阻，物理意义是单位流量通过单位长度管道所损失的水头，它随管径与沿程阻力系数而变，而阻力系数又随管壁相对粗糙度及雷诺数 Re 在变。在水利工程中，水流多处于湍流的粗糙区或过渡区，实际工程中常用以下两种方法计算比阻。

1. 专用公式

对于旧钢管或旧铸铁管，当其流速 $v \geqslant 1.2$ m/s，在粗糙区时

$$S_0 = \frac{0.001\ 736}{d^{5.3}} \qquad (8.14)$$

当 $v < 1.2$ m/s，在过渡区工作时

$$S'_0 = k S_0 = 0.852 \left(1 + \frac{0.867}{v}\right)^{0.3} \frac{0.001\ 736}{d^{5.3}} \qquad (8.15)$$

式中　S'_0——过渡区的比阻；

　　k——修正系数，当水温为 10 ℃时，在各种流速下的 k 值列于表 8.1 中。

表 8.1　钢管、铸铁管 S_0 值的修正系数 k

$v/$ (m·s^{-1})	0.20	0.25	0.30	0.35	0.40	0.45	0.50	0.55	0.60
k	1.41	1.33	1.28	1.24	1.20	1.175	1.15	1.13	1.115
$v/$ (m·s^{-1})	0.65	0.70	0.75	0.80	0.85	0.90	1.0	1.1	$\geqslant 1.2$
k	1.10	1.085	1.07	1.06	1.05	1.04	1.03	1.015	1.00

按式 (8.14) 计算 S_0 值时 d 以米计，对各种标准管径，可直接从表 8.2 或表 8.3 中查 S_0 值。

表 8.2　钢管的比阻 S_0 值 （s^2/m^6）

公称直径/mm	$S_0/$ (s^2·m^{-6})	公称直径/mm	$S_0/$ (s^2·m^{-6})
125	106.2	500	0.062 22
150	44.95	600	0.023 84
175	18.96	700	0.011 50
200	9.273	800	0.005 665
225	4.822	900	0.003 034
250	2.583	1 000	0.001 736
275	1.535	1 200	0.000 660 5
300	0.939 2	1 300	0.000 432 2
325	0.608 8	1 400	0.000 291 8
350	0.407 8	1 500	0.000 202 4
400	0.206 2	1 600	0.000 143 8
450	0.108 9	1 800	0.000 077 02

2. 通用公式

对于在粗糙区工作的各种管材均适用的沿程阻力系数公式中以曼宁公式较简便，将 $C = \frac{1}{n} R^{\frac{1}{6}}$，

$\lambda = \frac{8g}{C^2}$ 代入 $S_0 = \frac{8\lambda}{\pi^2 g d^5}$，得

$$S_0 = \frac{10.3 n^2}{d^{5.33}} \qquad (8.16)$$

式中　R——水力半径，对于圆管 $R=\dfrac{d}{4}$；

　　　　C——谢才系数；

　　　　n——粗糙系数。

以式（8.16）对标准管计算出的 S_0 值列于表8.4。

表 8.3　铸铁管的比阻 S_0 值（$s^2 \cdot m^6$）

公称直径/mm	$S_0/$（$s^2 \cdot m^{-6}$）	公称直径/mm	$S_0/$（$s^2 \cdot m^{-6}$）
75	1709	400	0.223 2
100	365.3	450	0.119 5
125	110.8	500	0.068 39
150	41.85	600	0.026 02
200	9.029	700	0.011 50
250	2.752	800	0.005 665
300	1.025	900	0.003 034
350	0.452 9	1000	0.001 736

表 8.4　管道在湍流粗糙区的比阻 S_0 值（s^2/m^6）

公称直径/mm	S_0（s^2/m^6）		
	$n=0.012$	$n=0.013$	$n=0.014$
75	1 480	1 740	2 010
100	319	375	434
150	36.7	43.0	49.9
200	7.92	9.30	10.8
250	2.41	2.83	3.28
300	0.911	1.07	1.24
350	0.401	0.471	0.545
400	0.196	0.230	0.267
450	0.105	0.123	0.143
500	0.059 8	0.070 2	0.081 5
600	0.022 6	0.026 5	0.030 7
700	0.009 93	0.011 7	0.013 5
800	0.004 87	0.005 73	0.006 63
900	0.002 60	0.003 05	0.003 54
1 000	0.001 48	0.001 74	0.002 01

8.2.2　按水力坡度计算

式（8.12）可写成

$$J=\frac{H}{l}=\frac{h_f}{l}=\lambda \frac{1}{d}\frac{v^2}{2g} \tag{8.17}$$

上式即为简单管道按水力坡度计算的关系式。水力坡度 J 是一定流量 Q 通过单位长度管道所需要的作用水头。在有些设计手册中给出了按水力坡度 J、流速 v、管径 d 的计算表格和公式，见表8.5。

对钢管、铸铁管在粗糙区工作时（$v \geqslant 1.2$ m/s）：计算公式如下：

$$1\,000J=1.07\frac{v^2}{d^{1.3}} \tag{8.18}$$

在过渡区工作时（$v<1.2$ m/s）计算公式如下：

$$1\,000J=0.912\frac{v^2}{d^{1.3}}\left(1+\frac{0.867}{v}\right)^{0.3} \tag{8.19}$$

对于钢筋混凝土管道，通常采用谢才公式计算水力坡度：

$$J=\frac{v^2}{C^2R} \tag{8.20}$$

表 8.5 铸铁管的 1 000J 和 v 值（部分）

Q		公称直径/mm								
		300		350		400		450		500	
m³/h	L/s	v	1 000J	v	1 000J	v	1 000J	v	1 000J	v	1 000J
439.2	122	1.73	15.3	1.27	6.74	0.97	3.42	0.77	1.90	0.62	1.13
446.4	124	1.75	15.8	1.29	6.96	0.99	3.53	0.78	1.96	0.63	1.16
453.6	126	1.78	16.3	1.31	7.19	1.00	3.64	0.79	2.02	0.64	1.20
460.8	128	1.81	16.8	1.33	7.42	1.02	3.75	0.80	2.09	0.65	1.23
468.0	130	1.84	17.3	1.35	7.65	1.03	3.85	0.82	2.15	0.66	1.27
511.2	142	2.01	20.7	1.48	9.13	1.13	4.55	0.89	2.53	0.72	1.49
518.4	144	2.04	21.3	1.50	9.39	1.15	4.67	0.91	2.59	0.73	1.53
525.6	146	2.07	21.8	1.52	9.65	1.16	4.79	0.92	2.66	0.74	1.57
532.8	148	2.09	22.5	1.54	9.92	1.18	4.92	0.93	2.73	0.75	1.61
540.0	150	2.12	23.1	1.56	10.2	1.19	5.04	0.94	2.80	0.76	1.65
547.2	152	2.15	23.7	1.58	10.5	1.21	5.16	0.96	2.87	0.77	1.69
554.4	154	2.18	24.3	1.60	10.7	1.23	5.29	0.97	2.94	0.78	1.73
561.6	156	2.21	24.0	1.62	11.0	1.24	5.43	0.98	3.01	0.79	1.77

简单长管与短管类似，水力计算主要有以下四类：

（1）计算通过的流量 Q。给定作用水头和管道的参数，验算过流能力是否满足要求。

（2）计算作用水头 H。实际是求通过流量 Q 时管道的水头损失，但需要求管内流速，以判别是否满足要求。

（3）已知管线布置和输水流量，设计管径 d。

（4）已知流量和管长，求管径 d 和作用水头 H。这类问题的计算也是从技术和经济两方面综合考虑，确定经济流速，可以求出管径 d，这样求水头 H 也转化为第二类问题。

【例 8.3】 由水塔沿管长 $l=2\,500$ m，管径 $d=400$·mm 的铸铁管向工厂供水，如图 8.7 所示。水塔处地形标高 $\nabla_1=61.0$ m，水塔水面距地面高度 $H_1=18$ m，工厂地形标高 $\nabla_2=45.0$ m，工厂所需的自由水头 $H_2=25$ m，试按比阻和水力坡度两种方法求通过管道的流量。

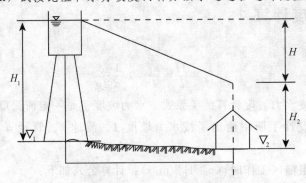

图 8.7 水塔供水示意图

解 由题意知本题按简单长管计算，计算过程如下：

（1）按比阻计算。以海平面为基准面，在水塔水面与管段末端出口断面间列能量方程：

$$(H_1+\nabla_1)+0+0=\nabla_2+H_2+0+h_f$$

所以管道末端的作用水头为

$$H/\text{m}=h_f=(H_1+\nabla_1)-(H_2+\nabla_2)=(61.0+18)-(25+45.0)=9$$

设水流位于湍流的粗糙区，由表 8.3 查得 $d=400$ mm，铸铁管比阻 $S_0=0.2232$ s²/m⁶，代入式（8.13）得

$$Q/(\text{m}^3\cdot\text{s}^{-1})=\sqrt{\dfrac{H}{S_0 l}}=\sqrt{\dfrac{9}{0.223\ 2\times2\ 500}}=0.127$$

校核

$$v/(\text{m}\cdot\text{s}^{-1})=\dfrac{4Q}{\pi d^2}=\dfrac{4\times0.127}{\pi\times0.4^2}=1.0<1.2$$

属于过渡区，比阻需要修正，由表 8.1 查得 $v=1$ m/s 时，$k=1.03$。修正后流量为

$$Q/(\text{m}^3\cdot\text{s}^{-1})=\sqrt{\dfrac{H}{kS_0 l}}=\sqrt{\dfrac{9}{1.03\times0.223\ 2\times2\ 500}}=0.125$$

（2）按水力坡度计算。由式（8.16）得

$$J=\dfrac{H}{l}=\dfrac{9}{2\ 500}=0.003\ 6$$

由表 8.5 查得 $d=400$ mm，$1\ 000J=3.64$ 时，$Q=126$ L/s，内插 $1\ 000J=3.6$ 时的 Q 值：

$$Q=126-2\times\dfrac{0.04}{0.11}=125\ \text{L/s}=0.125\ \text{m}^3/\text{s}$$

与按比阻计算结果一致。

技术提示

在实际工程应用中需要注意，表 8.1、8.3、8.4、8.5 中列出的虽然是公称直径，但是比阻是根据计算内径通过公式（8.14）计算得出的。计算内径考虑到管道使用后的腐蚀和结垢，它一般略小于新管的内径。相同公称直径的钢管与铸铁管的计算内径一般不同。

 ## 8.3　复杂管道的水力计算

8.3.1　串联管道

由直径不同的几段管道首尾依次连接而成的管道，称为串联管道。各管段通过的流量可能沿程不变，但是因为沿管线每隔一段距离有流量分出，随着沿程流量的减少，从而各管段有不同的流量。

串联管道通常用于沿程向多处供水的情况，有时供水点虽然只有一处，但是为了节省管材，充分利用作用水头，也采用串联管道。在实际工程中，串联管道通常按长管计算。

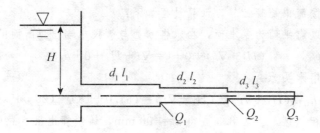

图 8.8　串联管道示意图

图 8.8 为一各管段流量不同的串联管道，设各管段长度、直径、流量和各管段末端分出的流量用 l_i、d_i、Q_i 和 q_i 表示。则由式（8.13）得各管段的水头损失为

$$h_f = S_{0i} l_i Q_i^2$$

串联管道总水头 H 应等于各管段水头损失之和：

$$H = \sum_{i=1}^{n} h_{f_i} = \sum_{i=1}^{n} S_{0i} l_i Q_i^2 \tag{8.21}$$

式中　n——管段总数。

串联管道中各管段的连接点称为节点。根据连续性方程可知，流向节点的流量等于流出节点的流量，即

$$Q_i = Q_{i+1} + q_i \tag{8.22}$$

从上式可知，当沿途无流量分出，即 $q_i = 0$ 时，各管段通过流量均相等。

式（8.21）、（8.22）是串联管道水力计算的基本公式，可以求解 Q、H、d 三类问题。

串联管道的测压管水头线与总水头线重合，整个管道的水头线呈折线形。这是因为各管段流速不同其水力坡度也各不相等。

> **技术提示**
>
> 在串联管道实际计算中，如果局部水头损失和流速水头不能忽略时，则常将它们按沿程水头损失的某一百分数估算后，再按长管串联规律计算。

8.3.2　并联管道

凡是两条或两条以上的管道在同一点分开又在另一点汇合所组成的管道称为并联管道，如图 8.9 所示。流体从总管道节点 A 上分出三根管段，这些管段又汇集到另一节点 B 上。并联管道一般按长管计算。

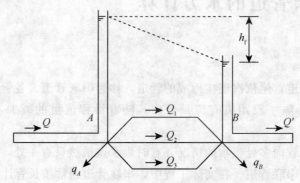

图 8.9　并联管道示意图

并联管道的水流特点是节点 A 与节点 B 之间各并联管段的水头损失都相等。因为管道的 A、B 点为各并联管段共同所有，假如在 A、B 两点放置测压管，显然每根测压管只能有一个水面高程。所以单位重量流体通过 A、B 间任何一条管道能量损失都是相同的，即

$$h_{f1} = h_{f2} = h_{f3} = h_{fAB}$$

用比阻表示可写成

$$S_{01}l_1Q_1{}^2 = S_{02}l_2Q_2{}^2 = S_{03}l_3Q_3{}^2 = h_{fAB} \tag{8.23}$$

并联管道的各管段直径、长度、粗糙度可能不同，因而流量也会不同。由连续性方程知，流向节点的流量等于由节点流出的流量，所以节点 A 之前的干管流量

$$Q = Q_1 + Q_2 + Q_3 + q_A \tag{8.24}$$

式（8.24）q_A 为由节点 A 分出管道外部的流量。若无流量分出，则干管流量等于各分路流量之和。式（8.23）、（8.24）是并联管道水力计算的基本公式，可以求解 Q、H、d 三类问题。

【例 8.4】 管道并联，已知总流量 $Q = 160$ L/s，管径 $d_1 = 300$ mm，$d_2 = 200$ m，管长 $l_1 = 500$ m，$l_3 = 300$ m，管道为铸铁管（$n = 0.013$），求并联管道两端节点水头损失及各支管的流量 Q_1、Q_2。

解 由题意知，$S_{01}l_1Q_1{}^2 = S_{02}l_2Q_2{}^2 = h_f$，查表 8.4 得：$n = 0.013$，$d_1 = 300$ mm，$S_{01} = 1.07$，$d_2 = 200$ mm，$S_{02} = 9.30$，代入上式得

$$2.28Q_2 = Q_1$$

又知 $Q_2 + Q_1 = Q$，$2.28Q_2 + Q_2 = 0.16$ m^3/s

则

$$Q_1 / (\mathrm{m^3 \cdot s^{-1}}) = 0.111$$
$$Q_2 / (\mathrm{m^3 \cdot s^{-1}}) = Q - Q_1 = 0.16 - 0.111 = 0.049$$

> **技术提示**
>
> 各并联支管的水头损失相等，只表明通过每一并联支管的单位重量流体的机械能损失相等；但各支管的长度、直径及粗糙系数可能不同，因此通过流量也不相同，故通过各并联支管水流的总机械能损失是不相同的。流量大，总的机械能损失就大。

8.3.3 沿程均匀泄流管道

前面讨论的管道其流量在每一管段范围内沿程均不变，流量集中在管段末端流出，但在实际工程上有许多从侧面不断连续泄流的管道（滤池的反冲洗管、冷却塔的配水管等），一般来说，沿程泄出的流量是不均匀的，本节我们只研究一种简单的情况：沿程均匀泄流的管道（单位长度管道泄出的流量相等）。

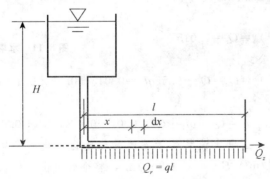

图 8.10 沿程均匀泄流供水示意图

如图 8.10 所示为一沿程均匀泄流的管道，长度为 l，管径为 d，单位长度上的泄流量 q、管道末端流出的流量为 Q_z。在距离管道进口 x 处通过的流量为 Q_x，在 $\mathrm{d}x$ 长度上的水头损失为 $\mathrm{d}h_f = S_0Q_x^2\mathrm{d}x$，将 $Q_x = Q_z + Q_t - Q_t\dfrac{x}{l}$ 代入，得

$$\mathrm{d}h_f = S_0\left(Q_z + Q_t - Q_t\frac{x}{l}\right)^2\mathrm{d}x$$

将上式沿管长积分，即得整个管道的水头损失：

$$h_f = \int_0^l \mathrm{d}h_f = \int_0^l S_0 \left(Q_z + Q_t - Q_t \frac{x}{l} \right)^2 \mathrm{d}x$$

当管道的沿程阻力系数和直径不变，且流动处于湍流粗糙区时，则比阻 S_0 是常数，从而展开上式积分后，得

$$h_f = S_0 l \left(Q_z^2 + Q_z Q_t + \frac{1}{3} Q_t^2 \right) \tag{8.25}$$

由于 $Q_z^2 + Q_z Q_t + \frac{1}{3} Q_t^2 \approx (Q_z + 0.55 Q_t)^2$，则式（8.25）可近似表示为

$$h_f = S_0 l (Q_z + 0.55 Q_t)^2 \tag{8.26}$$

在实际计算中，常引用计算流量 $Q_c = Q_z + 0.55 Q_t$，引入此流量的目的是沿程均匀泄流管道可以按流量为 Q_c 的简单管道进行计算。则式（8.26）可表示成

$$h_f = S_0 l Q_c^2 \tag{8.27}$$

在流量 $Q_z = 0$ 的特殊情况下，式（8.25）成为

$$h_f = \frac{1}{3} S_0 l Q_t^2 \tag{8.28}$$

上式表明，管道在只有沿程均匀途泄流量时，其水头损失仅为简单管道在通过流量为 Q_t 时水头损失的三分之一。

【例 8.5】 由水塔供水的输水管道，如图 8.11 所示，全管道包括三段，中间 AB 段为沿程均匀泄流管道，沿程单位长度上的泄流量 $q = 0.1 \ \mathrm{m^3/(s \cdot m)}$，第一、二段管段接头处泄流量 $Q_1 = 0.01 \ \mathrm{m^3/s}$，第三段管段末端的流量为 $Q_z = 0.015 \ \mathrm{m^3/s}$，各管段的长度及直径分别为 $l_1 = 500 \ \mathrm{mm}, d_1 = 200 \ \mathrm{mm}$；$l_2 = 150 \ \mathrm{mm}, d_2 = 150 \ \mathrm{mm}$；$l_3 = 200 \ \mathrm{mm}, d_3 = 125 \ \mathrm{mm}$；管道均为铸铁管，求需要的水头 H。

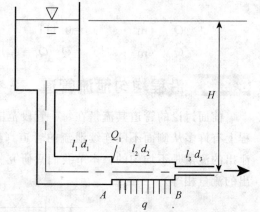

图 8.11 水塔沿程均匀泄流供水示意图

解 首先确定各串联管道的流量：

第三管段的流量为

$$Q_3 / (\mathrm{m^3 \cdot s^{-1}}) = Q_z = 0.015$$

第二管段采用计算流量公式得

$$Q_2 / (\mathrm{m^3 \cdot s^{-1}}) = Q_c = Q_3 + 0.55 q l_2 = 0.015 + 0.55 \times 0.1 \times 0.15 = 0.023$$

第一管段流量为

$$Q / (\mathrm{m^3 \cdot s^{-1}}) = Q_1 + q l_2 + Q_3 = 0.01 + 0.1 \times 0.15 + 0.015 = 0.04$$

再判断各管段的阻力区，三段水流均处于湍流的粗糙区，比阻不需修正。查表 8.3 得 $S_{01} = 9.029 \ \mathrm{s^2/m^6}$，$S_{02} = 4185 \ \mathrm{s^2/m^6}$，$S_{03} = 110.8 \ \mathrm{s^2/m^6}$，整个管道由三管段串联而成，因而作用水头等于各管段水头损失之和：

$$H = \sum h_f = S_{01} l_1 Q^2 + S_{02} l_2 Q_2^2 + S_{03} l_3 Q_3^2$$

代入数值得

$$H / \mathrm{m} = 9.029 \times 500 \times 0.04^2 + 41.85 \times 150 \times 0.023^2 + 110.8 \times 200 \times 0.015^2 = 15.53$$

【知识拓展】

复杂短管水力计算方法

在水利工程中的有压输水隧洞或某些管道，因结构或其他方面的要求，各段有不同的断面尺寸，但整个管道的流量沿程不变，也属于串联管道，管道长度不大，局部水头损失不能略去，应按

复杂短管来考虑，下面以例题的形式加以分析：

如图 8.12 所示，由水箱经变直径管道输水，$H=16$ m，直径 $d_1=d_3=50$ mm，$d_2=70$ mm，各管道长度 $l_1=6$ m，$l_2=4$ m，$l_3=10$ m，沿程阻力系数 $\lambda=0.03$，局部阻力系数：进口 $\zeta_1=0.5$，突然扩大管段 ζ_2，突然缩小管段 ζ_3（对应细管流速）试求流量。

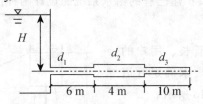

图 8.12　复杂短管自由出流示意图

解　从题干分析，管径发生了变化，显然是一个复杂管道的问题，又知局部阻力系数，还要考虑局部水头损失，所以这又是一个短管的问题。相对于前述的简单短管来讲要复杂一些。

在水池中离管道井口一定距离处取断面和管道出口处过流断面 3—3，取通过管道出口断面 3—3 形心点的水平面为基准面，对上述两断面列能量方程：

$$H+\frac{\alpha_0 v_0^2}{2g}=0+\frac{\alpha_3 v_3^2}{2g}+h_{\mathrm{w}}$$

行进流速水头 $\dfrac{\alpha_0 v_0^2}{2g}$ 一般很小，可以忽略不计，则 $v_1=v_3$。

$$H=\frac{\alpha_3 v_3^2}{2g}+h_{\mathrm{w}}$$

$$h_{\mathrm{w}}=\sum h_{\mathrm{f}}+\sum h_{\mathrm{m}}=\lambda\frac{l_1+l_3}{d_1}\frac{v_3^2}{2g}+\lambda\frac{l_2}{d_2}\frac{v_2^2}{2g}+\zeta_1\frac{v_3^2}{2g}+\zeta_2\frac{v_3^2}{2g}+\zeta_3\frac{v_3^2}{2g}$$

其中

$$\zeta_3=0.5\left(1-\frac{A_3}{A_2}\right)=0.5\left[1-\left(\frac{50}{70}\right)^2\right]=0.245$$

$$\zeta_2=\left[1-\left(\frac{d_1}{d_2}\right)^2\right]^2=\left[1-\left(\frac{50}{70}\right)^2\right]^2=0.24$$

$$H=\left[\alpha_3+\lambda\frac{l_1+l_3}{d_1}+\zeta_1+\zeta_2+\zeta_3+\lambda\frac{l_2}{d_2}\cdot\frac{d_1^4}{d_2^4}\right]\cdot\frac{v_3^2}{2g}=$$

$$\left[1+0.03\times\frac{16}{0.05}+0.5+0.24+0.245+0.03\times\frac{4}{0.07}\times\left(\frac{50}{70}\right)^4\right]\cdot\frac{v_3^2}{2g}=$$

$$12.03\cdot\frac{v_3^2}{2g}$$

$$v_3/(\mathrm{m\cdot s^{-1}})=\sqrt{\frac{2gH}{12.03}}=\sqrt{\frac{19.6\times16}{12.03}}=5.11$$

$$Q/(\mathrm{m^3\cdot s^{-1}})=v_3\frac{\pi d_3^2}{4}=5.11\times\frac{\pi\times(0.05)^2}{4}=0.01$$

8.4　管网水力计算基础

管网是由简单管道、并联、串联管道组合而成，是现代化城市用于供水、供暖、通风、空调等的基本设施。按照管线的布置形式，管网分为枝状管网和环状管网两种基本类型，混合管网采用枝状与环状相结合的混合布置形式。

8.4.1　枝状管网

枝状管网一般是由多条管段串联而成的干管和与干管相连的多条支管所组成，其特点是各管段没有环形闭合的连接，管网内任一点只能由一个方向供水，一旦在某一点断流则该点之后的各管段均受到影响。因此其缺点是供水的可靠性差，优点是节省管材、降低造价。

枝状管网水力计算的任务是确定水塔水面应有的高度或水泵的扬程，可分主干线和支线进行计算。以下分新建给水系统的设计及扩建已有的给水系统的设计两种情况进行讨论。

1. 新建给水系统的设计

已知管道沿线地形、各管段管长、用户的需水量和端点要求的自由水头，要求确定管道的各段直径和水塔高度，如图 8.13 所示。

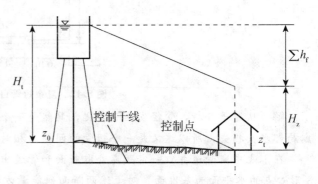

图 8.13 管网计算示意图

计算时，首先从各支管末端开始，根据用户的需水量依次向上游推算各管段的流量；然后由经济流速选择管径，经济流速一般根据实际的设计经验和经济技术资料确定；然后利用串联管道规律在已知流量 Q、直径 d 和管长 l 的条件下计算出各段的水头损失，并计算出主干管的总水头损失；最后确定控制点、控制线，根据控制点来确定水塔高度（或水泵的扬程）：

$$H_t = \sum h_f + H_z + z_0 - z_t \tag{8.29}$$

式中　　H_z——控制点的自由水头；

　　　　z_0——控制点的地形标高；

　　　　z_t——水塔处的地形标高；

　　　　$\sum h_f$——从水塔到控制点的总水头损失。

2. 旧网扩建系统的设计

扩建管网是在水塔高度、管线地形、管道长度、用户流量和自由水头均已确定条件下，重新设计管径，以适应新的经济技术要求。由于水塔已建成，在确定管径时经济流速不起作用，而应以平均水力坡度 $\overline{J}$ 值最小的干线作为控制线来确定管径。平均水力坡度 $\overline{J}$ 由下式求出：

$$\overline{J} = \frac{\sum h_f}{\sum l} = \frac{(H_t + z_t) - (H_z + z_0)}{\sum l}$$

然后在控制干线上按水头损失均匀分配原则，由式（8.13）计算各段比阻如下：

$$S_{0i} = \frac{\overline{J}}{Q_i^2}$$

式中　　Q_i——控制干线中计算管道的流量。

按照求得的 S_{0i} 值就可选择各管段的直径。实际选用时，由于管道统一规格的限制，会使得部分管段比阻 S_0 大于计算值 S_{0i}，部分却小于计算值。此外还应确定出控制干线各节点的水头，并以此为准，设计各支管管径。

【知识拓展】

（1）控制点：一般把距水源远、地形高、建筑物层数多、水头要求最高、通过流量最大的供水点称为最不利点或控制点。

（2）主干管：指从水源开始到供水条件最不利点的管道，其余为支管。

8.4.2 环状管网

环状管网是由多条供水管道互相连接而成的闭合形状的供水管道系统。主要特点是管网内任一点均可从不同方向供水。当某管段损坏时，可用阀门与其余管段隔开检修，水还可以从另外的管线供应用户，从而提高了供水可靠性。环状管网还可减轻因水击现象而产生的危害，但因增加了连接管使管线加长而增加了管网的造价。

环状管网水力计算的任务是根据已确定的管网管线布置各管段长度和各节点的流量分配，来确定各管段的流量和管径，进而确定各管段的水头损失。

根据环状管网的水流特点，对其水力计算提供了如下两个条件。

1. 连续性条件

在各个节点上，流向节点的流量必须与流出该节点的流量相等。如以流向节点的流量为正，流出该节点的流量为负，则任一节点上流量的代数和为零，即

$$\sum Q_i = 0 \tag{8.30}$$

2. 能量平衡条件

对任一闭合环路，由某一节点沿两个方向至另一节点的水头损失应相等（这相当于并联管道中各并联管段的水头损失应相等），在一环内如以顺时针方向水流所引起的水头损失为正值，逆时针方向水流的水头损失为负值，则二者总和应等于零。即在各环内：

$$\sum h_f = \sum S_{0i} l_i Q_i^2 = 0 \tag{8.31}$$

研究任一环状的管网，可以发现管网上管段数目 n_g 和环数 n_k，及节点数目 n_p 存在下列关系

$$n_g = n_k + n_p - 1$$

根据第一个水力条件，可列出 $(n_p - 1)$ 个方程式 $\sum Q_i = 0$（对每个节点均有独立的方程 $\sum Q_i = 0$，但不包括最后一个节点)，又根据第二个水力条件，可列出 n_k 个方程式 $\sum S_i Q_i^2 = 0$。因此，对环状管网可列出 $(n_k + n_p - 1)$ 个方程式。管网中的每一方程均有两个未知数：Q 和 d，故未知数有 $2(n_k + n_p - 1)$ 个，说明问题将有任意解。因此实际计算时，往往是用经济流速确定各管段直径，从而使所求未知数减少一半。这样，未知数与方程式数目一致，方程就有确定解。环状管网计算工程上多用逐步渐近法：即首先按各节点供水情况初拟各管段水流方向，并根据式(8.30)第一次分配流量。按所分配流量，用经济流速确定管径。再计算管段的水头损失，然后验算每一环的 $\sum h_f = \sum S_{0i} l_i Q_i^2$ 是否满足式(8.31)。如不满足，需对所分配的流量进行调整。重复以上步骤，逐次逼近，直至各环水流情况同时满足第二个水力条件 $\sum h_f = 0$，或闭合差 $\Delta h = \sum h_f$ 小于规定值。如此看来环状管网水力计算比较麻烦，近年来这种工作已经能借助于计算机完成。

8.5 有压管道的水击

8.5.1 水击现象

水击是有压管道中的非恒定流现象。当有压管道中的阀门突然开启、关闭或水泵因故突然停止工作，使水流流速急剧变化，引起管内压强发生大幅度交替升降。这种变化以一定的速度向上游或下游传播，并且在边界上发生反射，这种水流现象叫作水击。水击所产生的增压波和减压波交替进行，对管壁或阀门的作用犹如锤击一样，故又称为水锤。交替升降的压强称为水击压强。由于水击产生的压强可能达到管道中原来正常压强的几十倍甚至几百倍，而且增压和减压交替频率很高，其

危害性很大，严重时会使管道发生破裂。

8.5.2 水击的传播过程

水击是以压力波的形式在有限的管道边界内进行传播和反射的。水击波的传播过程分为四个阶段，从阀门突然开启或关闭，使水流流速改变产生水击波，这是直接波。水击波所到之处，管道内的流速和压强也随之发生变化。当水击波传播到水库或水池或者回到阀门处，水击波将产生反射，这种反射的水击波称为间接波。

下面以一简单管道阀门突然关闭为例说明水击的发生过程。如图 8.14 所示，为使问题简单化，假设水流为无粘性的理想液体，且阀门是瞬间完全关闭的。由于有压管道中的流速水头较水击时测压管水头的变化值小得多，故可将其忽略。这样在水击发生前，测压管水头线为一与水池水面同高的水平线，即管中各断面的压强与管道进口处水池中的压强相同。水击发生的过程可以分为以下四个阶段。

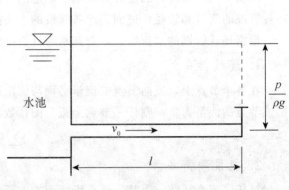

图 8.14　简单管道水击示意图

在压强 p_0 的作用下，水流以速度 v_0 从上游水池流向下游。当阀门突然完全关闭时，紧靠阀门的一段微小流段将被迫停止流动，流速由 v_0 立即变为零，压强突升至 $p_0 + \Delta p$，同时伴随产生该流段内水体的压缩和管壁的膨胀现象，并且这种现象将很快向管道上游传播，在管道内形成一个减速增压的过程。这一减速增压过程，可以看作是一种弹性波自阀门处向管道上游传播，这种弹性波称为水击波。如设水击波的波速为 c，则在 $0 < t \leqslant \dfrac{l}{c}$ 的时段内，水击波是一增压逆波的形式，自阀门向管道上游传播。水击波所到之处，管内流速为零，压强增至 $p_0 + \Delta p$，水体压缩，管壁膨胀。当 $t = \dfrac{l}{c}$，增压逆波传到上游水池，这时管道中的水体均处于静止和被压缩状态。这就是水击的第一阶段——减速增压阶段，如图 8.15（a）所示；在 $t = \dfrac{l}{c}$ 的瞬间，管内水体全部停止流动，但管内压强比管道进口外侧水池的静水压强高 Δp。在这一压强差的作用下，管中水体立刻以 $-v_0$ 的流速向水池倒流。这时水击波将从水池反射回来，并以减压顺波的形式，使管中的高压状态自进口处开始以波速 c 向阀门方向迅速解除。这一减压顺波所到之处，管内流速为 $-v_0$，压强恢复至 p_0，被压缩的水体和膨胀的管壁均恢复到水击发生前的正常状态，当 $t = 2\dfrac{l}{c}$，减压顺波传到阀门处，这时全管道中水体的压强和管壁均恢复到水击发生前的正常状态，但管中具有一个反向的流速 $-v_0$。这就是水击的第二阶段——增速减压阶段，如图 8.15（b）所示；当 $t = 2\dfrac{l}{c}$ 阀门处压强恢复到正常值 p_0 后，由于惯性作用，管中水体仍以 $-v_0$ 的流速向水池倒流。但因阀门紧闭，没有水源补充，致使紧靠阀门处的微小流段立刻被迫停止流动，同时压强降至 $p_0 - \Delta p$，同时伴随产生该流段内水体的膨胀和管壁压缩的现象。这时水击波又从阀门处反射回来，并以减压逆波的形式，自阀门开始以波速 c 向管道进口方向迅速发展。这一减压逆波所到之处，管内流速为零，压强降至 $p_0 - \Delta p$，水体膨胀，管壁收缩。当 $t = 3\dfrac{l}{c}$，减压逆波传到上游水池，这时全管道中的水体均处于静止和膨胀状态。这就是水击的第三阶段——减速减压阶段，如图 8.15（c）所示；在 $t = 3\dfrac{l}{c}$ 的瞬时，管内水体全部停止流动，但管内压强比管道进口外侧水池的静水

压强低 Δp。在这一压强差的作用下，管中水体又立刻以 v_0 的流速向管内流动。这时水击波又将从水池立刻反射回来，并以增压顺波的形式，使管中的低压状态自管道进口开始以波速 c 向阀门方向迅速解除。这一增压顺波所到之处，管内流速为 v_0，压强恢复至 p_0，膨胀的水体和收缩的管壁均恢复到水击发生前的状态。当 $t = 4\dfrac{l}{c}$，增压顺波传到阀门处，这时全管道中水体的压强和管壁均恢复到水击发生前的正常状态，这就是水击的第四阶段——增速增压阶段，如图 8.15（d）所示。

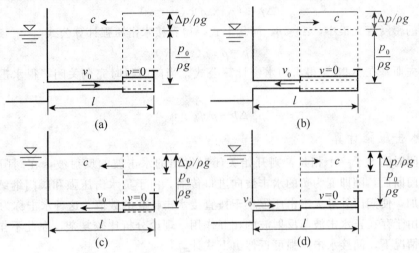

图 8.15 水击传播过程示意图

经过上述四个阶段，全管中水流状态又完全恢复到水击发生前的状态，这称之为水击波完成了一个周期的传播。在一个周期中，水击波由阀门至进口，在由进口至阀门共往返两次。

水击波在全管道往返一次所需的时间 $t = 2\dfrac{l}{c}$，称为一个相长。往返两次的时间 $t = 4\dfrac{l}{c}$ 称为一个周期。在 $t = 4\dfrac{l}{c}$ 的瞬时，管中仍有一个流向阀门的速度 v_0，此后在液体的压缩性及惯性作用下，上述过程都将周而复始地进行着，直至水流的阻力损失、管壁和水体因变形做功而耗尽了引起水击的能量时，水击现象方才终止。通过上述分析不难得出，引起管道中速度突然变化的因素（如阀门突然关闭），这只是水击现象产生的外界条件，而液体本身具有压缩性和惯性是发生水击现象的内在原因。

8.5.3 水击压强的计算

在水击的传播过程中，管道各断面的流速和压强皆随时间周期性地升高、降低，所以水击过程是非恒定流。所以在推导水击压强公式时，不能直接应用前述的流体恒定流的动量方程，而采用理论力学中的动量定律进行推导。

1. 直接水击压强计算

如阀门关闭时间小于一个相长，那么最早发出的水击波的反射波达到阀门以前，阀门已经全部关闭。这时阀门处的水击压强和阀门在瞬时完全关闭时相同，这种水击称为直接水击。

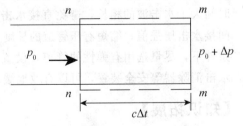

图 8.16 水击压强计算示意图

设有压管流因在断面 $m-m$（图 8.16）上骤然关闭阀门造成水击，如水击波的传播速度为 c，经 Δt 时间水击波传至断面 $n-n$。$m-n$ 段水的流速由 v_0 变为 v，其密度由 ρ 变至 $\rho + \Delta\rho$，因管壁膨胀流断面由 A 变至 $A + \Delta A$，$m-n$ 段的长度为 $c \cdot \Delta t$，于是在 Δt 时段内，在管轴方向的动量变化为

$$m(v-v_0)=(\rho+\Delta\rho)(A+\Delta A)c\cdot\Delta t\cdot(v-v_0)$$

在 Δt 时段内，外力在管轴方向的冲量为

$$[p_0(A+\Delta A)-(p_0+\Delta p)(A+\Delta A)]\Delta t=-\Delta p(A+\Delta A)\Delta t$$

根据质点系的动量定律，质点系在 Δt 时段内动量的变化，等于该系所受外力在同一时段内的冲量，得

$$-\Delta p(A+\Delta A)\cdot\Delta t=(\rho+\Delta\rho)(A+\Delta A)c\cdot\Delta t\cdot(v-v_0)$$

$$\Delta p=(\rho+\Delta\rho)c(v_0-v)$$

考虑到水的密度变化很小，$\Delta\rho\ll\rho$，简化上式，得直接水击压强计算公式

$$\Delta p=\rho\cdot c(v_0-v) \tag{8.32}$$

这是儒柯夫斯基在 1898 年得出的水击计算公式。当阀门瞬时完全关闭，得水击压强最大值计算公式

$$\Delta p=\rho\cdot c\cdot v_0$$

2. 间接水击压强计算

如阀门关闭时间大于一个相长，则开始关闭时发出的水击波的反射波，在阀门尚未完全关闭前，已到达阀门断面，随即变为负的水击波向进口传播。由于负水击压强和阀门继续关闭产生的正水击压强相叠加，使阀门处最大水击压强小于按直接水击计算的数值。这种水击称为间接水击。

间接水击由于存在正水击波与反射波的相互作用，理论分析比较复杂，在此不作讨论。计算比较复杂。一般情况下，间接水击压强可近似由下式计算：

$$\Delta p=\rho\cdot c\cdot v_0\frac{T}{T_s}$$

或

$$\frac{\Delta p}{\rho g}=\frac{c\cdot v_0}{g}\cdot\frac{T}{T_s}=\frac{v_0}{g}\cdot\frac{2l}{T_s} \tag{8.33}$$

式中　v_0——水击前管道中水流的平均流速；

　　　T——水击波的相长；

　　　T_s——阀门关闭时间。

8.5.4　水击危害的预防

水击压强是巨大的，有时可能达到管道正常工作压强的几十倍甚至几百倍，并且增压和减压的交替频率很高，这往往会引起管道的强烈振动、噪声和气蚀现象，甚至使管道严重变形或爆裂。在实际工作中，为了达到各种不同的工作要求，水击现象往往不可避免，只能尽量减小其影响，通常采取以下几种措施：延长管道阀门的启闭时间，工程上总是使阀门启闭的时间大于水击波的相长，避免直接水击的发生，减小间接水击压强值；缩短有压管道的长度（如用明渠代替），限制管内流速（如管径加大），在可能的条件下，尽量选用有弹性的管道，设置减压、缓冲装置。在管道上设置调压塔、空气室、安全阀、水击消除器等安全装置，可以有效地缓解或消除水击压强，防止水击危害。

> **技术提示**
>
> 由于直接水击压强远大于间接水击压强，破坏性较强，所以在实际工程中尽可能采取措施，避免产生直接水击破坏。

【知识拓展】

正负水击：在有压管道中产生升压的水击，称为正水击。如果阀门由关闭突然开启时，在有压管道中也会产生水击，这时，水击的产生过程与上述相似，只是水击的第一个阶段是增速降压的过程，首先产生降压水击，称为负水击。

【重点串联】

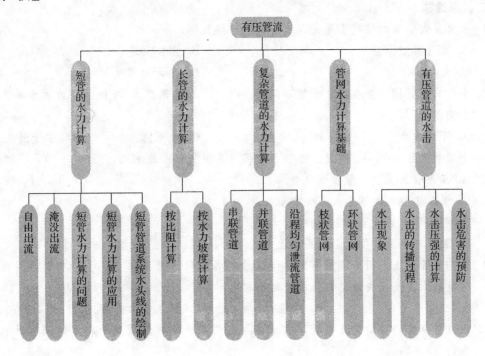

【知识链接】

1. 《室外给水设计规范》（GB 50013—2006）
2. 《室外排水设计规范》（GB 50014—2006）
3. 《泵站设计规范》（GB 50265—2010）

拓展与实训

职业能力训练

一、填空题

1. 一般说来，有压管道的水头损失分为_____和_____两类。对于长管来说，可以忽略_____。

2. 短管水流在自由出流的情况下，它的作用水头除了用作克服由于_____而引起的能量损失外，还有一部分_____被水流带到大气中去，而在淹没出流情况下，它的作用水头完全消耗在克服水流所遇到的_____和_____。

3. 管网按照布置形式可分为_____管网和_____管网。

4. 在环状管网计算中必须满足各节点_____和各环路_____。

5. 当阀门关闭时间小于水击相长时，阀门处的压强不变，阀门关闭时间长短的影响这种水击称为_____。

二、单选题

1. 水泵最大安装的确定主要是以（　　）来控制的。
   A. 允许真空高度
   B. 允许流速
   C. 允许管径
   D. 允许比阻抗

2. 由于真空区段的存在，虹吸管顶部高出（　　）的高度 z_s 理论上不能大于最大允许真空度。
   A. 下游水面
   B. 上游水面
   C. 地面
   D. 管子出水口

3. 串联管道作为长管计算时，忽略了局部水头损失与流速水头，则（　　）。
   A. 测压管水头线与管轴线重合
   B. 测压管水头线与总水头线重合
   C. 测压管水头线是一条水平线
   D. 测压管水头线位于总水头线上方

4. 在并联管道上，因为流量不同，所以虽然各单位重量流体（　　）相同，但通过各管段的水流所损失的总的机械能却不相同。
   A. 表面张力
   B. 粘滞力
   C. 测压管水头线
   D. 水头损失

5. 当流量全部沿程均匀泄出时，其水头损失值等于全部流量集中在末端泄出时水头损失的（　　）。
   A. 50%
   B. 30%
   C. 1/3
   D. 1/4

6. 水击现象是水流的（　　）和（　　）起主要作用的非恒定流动。
   A. 弹性，塑性
   B. 弹性，重力
   C. 弹性，惯性
   D. 弹性，表面张力

7. 在压力输水管道中，压力钢管的长度（　　），关闭时间（　　），则越容易产生直接水击。
   A. 越长，越短
   B. 越短，越短
   C. 越长，越长
   D. 越短，越长

三、简答题

1. 什么是有压管流？
2. 试比较简单短管自由出流与淹没出流的流量系数的异同。
3. 串联管道恒定流的水头损失和流量是如何计算的？
4. 什么是水击，产生的原因是什么？

✏ 工程模拟训练

1. 在实际工程中有并联的三条支管1、2、3，在对整个系统计算总水头损失时，为什么只需计算其中任一条支管的水头损失。

2. 有压管道在设计和运行管理上减少水击压强的措施有哪些？

3. 定性绘制图8.1与8.2中的水头线，并指出短管的测压管水头线，在什么情况下可能会沿流程上升？

链接执考

[2006 年注册设备工程师公共基础考试试题（单选题）]

两水箱水位恒定，如图 8.17 所示。水面高差为 10 m，已知管道沿程水头损失 h_f＝6.8 m，局部阻力系数：弯头 0.8，阀门 0.26，进口 0.5，出口 0.8，则通过管道的平均流速为（　　）。

A. 3.98 m/s   B. 5.16 m/s   C. 7.04 m/s   D. 5.80 m/s

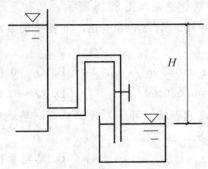

图8.17　短管淹没出流水力计算示意图

[2007 年注册设备工程师公共基础考试试题（单选题）]

长管并联管道 1、2，如图 8.18 所示。两管段直径 $d_1＝2d_2$，沿程阻力系数相等，长度相等。两管段的流量比 Q_1/Q_2＝（　　）。

A. 8.00   B. 5.66   C. 2.83   D. 2.00

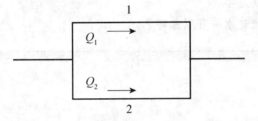

图 8.18　并联管道水力计算示意图

[2008 年注册设备工程师公共基础考试试题（单选题）]

如图 8.19 所示，直径为 20 mm，长度为 5 m 的管道自水池取水并泄入大气中，出口比水池水面低 2 m，已知沿程水头损失系数 $\lambda＝0.02$，进口局部阻力系数 $\zeta＝0.5$，则泄流量为（　　）。

A. 0.88 L/s   B. 1.90 L/s   C. 0.77 L/s   D. 0.39 L/s

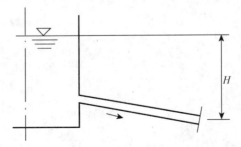

图 8.19　短管自由出流水力计算示意图

[2005 年注册设备工程师专业基础（给排水）考试试题（单选题）]

长管的总水头线与测压管水头线（　　）。

A. 相重合

B. 相平行，呈直线

C. 相平行，呈阶梯状

D. 以上答案都不对

[2007 年注册设备工程师专业基础（环保）考试试题（单选题）]

有一管材、管径相同的并联管道，如图 8.18 所示，已知通过的总流量为 0.08 m³/s，管径 $d_1 = d_2 = 200$ mm，管长 $l_1 = 400$ m，$l_2 = 800$ m，沿程损失系数 $\lambda_1 = \lambda_2 = 0.035$，求管道中的流量 Q_1，Q_2（　　）。

A. $Q_1 = 0.047$ m³/s，$Q_2 = 0.033$ m³/s

B. $Q_1 = 0.057$ m³/s，$Q_2 = 0.023$ m³/s

C. $Q_1 = 0.050$ m³/s，$Q_2 = 0.030$ m³/s

D. $Q_1 = 0.060$ m²/s，$Q_2 = 0.020$ m³/s

[2010 年注册设备工程师专业基础（环保）考试试题（单选题）]

长管并联管道与各并联管段的（　　）。

A. 水头损失相等

B. 总能量损失相等

C. 水力坡度相等

D. 通过的流量相等

[2012 年注册设备工程师专业基础（环保）考试试题（单选题）]

在水力计算中，所谓的长管是指（　　）。

A. 管道的物理长度很长

B. 沿程水头损失可以忽略

C. 局部水头损失可以忽略

D. 局部水头损失和流速水头可以忽略

模块 9

明渠流

【模块概述】

明渠水流包括水流在人工渠道、天然河道和无压管道内流动，在水流和其上层流体（通常为大气）之间存在一个自由表面。明渠水流主要受重力作用使水流向下流动。明渠水流的结论大多来自于模型试验和实际工程，也可以通过数学分析和数值模拟获得。明渠流体理论将为输水、排水、灌溉渠道的设计和运动控制提供科学的依据。

【知识目标】

1. 浅水波的计算公式。
2. 明渠水流的分类及分类依据、弗劳德数、断面比能的概念及物理意义。
3. 明渠均匀流计算。
4. 明渠非均匀流水力计算。
5. 水跃前后断面水深、堰流及闸孔出流水力计算。

【技能目标】

1. 正确理解浅水波的波速、弗劳德数、断面比能的概念。
2. 掌握明渠恒定均匀流的计算公式、原理和方法。
3. 掌握明渠非恒定流的分类、特性，水跃产生的条件及水跃前后断面水深的计算。
4. 掌握不同类型堰流的水力计算公式及闸孔出流的水力计算。

【学习重点】

明渠水流的分类及判别依据，明渠均匀流水力计算，水跃前后断面水深、堰流及闸孔出流水力计算。

【课时建议】

6~8 课时

某梯形渠道中，渠底宽为 6.8 m，边坡系数为 1，在渠道中设置两孔水闸，用平板闸门控制流量。闸坎高度为零，闸孔为矩形断面，闸墩头部为半圆形，闸墩 d 为 0.8 m，边墩头部为矩形。闸孔开度 $e=0.6$ m，闸前水深 $H=1.6$ m，通过的流量 $Q=9$ m³/s。求所需闸门的宽度 B。

通过上面例子你知道什么是闸孔出流吗？应该如何计算平板闸门的过流能力？闸孔出流时各参数如何确定？

9.1　明渠水流的一般特性

如果水深沿流程保持不变（$\dfrac{\mathrm{d}y}{\mathrm{d}x}=0$，式中，$y$ 是水深，x 是沿渠道的距离），这样的明渠水流为均匀流。相反，如果水深沿流程变化（$\dfrac{\mathrm{d}y}{\mathrm{d}x}\neq0$），这样的明渠水流为非均匀流。如果水深在较短的距离发生剧烈变化（$\dfrac{\mathrm{d}y}{\mathrm{d}x}\sim1$），这样的非均匀流称为急变流，如果水深在较短距离发生缓慢变化（$\dfrac{\mathrm{d}y}{\mathrm{d}x}\ll1$），这样的非均匀流称为渐变流。明渠水流类型如图 9.1 所示。

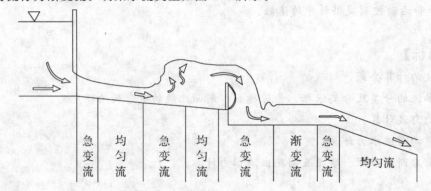

急变流　均匀流　急变流　均匀流　急变流　渐变流　急变流　均匀流

图 9.1　明渠水流分类

在不同的条件下，明渠水流可以是层流、过渡流、紊流，不同的流动类型取决于雷诺数的大小，$Re=\dfrac{\varrho VR_{\mathrm{h}}}{\mu}$，式中 V 为水流断面平均流速，R_{h} 为明渠水力半径。一般明渠流为明渠水流（动力粘滞系数较小），且流速和水力半径较大，故明渠水流大多为紊流。

明渠水流包含的自由表面通过会因水流产生的波发生改变。明渠水流的特性通常取决于水流的速度和波速的大小，通常用无量纲数弗劳德数 Fr 来表示。$Fr=\dfrac{V}{gy^{1/2}}$，式中 y 是水深。当 $Fr=1$ 时，这样的流动称为临界流，弗劳德数 Fr 大于 1 时的流动称为急流，弗劳德数 Fr 小于 1 时的流动称为缓流。

9.2　表面波

明渠水流的自由表面通常发生变化，在湖泊或海洋中很少出现水面平静的情况。自由表面的变化与水面波的速度有关。

9.2.1 波速

如图 9.2（a）所示，由于边墙由原来静止状态到突然以一速度 δV 运动，在水面产生波高为 δy 的微波。在初始 $t=0$ 时，渠道中的水是静止的，站在岸边的观察者看到微波以速度 c 向下游传播，在微波未到达区域水流是静止的，微波后的水流以速度 δV 向前运动。对于观察者来说，这样的流动属于非恒定流。如果观察者以速度 c 沿渠道运动，那么这样的流动就是如图 9.2（b）所示的恒定流。观察者右边的流体以速度 $V=-c\,\hat{i}$ 运动，其左边的流体以速度 $V=(-c+\delta V)\,\hat{i}$ 运动。

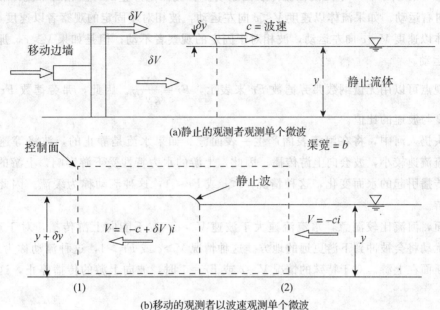

(a)静止的观测者观测单个微波

(b)移动的观测者以波速观测单个微波

图 9.2

选定如图 9.2（b）所示的控制体，通过连续性方程和动量方程可以表示出该流动各参数之间的关系。假设为一维均匀流，连续性方程可表示为

$$-cyb=(-c+\delta V)(y+\delta y)b$$

式中 b——渠道宽度，化简上式得到

$$c=\frac{(y+\delta y)\delta V}{\delta y}$$

当微波的振幅很小时 $\delta y \ll y$

$$c=y\frac{\delta V}{\delta y} \tag{9.1}$$

同样地，根据动量方程可得

$$\frac{1}{2}\gamma y^2 b-\frac{1}{2}\gamma(y+\delta y)^2 b=\rho bcy[(c-\delta V)-c]$$

式中流体质量表示为 $m=\rho bcy$，假设水流压力为静水压力，渠道过流断面（1）和（2）的压力分别表示为 $F_1=\gamma y_{c_1} A_1=\gamma(y+\delta y)^2 b/2$ 和 $F_2=\gamma y_{c_2} A_2=\gamma y^2 b/2$。当微波的振幅很小时 $(\delta y)^2 \ll y\delta y$，动量方程简化为

$$\frac{\delta V}{\delta y}=\frac{g}{c} \tag{9.2}$$

结合公式（9.1）和（9.2）得到波速为

$$c=\sqrt{gy} \tag{9.3}$$

微小振幅单个波的速度与水深的开方有关，而与波幅 δy 无关。

【知识拓展】

浅水波和深水波的波速计算公式不同，深水波的水深远比波长大，所以深水波的波速与水深无关，而与波长有关。

9.2.2 弗劳德数 Fr 的影响

如图 9.2（a）所示，一单元波在流体表面运动。若流体是静止的，波相对于流体和固定的观察者以速度 c 向右运动。如果流体以速度 $V<c$ 向左运动，波相对于固定的观察者以速度 $c-V$ 向右运动；如果流体以速度 $V=c$ 向左运动，波相对于固定的观察者不动；但是如果 $V>c$，那么波将以速度 $V-c$ 向左运动。

上面的观点可以用无量纲数弗劳德数 Fr 来表示，$Fr=\dfrac{V}{gy^{1/2}}$。因此，弗劳德数 $Fr=\dfrac{V}{gy^{1/2}}=\dfrac{V}{c}$ 表示水流速度与波速的比值。

将一石头扔入河中，将在河流表面产生一表面波。如果水流是静止的，波将等速的向四周传播；如果水流流速较小，波会向上游传播。因此，上游的水力特性受下游影响，上游的观察可以看到因为波的传播引起的水面变化，这种情况 $V<c$ 或 $Fr<1$，这种流动称为缓流。因此，缓流的控制断面在下游。

另一方面，河流比较湍急，水流流速大于波速 $V>c$，波不能向上游传播，对于观测者来说，水流表面的扰动将会被冲到下游更远的地方。这种情况 $V>c$ 或 $Fr>1$，这种流动称为急流。因此，急流的控制断面在上游。对于特殊的情况 $V=c$ 或 $Fr=1$ 时，波向上游的传播停止，这种流动称为临界流。

9.3 断面比能

典型的明渠水流如图 9.3 所示，渠道底坡 $S_0=(z_1-z_2)/l$ 保持沿程不变，过水断面（1）和（2）处的水深和流速分别为 y_1、y_2、V_1 和 V_2。

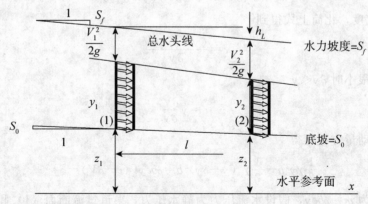

图 9.3 典型的明渠水流

假定各过水断面上的流速分布是均匀的，能量方程的一维形式可表示为

$$\frac{p_1}{\gamma}+\frac{V_1^2}{2g}+z_1=\frac{p_2}{\gamma}+\frac{V_2^2}{2g}+z_2+h_L \tag{9.4}$$

式中 h_L 是由于粘滞性影响水流从断面（1）到断面（2）之间的水头损失，$z_1-z_2=S_0l$。因为明渠均匀流各断面压力为静水压力，所以 $\dfrac{p_1}{\gamma}=y_1$，$\dfrac{p_2}{\gamma}=y_2$，公式（9.2）变为

$$y_1 + \frac{V_1^2}{2g} + S_0 l = y_2 + \frac{V_2^2}{2g} + h_L \tag{9.5}$$

用水力坡度表示水头损失为 $S_f = \dfrac{h_L}{l}$。

断面必能定义为如下形式：

$$E = y + \frac{V^2}{2g} \tag{9.6}$$

能量方程 (9.5) 用断面比能表示为下式：

$$E_1 = E_2 + (S_f - S_0) l \tag{9.7}$$

对于宽度为 b 的矩形断面渠道，断面比能可用单宽流量来表示，单宽流量 $q = \dfrac{Q}{b} = \dfrac{Vyb}{b} = Vy$，则

$$E = y + \frac{q^2}{2gy^2} \tag{9.8}$$

对于底宽 b 和单宽流量 q 不变的渠道，断面比能 E 可表示成水深 y 的函数，$E = E(y)$ 关系如图 9.4 所示。

对于给定 q 和 E，方程 (9.8) 是关于水深 y 的一元三次方程，可以得到三个解 $y_急$、$y_缓$ 和 $y_负$，如果断面比能足够大，水深有两个正解和一个负解。负值解如图 9.4 的虚线所示，因负值解没有物理意义，故可忽略。因此，对于给定流量和断面比能有两种可能水深，这两个水深为共轭水深。

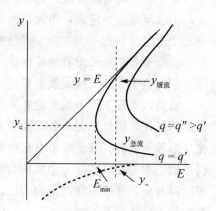

图 9.4　断面比能图

临界条件 $(Fr=1)$ 发生在断面比能最小的位置 E_{min}。断面比能上半支水深大，流速小，这种流动称为缓流 $(Fr<1)$；相反地，断面比能下半支对应为急流。因此，对于给定流量 q，如果 $E > E_{min}$，可能有两种可能水深，一个是缓流水深，另一个是急流水深。

9.4　明渠均匀流

很多渠道设计时水深沿流程保持不变，这样的流动称为明渠均匀流。明渠均匀流 $\left(\dfrac{dy}{dx}=0\right.$，或 $y_1 = y_2$ 和 $V_1 = V_2$) 可以通过调整渠道底坡 S_0 获得，使渠道底坡等于水力坡度 $S_0 = S_f$。从能量的观点来看，明渠均匀流沿流向势能的损失平衡由于粘性切应力产生的摩擦损失。

9.4.1　过流断面的几何要素

明渠断面以梯形最具有代表性，如图 9.5 所示，其几何要素包括基本量：

b——底宽；

y——水深，均匀流的水深沿程保持不变，称为正常　　水深，习惯用 y_0 表示；

m——边坡系数，是表示边坡倾斜程度的系数，$m = a/y = \cot \alpha$；

水面宽——$B = b + 2my$；

过流断面面积——$A = (b + my) y$；

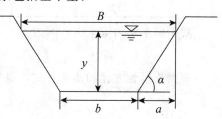

图 9.5　梯形断面

湿周——过流断面上流体与固体壁面接触的周界，$\chi = b + 2y \sqrt{1 + m^2}$；

水力半径——$R = \dfrac{A}{\chi}$。

9.4.2 明渠均匀流特性及条件

由于明渠均匀流的流线为一簇相互平行的直线，因此，它具有下列特性：

①过水断面的形状、尺寸及水深沿程不变。

②过水断面上的流速分布、断面平均流速沿程不变。

③总水头线、水面线及底坡线三者相互平行。

由于明渠均匀流有上述特性，它的形成需要有一定的条件：

①水流应为恒定流，因为在明渠非恒定流中必然伴随着波浪的产生，流线不可能是平行直线。

②流量应沿程不变，急无支流的汇入或分出。

③渠道必须是长而直的棱柱体顺坡明渠，粗糙系数沿程不变。

④渠道中无闸、坝或跌水等建筑物的局部干扰。

显然，实际工程中的渠道并不是都能严格满足上述要求的，特别是许多渠道中总有这种或那种建筑物存在，因此，大多数明渠中的水流都是非均匀流。但是，在顺直棱柱体渠道中的恒定流，当流量沿程不变时，只要渠道有足够的长度，在离开渠道进口、出口或建筑物一定距离的渠段，水流仍近似于均匀流，实际上常按均匀流处理。至于天然河道，因其断面几何尺寸、坡度、粗糙系数一般沿程改变，所以不会产生均匀流。但对于较为顺直、整齐的河段，当其余条件比较接近时，也常按均匀流公式作近似解。

9.4.3 明渠均匀流的计算公式

明渠均匀流水力计算公式为谢才公式：

$$v = C\sqrt{RS_f}$$

式中 C——谢才系数，可由曼宁公式计算，$C = \dfrac{1}{n}R^{\frac{1}{6}}$；

  n——渠道糙率。

不同类型的渠道糙率值见表 9.1 和表 9.2。

表 9.1 人工管渠粗糙系数

管渠类别	n	管渠类别	n
缸瓦管（带釉）	0.013	水泥砂浆抹面渠道	0.013
混凝土和钢筋混凝土的雨水管	0.013	砖砌渠道（不抹面）	0.015
混凝土和钢筋混凝土的污水管	0.014	砂浆块石渠道（不抹面）	0.017
石棉水泥管	0.012	干砌块石渠道	0.020~0.025
铸铁管	0.013	土明渠（包括带草皮的）	0.025~0.030
钢管	0.012	木槽	0.012~0.014

对于明渠均匀流来讲，因为 $S_0 = S_f$，所以谢才公式可以写成如下形式：

$$v = C\sqrt{RS_0}$$

根据连续性方程和谢才公式，得到明渠均匀流的流量公式：

$$Q = Av = AC\sqrt{RS_0} = K\sqrt{S_0}$$

式中 K——流量模数，$K = AC\sqrt{R}$，单位为 m^3/s，它综合反映明渠断面形状、尺寸和粗糙程度对过水能力的影响。在底坡一定的情况下，流量与流量模数成正比。

表 9.2　渠道及天然河床的粗糙系数

壁面性质	壁面状况		
	良好	普通	不好
排水渠道			
形状规则的土渠	0.020	0.022 5	0.025
缓流而弯曲的土渠	0.025	0.027 5	0.030
挖土机挖成的土渠	0.027 5	0.030	0.033
形状规则而清洁的凿石渠	0.030	0.033	0.035
土底石砌坡岸的渠道	0.030	0.033	0.035
砾石底有杂草坡岸的渠道	0.030	0.035	0.040
在岩石中粗凿成断面不规则的渠道	0.040	0.045	
天然河床			
没有崩塌和深洼穴的清洁笔直的河床	0.027 5	0.030	0.033
同上，但有石子，并生长一些杂草	0.033	0.035	0.040
有一些洼穴、浅滩及弯曲的河床	0.035	0.040	0.045
同上，但生长一些杂草并有石子	0.040	0.045	0.050
同上，但其下游坡度小，有效断面较小者	0.045	0.050	0.055
有些洼穴、浅滩，稍长杂草并有石子及弯曲的河床	0.050	0.055	0.060
有大量杂草、深穴、水流很缓慢的河段	0.060	0.070	0.080
杂草极多的河段	0.100	0.125	0.150

【例 9.1】　如图 9.6 所示，渠道流量 $Q=10.0 \text{ m}^3/\text{s}$，渠道内有杂草，渠道糙率 $n=0.030$，底坡 $S_0=0.001\,4$ 确定渠道的水深。

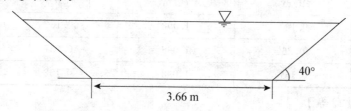

图 9.6　断面示意图

解　本题既不知道过水断面面积，也不知道水力半径。但是过水断面可以用水深 y 表示。

$$A=1.19y^2+3.66y$$

同样地，湿周也可以用水深 y 表示：

$$P=3.66+2\left(\frac{y}{\sin 40°}\right)=3.11y+3.66$$

因此，水力半径

$$R_h=\frac{A}{P}=\frac{1.19y^2+3.66y}{3.11y+3.66}$$

因糙率 $n=0.030$，所以流量可用下式计算

$$Q=Av=AC\sqrt{RS_0}=\frac{1}{n}AR^{\frac{2}{3}}S_0^{\frac{1}{2}}=\frac{1}{0.030}(1.19y^2+3.66y)\left(\frac{1.19y^2+3.66y}{3.11y+3.66}\right)^{\frac{2}{3}}(0.001\,4)^{\frac{1}{2}}$$

化简上式得

$$(1.19y^2+3.66y)^5-515(3.11y+3.66)^2=0$$

通过试算或迭代的方法求解上式，得到该渠道在 $Q=10.0 \text{ m}^3/\text{s}$ 时的正常水深为

$$y/\text{m}=1.50$$

在很多人工渠道中，渠道的糙率沿湿周是变化的。因此，需要将过水断面划分成 N 部分，每

一部分有各自的湿周、过水断面和糙率。各过水断面的湿周不包含两断面之间假象的边界。总的流量等于各部分流量之和。

【例 9.2】 如图 9.7 所示渠道，渠道底坡 $S_0 = 0.002$，试计算该渠道的流量 Q。

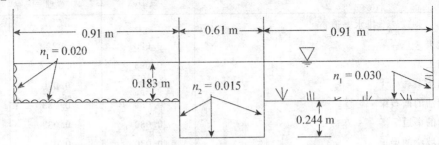

图 9.7 断面示意图

解 如图 9.7 所示，将整个过水断面划分为三部分，总的流量 $Q = Q_1 + Q_2 + Q_3$。对于每一部分

$$Q_i = \frac{1}{n_i} A_i R_{h_i}^{2/3} S_0^{1/2}$$

各部分的 A_i，P_i，R_h 见表 9.3。在计算各部分的湿周时，相邻两过水断面之间假象的边界不应计算在湿周内。以（2）过水断面为例：

$$A_2/\text{m}^2 = 0.61 \times (0.183 + 0.244) = 0.26$$
$$P_2/\text{m} = 0.61 + 2 \times 0.244 = 1.098$$

$$R_{h_2}/\text{m} = \frac{A_2}{P_2} = \frac{0.26}{1.098} = 0.237$$

表 9.3 各部分 A_i，P_i，R_{h_i} 值

i	A_i/m^2	P_i/m	R_{h_i}/m	n_i
1	0.167	1.098	0.152	0.020
2	0.26	1.098	0.237	0.015
3	0.167	1.098	0.152	0.030

因此，总的流量 Q 等于

$$Q = Q_1 + Q_2 + Q_3 = 0.002^{\frac{1}{2}} \times \left(\frac{0.167 \times 0.152^{\frac{2}{3}}}{0.020} + \frac{0.26 \times 0.237^{\frac{2}{3}}}{0.015} + \frac{0.167 \times 0.152^{\frac{2}{3}}}{0.030} \right)$$

得

$$Q/(\text{m}^3 \cdot \text{s}^{-1}) = 0.51$$

技术提示

复式断面各部分的糙率和湿周不同，因此在计算不同糙率渠道的综合糙率时，一般采用加权平均的方法或者均方根的方法。

9.4.4 水力最佳断面

另一类明渠水流水力学问题就是确定渠道的水力最佳断面。所谓水力最佳断面就是指在流量 Q、底坡 S_0 和糙率 n 给定的情况下，过流断面最小的水力断面。例 9.3 给出了如何求解矩形渠道水力最佳断面。

【例 9.3】 水流在宽度为 b、水深为 y 的矩形断面渠道内流动，确定水力最佳断面时 b/y 的值。

解 根据明渠均匀流计算公式

$$Q = \frac{1}{n} A R_h^{2/3} S_0^{1/2}$$

式中 $A = by$，$P = b + 2y$，因此，$R_h = \dfrac{A}{P = by/(b+2y)}$，用过水断面 A 表示水力半径 R_h 得

$$R_h = \frac{A}{(2y+b)} = \frac{A}{(2y+A/y)} = \frac{Ay}{(2y^2+A)}$$

带入上式得

$$Q = \frac{1}{n} A \left(\frac{Ay}{2y^2+A} \right) S_0^{1/2}$$

化简得

$$A^{5/2} y = K(2y^2 + A)$$

式中 $K = \left(\dfrac{nQ}{S_0^{1/2}} \right)^{3/2}$ 为常数。水力最佳断面就是对于给定的所有 y，使 A 最小，因此 $dA/dy = 0$，上式对 y 求导可得

$$\frac{5}{2} A^{3/2} \frac{dA}{dy} y + A^{5/2} = K \left(4y + \frac{dA}{dy} \right)$$

令 $dA/dy = 0$，上式变为

$$A^{5/2} = 4Ky$$

从公式 $A^{5/2} y = K(2y^2 + A)$ 中可得到 $K = A^{5/2} y/(2y^2+A)$，带入上式得

$$A^{5/2} = \frac{4A^{5/2} y^2}{(2y^2 + A)}$$

化简上式得 $y = \left(\dfrac{A}{2} \right)^{1/2}$，因为 $A = by$，所以对于宽度为 b 的矩形渠道，水力最佳断面的水深

$$y = \left(\frac{A}{2} \right)^{1/2} = \left(\frac{by}{2} \right)^{1/2}$$

或

$$2y^2 = by$$

因此，矩形断面渠道水力最佳断面为渠道宽度为水深的 2 倍，即

$$\frac{b}{y} = 2$$

对于给定流量的矩形渠道，当 $\dfrac{b}{y} = 2$ 时过水断面最小（湿周最小）。相反地，给定过水断面面积，当 $\dfrac{b}{y} = 2$ 时，通过的流量最大。当 $A = by = $ 常数，如果 $y \to 0$，则 $b \to \infty$，湿周 $P = b + 2y \to \infty$，此时通过的流量小。只有当 $\dfrac{b}{y} = 2$ 时，通过的流量最大。但是如图 9.8（a）所示，当 $\dfrac{b}{y}$ 进一步增大时流量逐渐减小，$\dfrac{b}{y}$ 在 1 到 4 范围之间时，此时的流量是过水断面相同 $\dfrac{b}{y} = 2$ 时最大流量的 96%以上。

同样地，采用以上方法可以得到其他断面渠道的水力最佳断面。图 9.8（b）给出了圆形、矩形、梯形和三角形断面渠道的水力最佳断面。

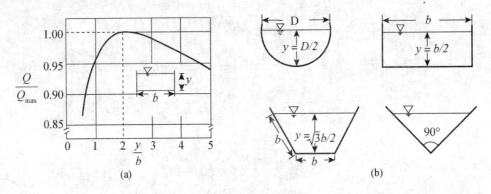

图 9.8 不同断面形状渠道水力最佳断面

【知识拓展】

梯形水力最佳断面通常都是窄而深的断面，这种断面虽然工程量小，但不便于施工及维护，所以，无衬砌的大型土渠不宜采用梯形水力最佳断面。

9.5 渐变流

很多情况下，由于渠道底坡的变化、渠道断面形状沿流向变化或渠道中存在水工建筑物的影响，导致明渠水流沿流向为非均匀流。如果 $\dfrac{dy}{dx} \ll 1$，这种非均匀流称为渐变流。

如果渠道的底坡线和总水头线不平行，那么水深会沿流程增加或减小，这时 $\dfrac{dy}{dx} \neq 0$，方程（9.7）的右边不等于 0。沿流动方向重力的分量与切应力的差值会改变流体的动量，水流流速发生变化，流速发生改变，根据连续性方程，水深继而发生改变。流动参数影响水深的增加或减小，从而引起水面线变化。

9.6 急变流

很多情况下，明渠水流水深在较短的距离发生剧烈变化（$\dfrac{dy}{dx} \sim 1$），这样的非均匀流称为急变流。急变流的条件通常比较复杂和难以分析，但是通过简单的一维模型和实验可以获得急变流一些近似的参数。

水跃是急变流的种类之一，如图 9.9 所示，水跃是在一些渠道中沿水平方向水流从水深浅、流速大的水流条件转化到水深大、流速小的水力现象。同样，一些量水设施，包括宽顶堰、薄壁堰、临界流水槽和闸门等也是基于急变流理论。

9.6.1 水跃

明渠野外观测发现在某些条件下，水深在渠道边界没有变化的情况下，水深在很短的距离发生急变。这种改变导致自由表面高程近似于不连续的 $\dfrac{dy}{dx} = \infty$。物理上，这种近似不连续称为水跃。

最简单的水跃发生在如图 9.9 所示的矩形断面平底渠道中，尽管水跃本身是极其复杂的现象，但是可以假设水跃前面断面（1）和水跃后面断面（2）是一维恒定均匀流。因为两个断面之间的距离很短，忽略两断面之间的切应力 τ_w，对图 9.10 所示控制体沿 x 方向列动量方程得

$$F_1 - F_2 = \rho Q (V_2 - V_1) = \rho V_1 y_1 b (V_2 - V_1)$$

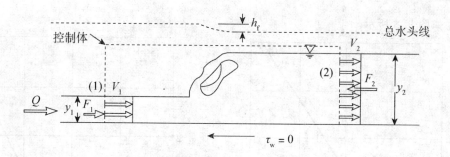

图 9.9 水跃示意图

式中（1）和（2）断面的压力为静水压力，因此，$F_1 = p_{c_1} A_1 = \gamma y_1^2 b/2$、$F_2 = p_{c_2} A_2 = \gamma y_2^2 b/2$，其中，$p_{c_1} = \gamma y_1/2$、$p_{c_2} = \gamma y_2/2$ 是宽为 b 渠道中心点处的压强。因此，动量方程可变为

$$\frac{y_1^2}{2} - \frac{y_2^2}{2} = \frac{V_1 y_1}{g}(V_2 - V_1) \tag{9.9}$$

根据连续性方程

$$y_1 b V_1 = y_2 b V_2 = Q \tag{9.10}$$

由能量方程

$$y_1 + \frac{V_1^2}{2g} = y_2 + \frac{V_2^2}{2g} + h_L \tag{9.11}$$

方程（9.11）中的水头损失 h_L 是由于水流表面旋滚、掺气扩散而导致的能量损失，因壁面切应力导致的水头损失很小，可忽略不计。

从方程（9.9）、（9.10）和（9.11）中可知，当 $y_1 = y_2$、$V_1 = V_2$ 和 $h_L = 0$ 时，表明没有水跃发生。因上述方程为非线性方程，所以方程的解不止一个，方程的其他解可通过以下方法获得。

通过方程（9.10）得到 V_2，带入到方程（9.9）中得

$$\frac{y_1^2}{2} - \frac{y_2^2}{2} = \frac{V_1 y_1}{g}\left(\frac{V_1 y_1}{y_2} - V_1\right) = \frac{V_1^2 y_1}{g y_2}(y_1 - y_2)$$

等式两边同时除以 $y_1 - y_2$，化简得

$$\left(\frac{y_2}{y_1}\right)^2 + \left(\frac{y_2}{y_1}\right) - 2Fr_1^2 = 0$$

式中 $Fr_1 = \dfrac{V_1}{\sqrt{g y_1}}$ 是上游的弗劳德数。上式是关于 $\dfrac{y_2}{y_1}$ 的一元二次方程，求解方程得

$$\frac{y_2}{y_1} = \frac{1}{2}\left(-1 \pm \sqrt{1 + 8Fr_1^2}\right)$$

明显地，负值解在物理意义上不可能，因此

$$\frac{y_2}{y_1} = \frac{1}{2}\left(-1 + \sqrt{1 + 8Fr_1^2}\right) \tag{9.12}$$

水跃的前后断面水深 $\dfrac{y_2}{y_1}$ 是关于水跃上游断面弗劳德数的函数，上游弗劳德数曲线小于 1 的部分是虚线，说明要发生水跃上游必须是急流。方程（9.12）中 $Fr_1 \geqslant 1$ 才能使 $\dfrac{y_2}{y_1} \geqslant 1$，通过能量方程（9.11）可以说明这一点。通过方程（9.11）得无量纲水头损失 $\dfrac{h_L}{y_1}$ 为

$$\frac{h_L}{y_1} = 1 + \frac{y_2}{y_1} + \frac{Fr_1^2}{2}\left[1 + \left(\frac{y_1}{y_2}\right)^2\right] \tag{9.13}$$

式中给定 Fr_1 通过方程（9.12）可以得到 $\dfrac{y_2}{y_1}$。如图 9.11 所示，如果 $Fr_1 < 1$，那么水头损失就是负值。因为水头损失是负值不可能存在，所以 $Fr_1 < 1$ 时，不可能发生水跃。水跃的水头损失总

水头线表示为如图9.8所示。

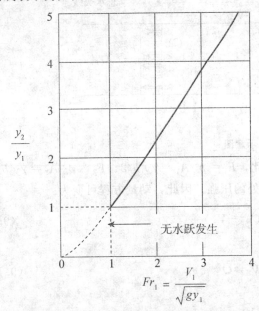
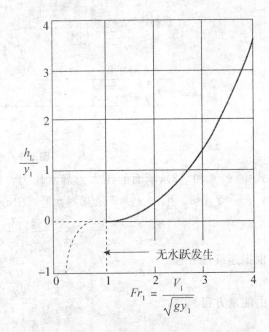

图9.10　水跃水深比与上游弗劳德数的关系图　　图9.11　上游弗劳德数和无量纲水跃能量损失图

【例9.4】　如图9.12（a）所示，水流在30.48 m宽的矩形溢洪道流动，产生水跃。已知跃前断面的水深为0.183 m，流速为5.5 m/s。确定跃后断面的水深、跃前断面和跃后断面的弗劳德数Fr_1和Fr_2和水跃的能量损失E。

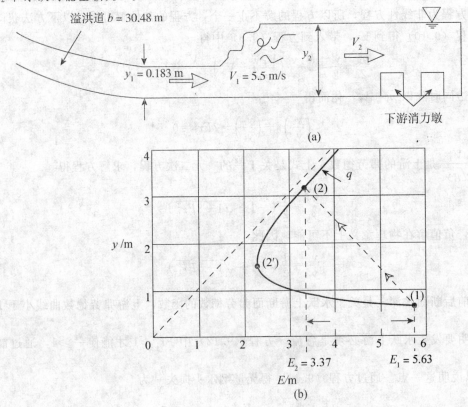

图9.12　例9.4图

解　水跃上游断面弗劳德数

$$Fr_1 = \frac{V_1}{\sqrt{gy_1}} = \frac{5.5}{\sqrt{9.8 \times 0.183}} = 4.10$$

上游 $Fr_1 > 1$ 为急流，则有可能发生水跃。

根据公式 (9.19) 可得到水跃前后断面的水深比为

$$\frac{y_2}{y_1} = \frac{1}{2}\left(-1 + \sqrt{1 + 8Fr_1^2}\right) = \frac{1}{2}\left(-1 + \sqrt{1 + 8(4.10)^2}\right) = 5.32$$

则下游水深

$$y_2/\text{m} = 5.32 \times 0.183 = 0.97$$

由连续性方程，$Q_1 = Q_2$，则 $V_2/(\text{m} \cdot \text{s}^{-1}) = (y_1 V_1)/y_2 = 0.183 \times 5.5/0.97 = 1.04$，可得

$$Fr_2 = \frac{V_2}{\sqrt{gy_2}} = \frac{1.04}{\sqrt{9.8 \times 0.97}} = 0.334$$

因 $Fr_2 < 1$，则水流从（1）断面流到（2）断面发生水跃。

水跃能量损失公式

$$E = \gamma Q h_L = \gamma b y_1 V_1 h_L$$

式中 h_L 可由公式 (9.18) 得

$$h_L/\text{m} = \left(y_1 + \frac{V_1^2}{2g}\right) - \left(y_2 + \frac{V_2^2}{2g}\right) = \left(0.183 + \frac{5.5^2}{2 \times 9.8}\right) - \left(0.97 + \frac{1.04^2}{2 \times 9.8}\right) = 0.69$$

则

$$E/\text{kJ} = \gamma b y_1 V_1 h_L = 9\,800 \times 30.48 \times 0.183 \times 5.5 \times 0.69 = 207.45$$

9.6.2 薄壁堰

在水利工程中，为了泄水或引水，常修建水闸或溢流坝等建筑物，以控制河流或渠道的水位和流量。当这类建筑物顶部闸门部分开启，水流受闸门控制而从建筑物顶部与闸门下缘间的孔口流出时，这种水流状态叫作闸孔出流（图 9.13 (a)、9.13 (b)）。当顶部闸门完全开启，闸门下缘脱离水面，闸门对水流不起控制作用时，水流从建筑物顶部自由下泄，这种水流状态称为堰流（图 9.13 (c)）。

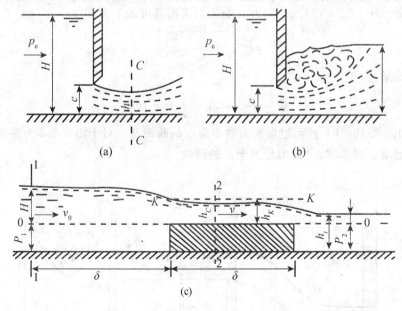

图 9.13 闸孔出流和堰流

堰是明渠水流流量测量中十分方便的设施，如图 9.14 所示，薄壁堰是厚度很小的平板堰放置在渠道中，水流从堰顶过流，跌落到堰板下游的水池中。其他形式的薄壁堰如图 9.13 所示。因过堰水流的水力过程比较复杂，所以很难获得过堰水流流量与其他参数如堰高 P_w、堰上水头 H、堰宽 b 等准确的数理关系。

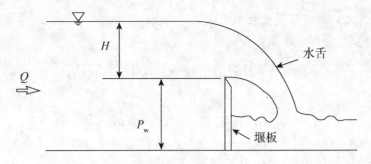

图 9.14 薄壁堰

首先，我们假设堰前上游水流为均匀流，下泄的水舌表面压强为大气压，同时如图 9.15 所示假设水流通过堰时垂直方向的流速是非均匀的。当 $p_B = 0$ 时，沿任意流线 $A-B$ 的伯努利方程为

$$\frac{P_A}{\gamma} + \frac{V_1^2}{2g} + z_A = (H + P_w - h) + \frac{u_2^2}{2g} \tag{9.14}$$

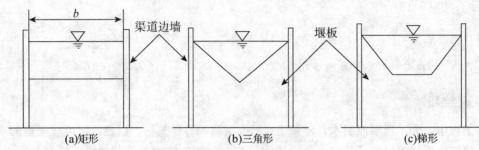

图 9.15 不同形式的薄壁堰

式中 h 是图 9.16 中点 B 到自由液面的距离，沿垂直断面（1）上每一点的总水头是相同的，$z_A + p_A/\gamma + V_1^2/2g = H + P_w + V_1^2/2g$，因此，堰顶水流流速可表示为

$$u_2 = \sqrt{2g\left(h + \frac{V_1^2}{2g}\right)}$$

通过堰顶的流量为

$$Q = \int_{(2)} u_2 \, dA = \int_{h=0}^{h=H} u_2 l \, dh \tag{9.15}$$

式中 $l = l(h)$ 是如图 9.16（b）所示过堰断面微小高度的断面宽。对于矩形堰 l 为常数，对于其他形式的堰，如三角形堰、圆形堰，l 的值是关于 h 的函数。

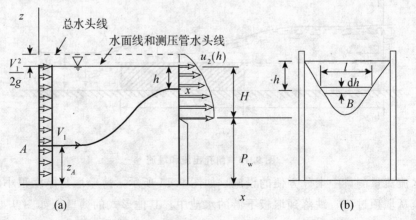

图 9.16 过堰水流图

对于宽度为 $l = b$ 的矩形堰，流量为

$$Q = \sqrt{2g}\,b\int_0^H \left(h + \frac{V_1^2}{2g}\right)^{\frac{1}{2}} \mathrm{d}h = \frac{2}{3}\sqrt{2g}\,b\left[\left(H + \frac{V_1^2}{2g}\right)^{\frac{3}{2}} - \left(\frac{V_1^2}{2g}\right)^{\frac{3}{2}}\right] \tag{9.16}$$

方程（9.16）比较复杂，当堰高 $P_w \gg H$ 时，上游流速 V_1 较小，可忽略。那么 $\frac{V_1^2}{2g} \ll H$，方程（9.16）可以简化为

$$Q = \frac{2}{3}\sqrt{2g}\,bH^{\frac{3}{2}} \tag{9.17}$$

因为公式（9.17）由前面很多假设条件推导而来，因此需要在前面加一个修正系数来准确表示堰流的流量，因此，矩形薄壁堰流量计算的最终公式为

$$Q = C_{wr}\frac{2}{3}\sqrt{2g}\,bH^{\frac{3}{2}} \tag{9.18}$$

式中　C_{wr}——矩形薄壁堰流量修正系数，在一些特殊的条件下，C_{wr} 可以表示下式

$$C_{wr} = 0.611 + 0.075\left(\frac{H}{P_w}\right) \tag{9.19}$$

其他的 C_{wr} 的值可以通过相关文献查阅。

当渠道流量较小时，通常采用三角形薄壁堰来测量流量。因为流量小时，矩形薄壁堰的堰上水头 H 很小，H 测量的误差导致流量计算得不准确。采用三角形薄壁堰时，因过水断面面积减小，堰上水头 H 增加，能够精确地测量 H 以获得准确的流量 Q。

通过方程（9.15）可以得到

$$l = 2(H - h)\tan\left(\frac{\theta}{2}\right)$$

式中　θ——堰口的角度。

将 l 的表达式带入公式（9.15）并积分，忽略上游水流流速 $\frac{V_1^2}{2g} \ll H$，得到三角形薄壁堰的堰流计算公式为

$$Q = C_{wt}\frac{8}{15}\tan\left(\frac{\theta}{2}\right)\sqrt{2g}\,H^{\frac{5}{2}} \tag{9.20}$$

通过试验可以获得 C_{wt} 的值，如图 9.17 所示，通常 C_{wt} 的值在 0.58～0.62 之间。

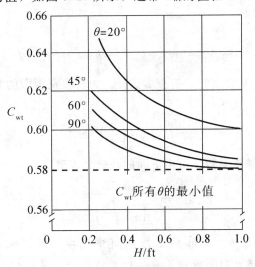

图 9.17　三角形薄壁堰流量系数（ft 为英尺）

9.6.3　宽顶堰

宽顶堰是明渠中堰上水流的压强为静水压强，堰顶为水平面的堰。典型的宽顶堰示意图如图 9.18 所示。

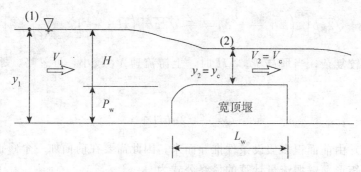

图 9.18 宽顶堰示意图

使宽顶堰的堰上水流近似为均匀临界流时（如果 $H/L_w<0.08$，粘滞性影响不可忽略，堰上水流为缓流；另一方面，如果 $H/L_w>0.5$，堰上水流的流线沿垂直方面变化很大），若忽略上游水流的动能，那么 $\dfrac{V_1^2}{2g}\ll y_1$，上游的断面比能 $E_1=\dfrac{V_1^2}{2g}+y_1\approx y_1$。野外观测发现，水流通过宽顶堰时，堰上水流加速到达临界条件，$y_2=y_c$、$Fr=1$，对应断面比能曲线的拐点。水流不会加速到急变流的条件 $Fr_2>1$。

列宽顶堰上游（1）点和堰上临界流（2）点的伯努利方程为

$$H+P_w+\frac{V_1^2}{2g}=y_c+P_w+\frac{V_c^2}{2g}$$

若忽略上游流速水头

$$H-y_c=\frac{(V_c^2-V_1^2)}{2g}=\frac{V_c^2}{2g}$$

因为 $V_2=v_c=(gy_c)^{\frac{1}{2}}$，那么 $V_c^2=gy_c$，代入上式得

$$H-y_c=\frac{y_c}{2}$$

或

$$y_c=\frac{2H}{3}$$

因此，流量为

$$Q=by_2V_2=by_cV_c=by_c(gy_c)^{\frac{1}{2}}=b\sqrt{g}\,y_c^{\frac{3}{2}}=b\sqrt{g}\left(\frac{2}{3}\right)^{\frac{3}{2}}H^{\frac{3}{2}}$$

同理，在推导宽顶堰的流量公式时，有很多假设。为反映宽顶堰的真实流量需在上式中加一个修正系数。

$$Q=C_{wb}b\sqrt{g}\left(\frac{2}{3}\right)^{\frac{3}{2}}H^{\frac{3}{2}} \tag{9.21}$$

式中 C_{wb}——宽顶堰的流量修正系数，可由下面的经验公式确定

$$C_{wb}=\frac{0.65}{\left(1+\dfrac{H}{P_w}\right)^{\frac{1}{2}}} \tag{9.22}$$

【例 9.5】 水流在底宽为 $b=2$ m 的矩形渠道中流动，渠道流量变化范围为 $Q=0.02\sim0.6$ m²/s。渠道中的水流流量通过以下设施测量：（a）矩形薄壁堰，（b）堰口 $\theta=90°$ 的三角形薄壁堰，（c）宽顶堰。各种堰型的堰高 $P_w=1$ m，绘制各种堰型的 $Q=Q(H)$ 的关系图，并说明那种堰型更适合测量该渠道流量。

解 对于 $P_w=1$ m 的矩形薄壁堰，从公式（9.18）和（9.19）得

$$Q=C_{wr}\frac{2}{3}\sqrt{2g}\,bH^{\frac{3}{2}}=\left(0.611+0.075\,\frac{H}{P_w}\right)\frac{2}{3}\sqrt{2g}\,bH^{\frac{3}{2}}$$

因此
$$Q=(0.611+0.075H)\frac{2}{3}\sqrt{2\times9.8}\times2\times H^{\frac{3}{2}}$$

得
$$Q=5.91(0.611+0.075H)H^{\frac{3}{2}}\qquad①$$

根据方程 1 绘制 $Q=Q(H)$ 的关系如图 9.19 所示。

同样地，对应的三角形薄壁堰，由方程 9.20 所示
$$Q=C_{wt}\frac{8}{15}\tan\left(\frac{\theta}{2}\right)\sqrt{2g}H^{\frac{5}{2}}=C_{wt}\frac{8}{15}\tan(45°)\sqrt{2\times9.8}H^{\frac{5}{2}}$$

得
$$Q=2.36C_{wt}H^{\frac{5}{2}}\qquad②$$

C_{wt} 的值可从图 9.16 获得，根据方程 2 绘制 $Q=Q(H)$ 的关系如图 9.18 所示。

对于宽顶堰，由方程 (9.21) 和 (9.22) 得
$$Q=C_{wb}b\sqrt{g}\left(\frac{2}{3}\right)^{\frac{3}{2}}H^{\frac{3}{2}}=\frac{0.65}{(1+H/P_w)^{\frac{1}{2}}}b\sqrt{g}\left(\frac{2}{3}\right)^{\frac{3}{2}}H^{\frac{3}{2}}$$

得
$$Q=\frac{2.22}{(1+H)^{\frac{1}{2}}}H^{\frac{3}{2}}\qquad③$$

根据方程 2 绘制 $Q=Q(H)$ 的关系如图 9.19 所示。

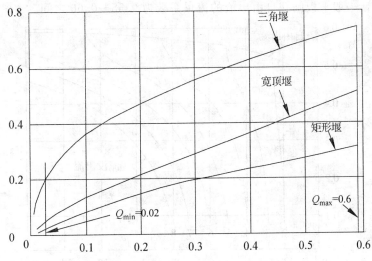

图 9.19　流量水头关系

虽然三种堰型都能测量上述渠道的不同流量，但是由于流量接近最小流量时，堰上水头 H 较小，矩形薄壁堰和宽顶堰的测量精度不高。但是三角形薄壁堰在小流量时具有较大大堰上水头，对于流量 $Q=Q_{min}=0.02$ m³/s 时，矩形薄壁堰、三角形薄壁堰和宽顶堰的堰上水头分别为 0.031 2 m、0.182 m 和 0.044 0 m。

而且如前面所述，宽顶堰要求 $0.08<H/L_w<0.5$，式中 L_w 为宽顶堰的堰宽。根据公式③，在 $Q_{max}=0.6$ m³/s 时，$H_{max}=0.475$ m，因此，当 $L_w>H_{max}/0.5=0.952$ m 时，才能保证在最大流量下的堰上水流为临界流。同样，当 $Q=Q_{min}=0.02$ m³/s 时，$H_{min}=0.044\,0$ m，因此 $L_w<H_{min}/0.08=0.549$ m 时，摩擦阻力的影响才能忽略不计。显然这两种关于宽顶堰的堰宽 L_w 的约束是矛盾的。

综上所述，宽顶堰不适合该题目条件下流量的测量，薄壁三角堰是三种堰型中最适合该条件的测流形式。

9.6.4 闸孔出流

闸门通常用来控制下泄水流的流量，三种不同形式的闸门如图9.20所示。当闸门部分开启，出闸水流受到闸门的控制时即为闸孔出流。

闸孔出流水力计算的主要任务是：在一定闸前水头下，计算不同闸孔开度时的泄流量；或根据已知的泄流量求所需的闸孔宽度b。

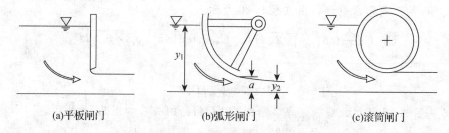

(a)平板闸门   (b)弧形闸门   (c)滚筒闸门

图9.20 三种不同类型的闸门

如图9.20所示，当闸下水流以急变流形式射流到空气中，这样的闸下水流称为自由出流。当闸孔开度为e时，闸孔处的流速为$(2gy_1)^{\frac{1}{2}}$。则通过宽度为b的闸孔出流流量为

$$Q = C_d eb \sqrt{2gy_1} \tag{9.23}$$

式中 C_d——流量系数，流量系数是关于水面扩散系数$C_c = \dfrac{y_2}{a}$和水深比$\dfrac{y_1}{a}$的函数。

如图9.21所示，一般平板闸孔自由出流的流量系数为0.55~0.60之间。

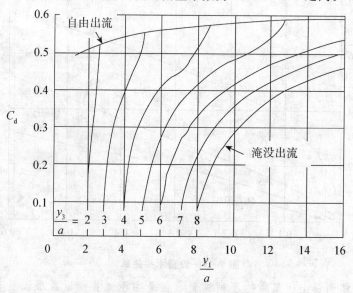

图9.21 闸孔出流流量系数

闸孔自由出流流量系数C_d也可按南京水利科学研究所的经验公式计算：

$$C_d = 0.60 - 0.176 \frac{e}{y_1} \tag{9.24}$$

如图9.22所示，当下游水深较大时，下游水跃旋滚覆盖了收缩断面，这样的闸孔出流称为闸孔淹没出流。如图9.21所示的一系列较低的曲线为闸孔淹没出流的流量系数C_d的曲线。

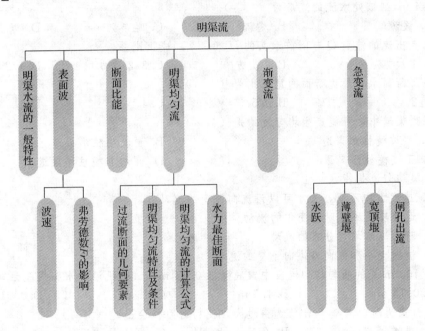

图 9.22　闸孔淹没出流

> **技术提示**
>
> 　　除宽顶堰和薄壁堰外，实用堰是水利工程中最常见的堰型之一，作为挡水及泄水建筑物的溢流坝，就是实用堰的典型例子。实用堰按照形式可分为曲线形实用堰和折线形实用堰。

【重点串联】

明渠流
- 明渠水流的一般特性
- 表面波
  - 波速
  - 弗劳德数 F_r 的影响
- 断面比能
- 明渠均匀流
  - 过流断面的几何要素
  - 明渠均匀流特性及条件
  - 明渠均匀流的计算公式
  - 水力最佳断面
- 渐变流
- 急变流
  - 水跃
  - 薄壁堰
  - 宽顶堰
  - 闸孔出流

【知识链接】

1. 《堤防工程设计规范》（GB 50286—98）

2. 《堤防工程施工规范》（SL 260—98）

3. 《堤防工程管理设计规范》（SL 171—96）

4. 《水闸设计规范》（SL 265—2001）

5. 《室外给水设计规范》（GB 50013—2006）

拓展与实训

职业能力训练

一、填空题

1. 水流在明渠中的流态为缓流时，其水深 h _____ h_k，弗劳德数 Fr _____ 1。

2. 矩形断面渠道，水深 $h=1$ m，单宽流量 $q=1$ m³/s，则该水流的弗劳德数 $Fr=$ _____。

3. 弗劳德数 Fr 的物理意义是惯性力与 _____ 力之比。

4. 明渠流动为急流时 Fr _____ 1。

5. 明渠水流由急流过渡到缓流是发生 _____。

6. 在流量一定，渠道断面的形状、尺寸和糙率一定时，随底坡的增大，正常水深将 _____。

7. 在流量一定，渠道断面的形状、尺寸一定时，随底坡的增大，临界水深将 _____。

二、单选题

1. 底宽 $b=1.5$ m 的矩形明渠，通过的流量 $Q=1.5$ m³/s，已知渠中某处水深 $h=0.4$ m，则该处水流的流态为（　　）。

   A. 缓流　　　　　　　B. 急流　　　　　　　C. 临界流　　　　　D. 以上皆不对

2. 闸孔出流的流量 Q 与闸前水头的 H（　　）成正比。

   A. 1 次方　　　　　B. 2 次方　　　　　C. 3/2 次方　　　　D. 1/2 次方

3. 矩形断面水利最优断面的宽深比为（　　）。

   A. 2　　　　　　　B. 0.5　　　　　　C. 4　　　　　　　D. 1

4. 下列渠道中，可能产生均匀流的是（　　）。

   A. 平坡棱柱形渠道　　　　　　　　B. 逆坡棱柱形渠道
   C. 正坡棱柱形渠道　　　　　　　　D. 正坡非棱柱形渠道

5. 明渠均匀流是指（　　）。

   A. 速度方向不变，大小可以沿流向改变的流动
   B. 运动要素不随时间变化的流动
   C. 断面流速均匀分布的流动
   D. 流速大小和方向沿流向不变的流动

6. 在 100 m 长的明渠均匀流段中渠底降低 0.15 m，该流段沿程水头损失为（　　）。

   A. 0.15 m　　　　　B. 1.5 m　　　　　C. 15 m　　　　　D. 0.015

7. 设计渠道时，若糙率 n 值选得过大，使用时可能会引起（　　）。

   A. 渠道淤积　　　　B. 断面尺寸过大　　C. 断面尺寸不足　　D. 水流漫溢

三、简答题

1. 发生水跃时，跃前断面水深和跃后断面水深是什么关系？
2. 弗劳德数 Fr 的物理意义是什么？它代表了哪两种力的比值？
3. 流量较小时，采用哪种堰型测量流量比较准确？
4. 堰流和闸孔出流的区别是什么？
5. 下游为淹没出流时，闸孔出流的流量系数如何确定？
6. 急流和缓流的控制条件分别在什么地方？
7. 明渠渐变流的动水压强和静水压强之间的关系是什么？

工程模拟训练

1. 梯形断面土渠，底宽 $b=3$ m，边坡系数 $m=2$，水深 $y=1.2$ m，底坡 $i=0.0002$，壁面状况良好，试求通过流量。

2. 修建水泥砂浆抹面的矩形渠道，要求通过流量 $Q=9.7\ \text{m}^3/\text{s}$，底坡 $i=0.001$，试按水力最优断面设计断面尺寸。

3. 某矩形断面渠道中筑有一溢流坝。已知渠宽 $B=18\ \text{m}$，流量 $Q=265\ \text{m}^3/\text{s}$，坝下收缩断面处水深 $h_c=1.1\ \text{m}$，当坝下游水深 $h_t=4.7\ \text{m}$ 时，求 （1）坝下游是否发生水跃？（2）如发生水跃，属于何种形式的水跃？

4. 在土质河床的棱柱体矩形断面水平渠道上修建水闸，如图 9.23 所示。已知闸前水深 $H=6\ \text{m}$，渠道与闸门宽度均为 $b=3\ \text{m}$，闸门开度 $e=1.0\ \text{m}$，水舌的垂直收缩系数 $\varepsilon_2=0.619$，下游水深 $h_t=2.7\ \text{m}$，试求：（1）流量系数 μ；（2）水闸泄流量 Q，并绘出闸后水流衔接示意图。

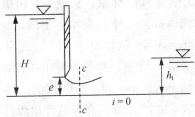

图 9.23　模拟训练题 4 图

5. 有一浆砌石砌护的矩形断面渠道，已知底宽 $b=3.2\ \text{m}$，渠道中水深 $h_0=1.6\ \text{m}$，粗糙系数 $n=0.025$，通过流量 $Q=6\ \text{m}^3/\text{s}$，试求：（1）渠道的底坡 i；（2）计算该流量下临界水深；（3）判断该明渠水流的流态。

6. 某渠道断面为矩形，按水力最优断面设计，底宽 $b=8\ \text{m}$，渠壁用石料筑成（$n=0.028$），渠底坡度 $i=1/8\ 000$，试计算其输水能力。

链接执考

[2013 年注册电气工程师公共基础考试试题（单选题）]

1. 平底棱柱形明渠发生水跃，其水跃函数 $J(h_1)$ 与 $J(h_2)$ 的关系是（　　）。

 A. $J(h_1)=J(h_2)$

 B. $J(h_1)>J(h_2)$

 C. $J(h_1)<J(h_2)$

[2013 年注册电气工程师公共基础考试试题（单选题）]

2. 弗劳德数 Fr 是判别下列哪种流态的重要的无量纲数（　　）。

 A. 急流和缓流　　　　　　　　　　B. 均匀流和非均匀流

 C. 层流和紊流　　　　　　　　　　D. 恒定流和非恒定流

[2013 年注册电气工程师公共基础考试试题（单选题）]

3. 欲使水力最优梯形断面渠道的水深和底宽相等，则渠道的边坡系数 m 应为（　　）。

 A. 1　　　　　　　B. 3/4　　　　　　　C. 1/2　　　　　　　D. 1/4

[2013 年注册电气工程师公共基础考试试题（单选题）]

4. 半圆形断面长直渠道，半径 $r_0=2\ \text{m}$，底坡 $i=0.000\ 4$，渠道的粗糙系数 $n=0.01$，则渠道的断面平均流速为（　　）m/s。

 A. 1　　　　　　　B. 2　　　　　　　C. 2.5　　　　　　　D. 3

[2013 年注册电气工程师公共基础考试试题（单选题）]

5. 矩形断面长直渠道通过的流量 $Q=5\ \text{m}^3/\text{s}$，渠道底坡 $i=0.001$，渠道的粗糙系数 $n=0.016$，按水力最优断面设计，渠道底宽 b 应为（　　）m。

 A. 2.6　　　　　　　B. 3.6　　　　　　　C. 4.6　　　　　　　D. 5.6

参考文献

[1] 闻德苏. 工程流体力学（水力学）[M]. 北京：高等教育出版社，2004.

[2] 刘鹤年. 流体力学 [M]. 北京：中国建筑工业出版社，2001.

[3] 清华大学水力学教研室. 水力学（上册）[M]. 北京：高等教育出版社，1980.

[4] 裴国霞，唐朝春. 水力学 [M]. 北京：机械工业出版社，2007.

[5] 屠大燕. 流体力学与流体机械 [M]. 北京：中国建筑工业出版社，1994.

[6] 周光垌，严宗毅，许世雄，等. 流体力学 [M]. 北京：高等教育出版社，2000.

[7] 夏震寰. 现代水力学 [M]. 北京：高等教育出版社，1990.

[8] ROUSE H. Advanced mechanics of fluids [M]. New York：Wiley，1984.

[9] 赵凯华，罗蔚茵. 力学 [M]. 北京：高等教育出版社，1995.

[10] 李玉柱，苑明顺. 流体力学 [M]. 北京：高等教育出版社，1998.

[11] 徐正凡. 水力学 [M]. 北京：高等教育出版社，1986.

[12] 杨凌真. 水力学难题分析 [M]. 北京：高等教育出版社，1987.

[13] 孔珑. 工程流体力学 [M]. 北京：水利电力出版社，1992.

[14] DONALD F Y. A brief introduction to fluid mechanics [M]. New York：Wiley，2001.

[15] 江宏俊. 流体力学 [M]. 北京：高等教育出版社，1985.

[16] 张也影. 流体力学 [M]. 北京：高等教育出版社，1999.

[17] CURRIE I G. Fundamental mechanics of fluids [M]. New York：McGraw-Hill，1974.

[18] HENDERSON F M. Open channel flow [M]. New York：Macmillan，1966.

[19] CHOW V T. Open channel hydraulics [M]. New York：McGraw-Hill，1959.